"十三五"高等学校教材

新世纪电工电子实验系列规划教材

电子技术基础实验

（第2版）

主　编　孙梯全　龚　晶

参　编　陈　军　许凤慧　刘　斌

　　　　施　琴　卢　娟　娄朴根

东南大学出版社

SOUTHEAST UNIVERSITY PRESS

·南京·

内 容 提 要

本书共 8 章,第 1～3 章介绍电子技术实验基础知识,第 4 章有 13 个独立的模拟电路基本实验,第 5 章有 8 个数字电路基本实验,第 6 章为 Multisim 虚拟仿真实验,第 7 章有 4 个实体电路设计实验,第 8 章有 2 个模拟与数字电路综合实验。

本书的内容编排注重结合电子电路的工程应用实际和技术发展方向,在帮助学生验证、消化和巩固基础理论的同时,努力培养学生的工程素养和创新能力。实验原理部分注意引导学生关注电子电路的设计原理、特性参数和实际应用,培养学生的工程意识;实验内容安排由浅入深、循序渐进、前后呼应,在配合理论教学的同时,注意引导学生运用所学知识解决工程实际问题;在实验思考题的设计上注意进一步引导学生分析和思考工程实际问题,激发学生的创新思维。

本教材是高等学校电类、计算机类学生"电子技术基础实验"、"模拟电子电路实验"、"数字电子电路实验"等课程的教材,也可以供从事电子技术工作的工程技术人员、非电类相关课程的教师及学生参考。

图书在版编目(CIP)数据

电子技术基础实验/孙梯全,龚晶主编. —2 版. —南京:东南大学出版社,2016.3(2022.8 重印)

"十三五"高等学校教材/新世纪电工电子实验系列规划教材

ISBN 978 - 7 - 5641 - 6417 - 1

Ⅰ.①电… Ⅱ.①孙… ②龚… Ⅲ.①电子技术—实验 Ⅳ.①TN - 33

中国版本图书馆 CIP 数据核字(2016)第 043858 号

电子技术基础实验(第 2 版)

出版发行	东南大学出版社	
出 版 人	白云飞	
社 址	南京市四牌楼 2 号	
邮 编	210096	
经 销	全国各地新华书店	
印 刷	广东虎彩云印刷有限公司	
开 本	787 mm×1092 mm 1/16	
印 张	16.5	
字 数	422 千字	
版 印 次	2022 年 8 月第 2 版第 5 次印刷	
书 号	ISBN 978 - 7 - 5641 - 6417 - 1	
印 数	6001—6400 册	
定 价	42.00 元	

(本社图书若有印装质量问题,请直接与营销部联系。电话:025 - 83791830)

第 2 版 前 言

电子技术基础是电类、计算机类等专业重要的工程技术基础课程,知识点多、覆盖面广,具有较强的理论性和工程实践性。电子技术基础实验是"电子技术基础"课程的实践教学环节。本教材是在总结多年电子技术实践教学改革经验的基础上,综合考虑了理论课程特点和技术发展趋势,为适应当前创新型人才培养目标要求而编写的。教材从本科学员实践技能和创新意识的早期培养着手,注重结合电子技术的工程应用实际和发展方向,在帮助学生验证、消化和巩固基础理论的同时,注意引导学生思考和解决工程实际问题,激发学生的创新思维,努力培养学生的工程素养和创新能力,促进学生"知识"、"能力"水平的提高和"综合素质"的培养。

作为电子技术基础实验课的选用教材,其内容设置是否科学合理将在一定程度上对实验课的教学质量和教学效果起到决定作用。本教材编写的特点是从演示性、仿真性实验,到基础性、验证性实验再到综合性、创新性实验,由浅入深、循序渐进、层次分明。演示性、仿真性实验引导学生自主学习、自主实验,直观感受理论;基础性、验证性实验配合理论教学,帮助学生建立对理论知识的感性认识,促进理论学习;综合性、设计性实验引导学生学习电子电路系统的设计思路和设计方法,检验和培养学生综合运用所学知识分析、解决工程实际问题的能力,提高学生的工程素养,激发其创新思维。

本教材各章节及各章节的实验既循序渐进又相对独立,方便教师根据学生情况和教学需要选择不同教学内容。

感谢东南大学出版社编辑朱珉老师在本书出版过程中的大力支持。由于编者水平有限,时间紧任务重,书中错误和不妥之处恳请读者批评指正。

编　者

2016 年 1 月

目　　录

1 实验基础知识

1.1 电子技术实验概述

1.1.1 电子技术实验的意义

众所周知,科学技术的发展离不开实验,实验是促进科学技术发展的重要手段。电子技术基础基本理论的建立,离不开实验的启发和实验的验证。通过实验可以揭示电子世界的奥秘,可以发现现有理论存在的问题(近似性和局限性等),从而促进电子技术基础理论的发展。

《电子技术基础》是一门实践性很强的课程,加强工程实践锻炼,特别是实践技能训练,对于提高学生的工程素养、培养学生的创新能力具有十分重要的作用。

进入新世纪,社会对人才的要求越来越高,不仅要求具有丰富的知识,还要具有很强的知识运用能力及实践创新能力。为适应新形势、满足新要求,在对传统实验内容进行重新整合的基础上,结合电子技术基础理论的最新发展方向和工程应用实际,将实验内容设计成虚拟仿真性、基础验证性、提高设计性和综合应用性实验几个层次。

通过虚拟仿真性实验教学,引导学生学习使用常用电子电路虚拟仿真软件开展虚拟仿真实验,直观感受理论,掌握电子电路设计的新技术和新方法。

通过基础验证性实验教学,可提高学生对理论知识的感性认识、强化学生对电子电路基本原理的理解,让学生在验证理论的过程中感受理论知识在实际应用中的局限性,培养理论联系实际的能力。

通过提高设计性实验教学,可提高学生对基础知识、基本理论的运用能力,引导学生掌握电子器件的性能参数及电子电路的内在规律,真正理解模拟电路性能参数"量"的不确定性和数字电路工作"状态"的确定性。

通过综合应用性实验教学,可提高学生对单元功能电路的理解,让学生了解各功能电路间的相互影响,掌握各功能电路性能参数间的匹配关系,通过将模拟电路和数字电路相结合,引导学生培养综合运用所学知识解决实际问题的能力。

1.1.2 电子技术实验的特点

电子电路可分为模拟电路和数字电路。模拟电路处理的是模拟电压或电流信号,而数字电路只能处理逻辑电平信号;模拟电路性能参数具有"量"的不确定性,而数字电路具有"状态"的确定性。

1) 模拟电路实验的特点

模拟电路性能参数"量"的不确定性决定了模拟电路实验的复杂性。在进行模拟电子电路设计时,往往会发现理论计算结果和具体的工程设计有较大的差距,原理电路与实际电路有较大差距,电路的功能和性能与设计预期有较大差距等等,所有这些都是由模拟电子电路自身特点决定的。

（1）模拟电子器件（如半导体管、集成电路等）品种繁多，特性各异。在进行实验时，首先面临如何正确、理性地选择电子器件的问题。如果选择不当，则难以获得满意的实验结果（好的电路性能），甚至造成电子器件的损坏。因此，必须理解所用电子器件的性能参数。

（2）模拟电子器件的特性大多数是非线性的，在使用模拟电子器件时，合理选择与调整工作点，并设法使工作点保持稳定是非常重要的。工作点是由偏置电路决定的，因此，偏置电路的设计与调整在模拟电路中占有极其重要的地位。另一方面，模拟电子器件的非线性特性也决定了模拟电路的设计难以精确，所以，在实验过程中调试是必不可少的。

（3）模拟电子器件的特性参数离散性大，电子元件（如电阻、电容等）的元件值也存在误差。因此，实际电路的性能与前期的设计要求一般会有一定的差异，实验时就必须对电路进行调试。在工程上，调试电路所花的精力往往会大大超过制作电路所花的精力。

（4）模拟电路的输入/输出关系兼具连续性、多样性和复杂性，这就决定了模拟电路测试手段的多样性与复杂性，针对遇到的不同问题要灵活运用各种不同的测试方法。相比之下，数字电子电路的输出/输入关系则比较简单，只需要搞清楚各测试点之间的逻辑关系或时序关系即可。

（5）模拟电路中的寄生参数（如分布电容、寄生电感等）和外界的电磁干扰，在一定条件下可对电路的性能产生很大影响，甚至可能会使电路产生自激，不能正常工作。在进行模拟电路实验或进行实际电路设计时，要特别重视元器件的合理布局、重要电气连接线的保护、接地点的合理选择、地线和电源线的合理安排，必要时还要采取一定的去耦和屏蔽措施。

（6）模拟电路中各单元电路相连时，要考虑相互之间是否匹配。也就是说，即使各单元电路都能正常工作，若相互之间不能很好地匹配，则相连后的整机电路也可能不能正常工作。因此，在设计电路时要关注所选元器件的特性参数和各单元电路的输入/输出特性，必要时可增加匹配电路。

（7）测试仪器的非理想特性（如信号源具有一定的内阻、示波器和毫伏表的输入阻抗不够大等）会影响被测电路的工作状态。在进行模拟电路实验时必须了解这些影响，并分析可能由此引起的误差，进而选择合适的测试仪器和仪表。

2）数字电路实验的特点

数字电路在设计原理上是由模拟电路组成的，但在数字电路中，一般只有"高电平"、"低电平"、"高阻"三种状态。数字电路"状态"的确定性决定了数字电路自身固有的特点。

（1）数字电路具有严格的逻辑性。数字电路实际上是一种逻辑运算电路，数字电路系统用动态"逻辑"函数描述，因此数字电路设计的基础和基本技术之一就是逻辑设计。

（2）数字电路具有严格的时序性。为实现数字系统逻辑函数的动态特性，数字电路各部分之间的信号必须保持严格的时序关系。时序设计也是数字电路设计的基本技术之一。

（3）数字电路基本信号只有高、低两种逻辑电平或脉冲。数字电路既然是一种逻辑运算电路，其基本信号就只能是脉冲逻辑信号。脉冲信号的特征是只有高电平和低电平两种状态，两种电平状态各有一定的持续时间。

（4）与逻辑值（"0"或"1"）对应的电平随实际电路所用电源的不同而有所不同，具有不同逻辑高电平、逻辑低电平的电路之间互连时需要进行电平转换。

（5）不同逻辑电平标准的逻辑高、逻辑低电平对应的电压范围不同，不同设计工艺的数字电路的驱动能力也不同，为保证输出状态的可靠性，数字电路互连时要考虑输出逻辑电平的驱动能力。

（6）数字电路是现代电子系统的核心和基本电路。从电子系统要实现的功能来看，任何一个电子系统都可以被看成是一个信号处理系统，而信号处理的基本概念实际上就是数学运算。用模拟电路只能实现连续函数的运算功能，而数字电路可以实现各种复杂运算。

（7）由于数字电路所处理的是逻辑电平信号，因此，从信号处理的角度看，数字电路系统比模拟电路系统具有更好的抗干扰能力。

（8）数字电路的基本技术特性是数字电子系统设计、分析和调试技术的基础，也是数字电路系统的基本描述语言。一个数字电路能否满足设计要求，主要取决于数字集成电路的功能与指标参数。只有了解了数字电路的基本技术特性，才能设计和描述一个数字逻辑电路系统，才能正确确定数字电子系统所需要的电路器件。

（9）数字电路可以用来实现各种处理数字信号的逻辑电路系统。从系统行为上看，可以把数字电路分为静态电路和动态电路。

在数字逻辑电路中，静态电路一般是指组合逻辑电路（一种无反馈的数字逻辑电路）。静态电路的基本特点是：

① 电路信号的输出仅与当前输入有关，与信号输入和电路输出的历史无关。

② 静态电路所关心的只是电路输入信号进入稳定状态后电路的状态，而对输入信号的变化过程并不关心。

静态电路是实现各种逻辑系统基础，也是实现动态电路的基础。动态电路包括同步时序电路和异步时序电路两种，其基本特点是：

① 电路具有信号反馈（输出信号以某种方式反馈到输入端）。

② 系统工作状态受信号延迟的影响。

③ 系统当前的输出不仅与当前输入有关，还与系统的上一个状态有关（即与系统的历史有关）。

1.1.3　电子技术实验的目的

电子技术实验的目的是加强学生对电子技术基础理论的理解，培养学生的实践技能，提高学生运用所学知识分析、解决实际问题的能力。概括起来包括以下几个方面：

1）学会识别电子元器件

学会识别元器件的类型、型号、封装，理解元器件的性能参数，并能根据设计要求选择元器件。元器件是组成电子电路的基本单元，通过导线把不同的元器件连接在一起就组成了电子电路。电子电路实验的一个核心问题就是能否正确使用元器件的问题，实验过程中之所以会出现这样那样的故障，往往都是因为没有正确使用元器件造成的。因此，如何正确使用电子元器件是电子电路实验的基本教学内容。

2）掌握基本实践技能

电子技术实验的基本技能包括电路的组装和连接等。要实现一个电子电路，必须将电路中所用的各种不同的元器件进行正确的组装和连接,电路组装和连接技术直接影响电路的基本特性和安全性、可靠性。电路组装和连接技术虽然不像元器件的使用技术那样复杂,但也要经过反复练习才能熟练掌握,对于各种不同的电子元器件应分别采用什么样的组装和连接方法、要注意哪些问题,需要在实验过程中不断地学习总结。电路组装和连接技术也是电子电路实验中的基本教学内容,是必须掌握的一项基本技术。

3) 学会使用仪器仪表

电子技术实验的一个重要内容就是学习各种类型电子仪器(如万用表、示波器、信号源、稳压电源等)的使用和操作技术。学习电子仪器的使用包括两个方面的含义,一是要理解仪器本身的技术特性,二是要清楚被测电路的基本技术特性。只有使仪器本身技术特性与被测电路的技术特性相对应,才能取得良好的测量结果。对于电类学科的学生来说,能够正确使用和操作电子仪器是学科要求具备的基本素质。

4) 学习测量系统设计技术

在进行电子电路设计和调试时需要使用各种不同的仪器对电路进行测量,以便确定电路的状态、判断电路的功能和性能是否达到了设计指标。为了尽量降低测量系统对被测电路的影响,在进行电子电路设计和实验时还必须对测量系统进行设计。测量系统设计的基本依据是电子电路的性能参数,例如电路的最高电压、最高频率、输入和输出电阻、电路的频率特性等。

5) 学习仿真分析技术

仿真分析是一项以计算机和电子技术理论为基础的电子电路实验技术。使用计算机仿真分析技术不仅可以节省电路设计和调试时间,更可以节约大量的耗材费用,降低实验成本。电子电路实验课的一个重要内容就是学习使用有关的电子电路设计和仿真分析软件。在实际制作和调试一个电路之前,先用仿真分析软件对电路设计进行仿真分析和测试,可使电路设计更为合理,大大降低设计的前期投入和时间成本。

6) 学习测量结果分析技术

电子电路的功能可以直接通过测试进行验证,而要想获得电路的技术指标和技术特性,则需要对测量结果进行综合分析和处理。所以,如何分析和处理实验中获得的测量数据是学生必须掌握的一项基本的电子技术实验技能。

7) 培养独立分析问题、解决问题的能力

能够针对需要解决的实际问题,拟定合理的设计需求,进而运用所学的知识制定详细的设计方案,独立地完成资料检索、器件选型、原理设计、仿真分析、PCB 制作、组装和调试、功能和性能分析、设计报告撰写、汇报答辩等工作,使学生具备一定的科学研究能力。

8) 培养严谨求实的科学态度和踏实细致的工作作风

严谨求实的科学态度和踏实细致的工作作风对学生的长远发展有着至关重要的影响。在电子技术实验教学过程中,力求兼顾实验教学的现时目的和学生的长远发展需要,注意引导学生自觉培养良好的实验态度和作风。

1.1.4 电子技术实验的要求

模拟电路性能参数"量"的不确定性决定了模拟电路实验的复杂性。学生要通过实验不断培养调试意识、提高调试能力、积累实践经验,缩短学与用的距离,提高模拟电路的设计直觉。数字电路"状态"的确定性和严格的逻辑性决定了数字电路比模拟电路相对简单。学生要通过实验不断培养逻辑思维和状态归纳能力,掌握以状态分析(利用状态表或状态图)为基础的数字系统设计技术。

电子技术实验的基本要求如下:

首先,要利用所学的理论知识研究实验内容和实验要求,在理解实验原理和性能要求的基础上,制订实验方案。实验过程中要冷静面对遇到的问题,从理论的高度对实验结果进行判断和分析,既要善于运用所学知识分析问题,又要善于运用手头的资源(仪器仪表等)解决问题。

其次,要注意实践知识与经验的积累。实践知识和经验要靠长期积累,对实验过程中用到的仪器仪表、元器件,要注意关注其型号规格、性能参数和使用方法;对实验过程中出现的故障现象,要在关注其表象特征的同时注意分析其出现的深层次原因;对实验过程中的经验教训,要养成思考和总结的习惯。

第三,要增强提高工程实践能力的意识。要将工程实践能力的培养从被动变为主动,在实验过程中,要自觉地、有意识地培养解决实际问题的能力。遇到问题时不要过分依赖老师的指导,要克服畏难心理,力求自己动脑分析问题、动手解决问题,不要害怕失败。从一定意义上来说,困难与失败正是提高自身工程实践能力的良机。

实验课是以实验为主的课程,每个实验都要求先预习、再实验,实验结束后要撰写并提交实验报告。

1) 预习

任务是弄清楚实验内容和实验要求、明确实验目的、理解实验原理和主要参数的测试方法、估算测试数据和实验结果、熟悉所用仪器的主要性能和使用方法,并在此基础上拟定实验方法和步骤、设计实验方案、撰写预习报告,做好实验前的相关准备工作。预习是否充分,将在一定程度上决定实验能否顺利完成。

2) 实验

任务是按照预先设计的实验方案进行实验。实验过程既是完成实验任务的过程,又是锻炼实验能力和培养实验作风的过程。在实验过程中,既要动手,又要动脑,要冷静面对遇到的各种问题,并能在老师引导下主动运用所学知识分析问题、查找原因、排除故障、解决问题;如实记录实验数据,做到原始记录客观、清晰、完整,对实验现象和实验结果要能进行正确的解释。

3) 实验报告

撰写实验报告的任务是在实验完成后整理实验数据、分析实验结果、总结实验收获。实验报告是培养学生总结归纳能力的重要手段。除实验预习和实验过程本身外,撰写实验报告也是整个实验教学过程的重要环节,在一定程度上决定着实验收获的大小。

(1) 普通验证性实验报告的要求

① 用规定的实验报告纸书写并装订整齐。

② 表格样式一致、绘图风格统一。

③ 书写工整、布局合理美观。

④ 内容齐全,应包括实验目的、实验原理、实验电路、元器件型号规格、测试条件、测试数据、实验结果、分析总结及教师签字的原始记录等。

(2) 设计性实验报告的要求

① 标题。包括实验名称,实验日期等。

② 设计任务。包括主要技术指标要求、设计条件、设计目的等。

③ 电路原理。如果所设计的电路由几个单元电路组成,则应先画出总体框图,再结合框图逐一介绍各单元电路的工作原理。

④ 单元电路的设计与调试:

a. 选择电路形式;

b. 电路设计(对所选电路中的各元件值进行定量计算或工程估算);

c. 电路装配与调试。

⑤ 整机联调与测试。

a. 测量主要技术指标。说明各项技术指标的测量方法,画出测试原理图,记录实验数据,并对实验数据进行必要的分析和处理,如有必要还应在坐标纸上绘制出相关波形或曲线。

b. 故障分析和说明。对整机联调与测试过程中遇到的主要故障进行详细分析,说明解决的思路和方法。

c. 绘制出整机电路原理图,标明电路元件的型号和主要性能参数。

⑥ 对于模拟电路,要对测量结果进行误差分析。用理论计算值代替真值,计算测量结果的相对误差,分析误差产生的原因。

⑦ 解答思考题。

⑧ 给出功能扩展和性能改进的意见和思路、总结实验收获和体会。

1.2　电子技术实验方法

1.2.1　基本规则

为避免实验的盲目性,切实保证实验的顺利进行,引导学生自觉培养严谨求实的科学态度和踏实细致的工作作风,通常要求学生一定要遵循以下实验规则。

1) 合理布局和布线

遵循电路布局、布线的基本规则,依照实验电路图进行合理地布局和布线。电路布局的基本规则是按功能模块布局、数字电路和模拟电路分开布局、同一模块的电路元件就近集中;布线的基本规则是横平竖直、清晰直观。进行低频电路实验时,电子元件间的连线要尽量短,以免电路产生自激振荡;进行高频电路实验时,注意避免由于布局布线不合理而引入的分布参数影响电路的功能和性能。

2) 认真检查实验线路

连接完实验电路,不能急于给电路加电,要先确认连线正确,再上电调试。

（1）连接关系是否正确，包括有没有接错导线，有没有多连或少连导线等等。检查方法是对照电路图分模块、按顺序，从输入到输出、或从输出到输入，一级一级地排查。

（2）连线是否导通。检查方法是用万用表的欧姆挡，对照电路图中元件之间的连接关系，检查应该连通的两个点间是否短路，应该断开的两个点间的阻值是否合理等等。

（3）检查电源和地的连线是否正确、信号源的连线是否正确。

（4）电源和地之间是否短路。实验电路比较复杂时，常会由于粗心将电源正极与地接在一起，如果不认真检查而急于通电，则容易造成器件和仪表损坏。

3）仔细查找与排除故障

调试过程中，遇到问题要冷静下来，充分利用手头的调试资源（仪器仪表等），认真查找故障原因，千万不要一遇到故障就不知所措，既没有调试意识（想不到调试），又没有调试能力（不会用仪器仪表等调试工具），更不能不愿意调试，总是幻想一上电就得到正确的实验结果，否则就拆掉连好的线路重新安装。也就是说"不要绕着问题走，要迎着问题上"，要冷静面对问题，逐步培养自己的调试意识、逐步提高自己调试能力，这样自己的实践技能才能不断提高。

4）正确连接仪器仪表的接地端

调试电路时，如果仪器仪表的"地"连接不正确，或者接触不良，将直接影响测量精度，甚至影响到测量结果的正确性。作为电路的供电电源，一般来说，应将直流稳压电源的"地"与电路的"地"连到一起。示波器的电压测量探头按供电方式不同可分为无源探头和有源探头，有源探头又可分为有源单端探头和有源差分探头。无源探头和有源单端探头的"地"是与示波器的机壳及其交流电源的地线连在一起的，应与被测电路的"地"连到一起。有源差分探头的"地"一般不与示波器的机壳及其交流电源的地线连在一起，也无需与被测电路的"地"连在一起。信号发生器单端输出端的"地"一般也是与信号发生器的机壳及其交流电源的地线连在一起的，所以也要与其负载电路的"地"连在一起。信号发生器差分输出端的"地"也不需要与负载电路的"地"连到一起。对毫伏表的"地"的处理与示波器类似。

调试仪表的"地"是否"能"与或是否"应该"与被调试电路的"地"直接接到一起，基本的判断思路是看两者的"地"之间是否"会"有电位差，如不一定等电位，就不能直接接到一起，否则会造成被调电路损坏；如"肯定"无电位差（如：都接到了交流电源的"地"上）即可接到一起，而且一般来说一定要接到一起。

为避免由于将测试类仪表（示波器、毫伏表等）的"地"错误连接到电路板所谓的"地"上造成元器件泄电爆炸，可以采取以下四种措施：

（1）将测试类仪表电源的"地"悬空不接；

（2）用隔离变压器电源为测试类仪表隔离供电；

（3）使用差分测试探头；

（4）用隔离变压器为电路板供电。

5）适时采用电源去耦电路

在电子技术实验中，往往会由于安装时的引线电阻、电源和信号源的内阻等，使电路产生自激振荡（寄生振荡）或工作不稳定。消除引线电阻的方法是尽量使用短导线。对于电源内阻引起的寄生振荡，消除的方法是采用 RC 去耦电路，如图 1.2.1 所示，R 一般应选

100 Ω左右,不能过大,以免降低电源电压或形成超低频振荡。在数字电路中,在电源端加旁路电容,用以旁路高频噪声、消除纹波干扰。

6) 正确使用测量仪器

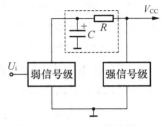

测量电压所用仪器的输入阻抗必须大大于被测处的等效阻抗。这是因为,如果测量仪器的输入阻抗小,在测量时会引起分流,从而引起很大的测量误差。测量仪器的带宽必须大于被测电路的带宽。电压类信号源的内阻要小小于其负载电路的输入阻抗,否则会降低信号源的电压输出效率。

图 1.2.1　RC 去耦电路

1.2.2　基本方法

电子系统设计往往不可能一蹴而就,设计过程中不可避免地会遇到这样那样的问题,这些问题可能是由于原理设计失误造成的,也可能是由于布局布线不合理造成的,要解决这些问题就必须对电路进行调试。调试是每一个实验人员必须具备的基本技能,掌握调试的基本方法可以大大缩短设计周期、有效提高设计效率。

1) 调试的基本思路

(1) 划分功能模块,一个模块一个模块检查。

(2) 对于每一个模块,先检查电源,再从输入到输出或从输出到输入一步一步进行检查。

(3) 确定故障模块,进而确定故障点。

(4) 解决问题。

2) 调试的基本方法

(1) 直观检查法

① 不通电检查

对照电路原理图,用万用表欧姆挡检查电路的连接关系,看是否有断线或接错线的情况,特别是电源到地有无短路现象。

② 通电检查

用万用表电压挡测量电源电压,确认准确后给电路上电,接着测量电源到地的电压是否正确,然后再测量电路的静态工作点。测量值与理论值相差较大时,可确认电路有故障。

(2) 动态检查法

动态检查法借助示波器等仪器,通过观测电路的输入、输出信号波形,判断电路的工作状态是否有异常。检查时一般采用分模块、逐级检查的办法,从前级到后级或从后级到前级,一级一级观察信号波形及幅值情况,查找并确定故障位置。这种方法特别适合于比较复杂的模拟电路和数字电路系统。

(3) 器件替换法

故障比较隐蔽、难以查找和排除时,可以通过替换可疑元器件的方法,逐步缩小故障的范围,确定故障位置,进而排除故障。

(4) 断路法

采用断开某一级电路或电路的某一支路的方法,可以起到压缩故障范围的作用。例如,将直流稳压电源接入一有故障的电路时,可能会观测到电流过大的现象,这时如断开电路的某一支路,电流就恢复正常,则说明故障就是由断开的这一支路引起的,仅在该支路查找故障即可。

3）电子电路的调试

检查完实验线路后即可上电调试。调试前,应先观察电路有无异常现象,包括有无冒烟、是否有异常气味、元器件是否发烫、电源是否有短路现象等。如果出现异常情况,应立即切断电源,查找故障原因,排除故障后再上电调试。

（1）模拟电路的调试

模拟电路性能参数"量"的不确定性决定了模拟电路调试的相对复杂性。模拟电路的调试包括静态和动态调试。

① 静态调试

在模拟电路中,静态调试是指在不加输入信号的条件下（输入信号为 0）,对电路进行的直流调试和调整,如测量交流放大器的直流工作点等。在数字电路中,静态调试是指在电路的输入端输入固定的高、低电平值,测试电路输出的逻辑电平。

② 动态调试

在模拟电路中,动态调试是以指在静态调试完成之后,给电路的输入端施加一定频率和幅度的输入信号,通过观测电路输出端和电路中相关测试点的信号,判断电路的功能和性能是否符合设计要求,进而确定是否需要调整电路元件的相关参数。

（2）数字电路的调试

数字电路的"状态"具有确定性,数字电路的调试思路相对比较简单。

① 组合逻辑电路的调试

调试组合逻辑电路时重点要检查电路是否按功能表描述的方式工作。查找故障时可以先进行动态测试,缩小故障范围,再进行静态测试,确定故障的具体位置。动态测试就是按设计要求在输入端加动态脉冲信号,用示波器或逻辑分析仪观察输入、输出波形是否符合设计要求,静态测试就是给定数字电路若干组静态输入值,测试数字电路的输出值是否正确。

② 时序逻辑电路的调试

由于时序逻辑电路输出状态的变化由时钟触发（电平、上升沿或下降沿）的,所以调试时序电路时重点要检查电路的工作时序是否符合要求。在实验过程中,一般是用示波器或逻辑分析仪观察时钟（电平、上升沿或下降沿）、输入和输出之间的"时序"关系是否正确。为了调试方便,可以先用手动的方法产生电路需要的时钟脉冲,确认电路基本没有什么问题后,再用连续脉冲作时钟对电路进行最终测试。

1.3　电子技术实验操作规程

为了确保人身安全和仪器设备不受损坏,保证实验顺利进行,进入实验室后要严格遵守实验室的规章制度和实验室的安全操作规则。

1.3.1 安全注意事项

(1) 实验前应检查电源线、插头、插座、熔断器(保险丝(管))、闸刀开关等是否安全可靠。使用市电时要注意仪器设备的连线绝缘良好,除特殊需要,所有带电部件不能裸漏在外。

(2) 在任何情况下均不能用手来鉴定接线端或裸露导线是否带电。

(3) 安装或检验设备时应先切断电源。实验装置(或实验电路)接好后,须经过检查确认方可接通电源,在接通电源之前要通知实验合作者。

(4) 更换熔断器时应先切断电源,切勿带电操作。

(5) 测高电压时,在将测试线(或测试棒)与测试点连接前须先切断电源,所有的测试线接好后方可接通电源。测试时身体不要接触金属部分,而且通常应站在绝缘物体(垫)上、单手操作。

(6) 在实验过程中除要避免严重触电外,还应防止轻微触电(例如触及已充电电容器等)。轻微触电有时会使实验人员触及高压或至其摔伤,所以轻微触电也可能很危险。

(7) 在实验过程中遇到有人触电、火灾等险情时,应立即切断电源,然后采取相应的措施。

(8) 在使用较高电压做具有一定危险的实验时,应有两人以上合作进行,并要始终集中精力、相互配合。

(9) 实验结束后应先切断电源,再拆除连线。

1.3.2 实验器材使用注意事项

(1) 使用电子仪器前,应阅读使用说明书或有关资料,了解仪器的使用方法和注意事项。

(2) 看清仪器所需电源电压(110 V 还是 220 V),将电压选择开关置于合适的位置。

(3) 按要求正确接线。

(4) 实验中不要随意扳动、旋转仪器面板上的旋钮、开关等。需要扳动时,用力要轻,以免造成仪器仪表挡位选择开关错位或旋钮、开关、电位器等部件损坏。

(5) 不得随意拆卸实验装置上的元器件或零部件。

(6) 实验时应随时注意仪器及电路的工作状态,如发现保险丝熔断、内部打火、焦煳味、冒烟、不正常的响声、仪器失灵、读数失常、元器件发烫等异常现象,应立即切断电源,保持现场,待查明原因并排除故障后方可重新加电。

(7) 仪器使用完毕后,应将面板上的旋钮、开关扳动到合适位置,如毫伏表量程开关应旋至最高挡位、万用表功能选择旋钮应置于断点位置等。

2 基本测量技术

2.1 概述

电子测量技术是一门发展十分迅速的学科,这里仅简要介绍基本电量测量中的一些共性问题。

为了检验设计、组装完成后的电子电路是否达到设计要求,通常必须借助电子仪器(如:电源、万用表、信号发生器、示波器等)测量电路的某些参数,然后对测量数据进行分析。如果电路工作不正常,或性能指标没有达到设计要求,则必须通过适当调整电路元器件或其参数,使电路功能和性能满足设计要求。

2.1.1 测量方法的分类

1) 直接测量与间接测量

(1) 直接测量

直接测量是一种直接得到被测量值的测量方法。例如用直流电压表测量稳压电源的输出电压等。

(2) 间接测量

与直接测量不同,间接测量是利用直接测量的量与被测量之间存在的函数关系,得到被测量值的测量方法。例如,测量放大器的电压放大倍数 A_u,一般是分别测量交流输出电压 U_o 与交流输入电压 U_i,因为 $A_u = U_o/U_i$,即可算出 A_u。这种方法常用于被测量不便直接测量,或者间接测量的结果比直接测量更为准确的场合。

(3) 组合测量

组合测量综合利用直接测量和间接测量两种方法对被测量进行测量,一般通过将被测量和另外几个量组成联立方程,然后求解联立方程得出被测量的大小。

2) 直读测量与比较测量

(1) 直读测量

直读测量是直接从仪器仪表的刻度线或显示器上读出测量结果的方法。例如,用电流表测量电流采用的就是直读测量法,它具有简单、方便等优点。

(2) 比较测量

比较测量是在测量过程中将被测量与标准量直接进行比较而获得测量结果的方法。电桥利用标准电阻(电容、电感)对被测量进行测量就是一个典型例子。

应当指出直读测量与直接测量、比较测量与间接测量互不相同,但互有交叉。例如,用电桥测电阻,是比较测量法,属于直接测量;用电压表、电流表测量功率,是直读法,但属于间接测量。

3) 按被测量性质分类

被测量的种类很多,但根据其特点,大致可分为以下几类:

(1) 频域测量

频域测量技术又称为正弦测量技术,被测参数表现为频率的函数,而与时间因素无关。进行频域测量时,电路一般处于稳定工作状态,因此又叫稳定测量。

频域测量采用的激励信号是正弦信号。线性电路在正弦信号作用下,所有测试点的电压和电流的频率都相同,仅幅度和相位有差别。利用这个特点,可以实现各种电量的测量,如放大器增益、输出输入信号的相位差、输入阻抗和输出阻抗等。此外,频域测量还可以用来观察电路的非线性失真。频域测量法的缺点是不宜用于研究电路的瞬态特性。

(2) 时域测量

与频域测量技术不同,利用时域测量技术能观察电路的瞬变过程及其特性,如上升时间、平顶降落、重复周期、脉冲宽度等。时域测量技术采用的主要仪器是脉冲信号发生器和示波器。

(3) 数域测量

数域测量是用逻辑分析仪对数字量进行测量的方法。逻辑分析仪具有多个输入通道,可以同时观察许多单次并行数据。例如微处理器地址总线、数据总线上的信号,可以显示时序波形,也可以用"1"、"0"显示其逻辑状态。

(4) 噪声测量

噪声测量属于随机测量。在电子电路中,噪声与信号是相对存在的,不与信号大小相联系来谈噪声大小是无意义的。因此,工程上常用噪声系数 F_N 来表示电路噪声的大小,即:

$$F_N = \frac{输入信噪比}{输出信噪比} = \frac{P_{iS}/P_{iN}}{P_{oS}/P_{oN}} = \frac{1}{A_P} \times \frac{P_{oN}}{P_{iN}}$$

式中:P_{iS}、P_{iN} 分别为电路输入端的信号功率、噪声功率;P_{oS}、P_{oN} 分别为电路输出端的信号功率、噪声功率;A_P 为电路对信号的功率增益,$A_P = P_{oS}/P_{iS}$。

若 $F_N = 1$,说明该电路本身没有产生噪声。一般来说,放大电路的噪声系数都大于1。放大电路产生的噪声越小,F_N 就越小,放大微弱信号的能力就越强。

4) 其他分类

测量方法还可以根据测量方式分为自动测量和非自动测量、原位测量和远距离测量等。

此外,在电子测量中,还经常会用到各种变换技术,例如,变频、分频、检波(如测量交流电压有效值的原理就是先利用各种检波器将交流量变换成直流量,然后再测量)、斩波、A/D、D/A 转换等,在此就不详细讨论了。

2.1.2 选择测量方法的原则

在选择测量方法时,应首先研究被测量本身的特性及所需要的测量精度、环境条件、测量仪器、测量设备等因素,综合考虑以上因素后再确定采用哪种测量方法、选择什么测量仪器和设备。

选择测量方法时,应根据所具备的测试条件(如仪器仪表等),制定最佳测量方案。好的测量方法不仅可以获得最可信的测量结果,而且可以降低测量成本,否则,不仅测量结果不可信,而且很有可能会损坏测量仪器和设备、被测电路或元器件等。例如,用万用表电阻挡测试半导体三极管的发射结电阻时,挡位选择不对,或用晶体管图示仪测量三极管输入特性曲线时,限流电阻太小,都会使三极管基极电流过大,造成被测三极管损坏。

2.2　电压测量

在电子测量领域,电压是要测量的基本参数之一,许多电参数,如增益、频率特性、电流、功率、调幅度等都可视为电压的派生量。各种电路工作状态,如饱和、截止等,通常是以电压的形式反映出来,不少测量仪器也都用电压来表征被测量。因此,电压测量是许多电参数测量的基础,对电路的调试是不可缺少的。

1) 电压测量的特点

(1) 频率范围宽

电压信号的频率可以是任意频率($0\sim\infty$),电压信号也可能是任意频率和幅度的电压信号的组合。在工程上,要精确测量所有频点信号的电压幅度,几乎是不可能的,所以一般是根据测量需求(如精度要求、需要关注的频点等),选择合适的测试仪表。

(2) 电压范围宽

电压信号的幅度可能小到微伏级,也可能大到千伏以上,甚至更高。对于不同的电压挡级必须采用不同的电压表进行测量。例如,用某款数字电压表,测出 10^{-9} V 数量级的电压,但可能无法测 1 000 V 的电压。

(3) 存在非正弦量电压

被测信号除了正弦电压信号外,还有大量的非正弦电压信号。非正弦电压信号需要用专门仪表进行测量,如用普通仪表测量非正弦电压,将引入不可接受的测量误差。

(4) 交、直流电压并存

被测的电压信号中常常是交流与直流并存,而且常常还夹杂有复杂的干扰噪声。这时同样需要根据测量需求(如精度要求、需要关注的参数等),选择合适的测试仪表。

(5) 要求测量仪器有高输入阻抗

为了使测量仪器对被测电路的影响足够小,要求测量仪器有足够高的输入电阻和较小的输入电容,即相对于被测电路,测量仪器的输入阻抗至少要高一个数量级。

在工程上,选择哪种测量仪器、采用什么方法进行电压测量,要视测试需要而定。如果测量精度要求不高、被测电压的幅度也不是很大,可以用示波器进行交、直流电压测量,否则,就要选择其他更精密的测量仪器、采用更合适的测量方法。

2) 高内阻回路电压的测量

一般来说,任何一个被测电路都可以等效成一个电源电压 U_0 和一个阻抗 Z_0 串联,如图 2.2.1 所示。

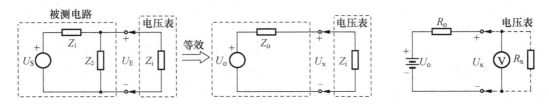

(a) 被测电路　　　　　　　　　　　　　　　　(b) 考虑电压表输入电阻后的等效电路

图 2.2.1　电压表输入阻抗对被测电路的影响

　　设电路参数和电压表输入阻抗 Z_i 如图 2.2.1(a)所示,则考虑电压表输入阻抗(即电表内阻)的等效电路如图 2.2.1(b)所示。由图可见,电压表的指示值 U_X 等于电表内阻 R_X($=Z_i$)与电路阻抗 Z_o($=R_o$)和等效电源电压的分压,即

$$U_X = \frac{R_X}{R_X + R_o} U_o$$

则绝对误差为:

$$\Delta U = U_X - U_o$$

相对误差为:

$$\gamma = \frac{\Delta U}{U_o} = \frac{U_X - U_o}{U_o} = \frac{R_X}{R_o + R_X} - 1 = -\frac{R_o}{R_o + R_X}$$

　　显然,要减小误差,就必须使电压表的输入电阻 R_X 远大于 R_o。

　　为了提高电压表的输入电阻、为了更有利于弱电压信号的测量,常常在电压表中加入集成运算放大器构成集成运放型电压表,或者加入场效应管电路作输入级构成高内阻电压表。

　　3) 交流电压表

　　交流电压表有模拟型和数字型两大类,此处仅讨论模拟型交流电压表。

　　根据电压测量的特点,对仪器的输入阻抗、量程范围、频带和被测波形都有一定要求。模拟型交流电压表的测量结果一般表示为有效值,表头本身多为直流微安表,因此测量时需要先将交流转换成直流。模拟型交流电压表的基本结构形式有以下两种:

　　(1) 检波放大式电压表

　　检波放大式电压表组成框图如图 2.2.2 所示。可见,它是先通过检波(整流)将被测电压 U_X 变成直流电压,再将直流电压信号送入直流放大器放大后驱动微安表偏转。由于放大器放大的是直流电压,对放大器的频率响应要求低,因此,电压表的测量带宽主要取决于检波电路。如果采用高频探头进行检波,其上限工作频率可达 1 GHz,通常所用的高频毫伏表即属于检波放大式电压表。

图 2.2.2　检波放大式电压表组成框图

　　这种结构的主要缺点是,检波二极管导通有一定死区电压(起始电压),会使电压表刻度呈非线性;此外,还存在输入阻抗偏低、直流放大器有零点漂移等问题。因此,检波放大式电压表的灵敏度一般不高,不适宜于测量小信号。

（2）放大检波式电压表

放大检波式电压表的组成框图如图 2.2.3 所示，被测交流电压先经交流放大再对其进行检波，由检波后得到的直流电压驱动微安表偏转。

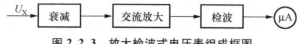

图 2.2.3　放大检波式电压表组成框图

由于结构上采用先放大再检波，就避免了检波电路在小信号时的刻度非线性和直流放大器存在的零点漂移等问题，电压表的测量灵敏度和输入阻抗都得到了提高，但缺点是测量电压的频率范围受放大器通频带的限制。放大检波式电压表的测量上限频率约为兆赫级，最小量程为毫伏级。

为了解决测量灵敏度和频率范围的矛盾，还可以采取其他措施对电压表的电路结构进行改进，例如采用调制式电压表结构或外差式电压表结构，提高电压表的上限频率和测量灵敏度（例如可测微伏级）。

4）直流电压表

直流电压表有模拟式和数字式两大类，此处仅讨论数字式直流电压表。

数字化测量是先将连续的模拟量转换成离散的数字量，然后再进行编码、存储、显示及打印的测量方法。数字电压表和数字式频率计就是常用的两种数字化测量仪器。

与模拟型电压相比，数字式电压表有以下特点（或优点）：

（1）准确度高。利用数字式电压表进行测量，最高分辨力可达 1 μV，比模拟型仪表的精度高很多；

（2）数字显示、读取方便，完全消除了指针式仪表的视觉误差；

（3）数字式仪表内部有保护电路，过载能力强；

（4）测量速度快、效率高；

（5）输入阻抗高，对被测量电路的影响小。一般数字式电压表的 R_i 约为 10 MΩ，最高可达 10^{10} Ω。

数字式电压表的缺点是测量频率范围不够宽，一般只能达到 100 kHz 左右。

数字式直流电压表的基本框图如图 2.2.4 所示。其输入电路部分是模拟电路，计数器及逻辑控制由数字电路构成，被测电压的数值通过显示器（由译码驱动电路驱动）显示出来。A/D 转换器负责将被测模拟量转换成数字量，从而实现模拟量的数字化测量，所以 A/D 转换器是数字电压表的核心。A/D 转换的精度决定了数字式直流电压表的测量灵敏度和能够测量的最大电压，各种数字电压表的区别主要在 A/D 转换器部分，有兴趣的读者可参考相关文献。

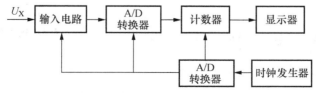

图 2.2.4　数字式直流电压表组成框图

2.3 电阻测量

有源二端口网络也叫四端网络,在电子电路中是一类很重要的网络。通常,二端口网络一个端口为输入口,另一个端口为输出口,放大器、滤波器和变换器(变压器等)就是这种二端口网络。

下面简单介绍一下,在低频条件下有源二端口网络(如放大器)输入电阻 R_i 和输出电阻 R_o 的测量方法。

1) 输入电阻的测量

下面主要介绍如何用替代法和换算法测量输入电阻 R_i。

(1) 用替代法测量输入电阻

测量电路如图 2.3.1 所示,图中 R_i 为二端口网络的等效输入电阻,U_s、R_s 分别为信号源电压和内阻。替代法测量输入电阻的基本方法是,将开关 S 置于点 C 时,测得 a、b 两点电压为 U,将 S 置于点 d 时,调节可调电阻 R 使 a、b 两点间的电压仍为 U 值,则输入电阻 R_i 的大小就等于可调电阻 R 的当前值。

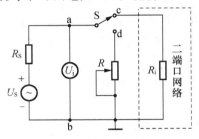

图 2.3.1 用替代法测输入电阻

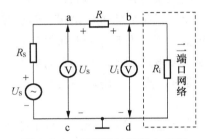

图 2.3.2 用换算法测输入电阻

(2) 用换算法测量输入电阻

测量电路如图 2.3.2 所示。设 R 的阻值为已知,只要分别用毫伏表测出 a、c 和 b、d 间的电压 U_s 和 U_i,则输入电阻为:

$$R = \frac{U_i}{U_s - U_i} R$$

注:R 与 R_i 应为同一数量级,R 取值过大易引起干扰,取值过小则测量误差较大。

2) 输出电阻的测量

常用换算法测量输出电阻 R_o,测量电路如图 2.3.3所示。分别测出负载 R_L 断开时放大器输出电压 U_o' 和负载电阻 R_L 接入时的输出电压 U_o,则输出电阻为:

$$R_o = \left(\frac{U_o'}{U_o} - 1 \right) R_L$$

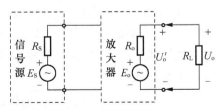

图 2.3.3 用换算法测量输出电阻

2.4 增益及幅频特性测量

增益是网络传输特性的重要参数。一个有源二端口网络的电流、电压、功率增益（或放大倍数）可用下式表示：

$$A_i = \frac{I_o}{I_i}$$

$$A_u = \frac{U_o}{U_i}$$

$$A_p = \frac{P_o}{P_i} = A_i A_u$$

在通信系统中，常用分贝（dB）表示增益，因此，上述各式可改写为：

$$A_i = 20\lg\frac{I_o}{I_i}(\text{dB})$$

$$A_u = 20\lg\frac{U_o}{U_i}(\text{dB})$$

$$A_p = 20\lg\frac{P_o}{P_i}(\text{dB})$$

二端口的幅频特性是一个与频率有关的量，所研究的是网络输出电压与输入电压的比值随频率变化的规律。

下面简单介绍两种测量辐频特性的方法。

1) 逐点法

测试电路如图 2.4.1 所示。通常用示波器在输出端监测输出波形，输入信号的幅度适中，保证输出波形不能失真。改变输入信号频率，保持输入信号 U_i 等于常数，用毫伏表分别测出各频点对应的输出电压 U_o，计算电压增益：

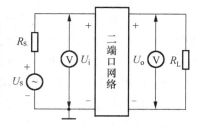

$$A_u = \frac{U_o}{U_i}$$

图 2.4.1　逐点法测幅频特性

即可得到被测网络的幅频特性。用逐点法测出的幅频特性通常叫静态幅频特性。

2) 扫频法

扫频法是用扫频仪测量二端口网络幅频特性是目前广泛应用的方法。扫频仪的工作原理如图 2.4.2 所示。扫频仪将一个与扫描电压同步的调频（扫频）信号送入网络输入端口，并将网络输出端口电压检波后送示波管 Y 轴（偏转板），在显示器 Y 轴方向显示被测网络输出电压幅度，示波管的 X 轴方向为频率轴，加到 X 轴偏转板上的电压与扫频信号

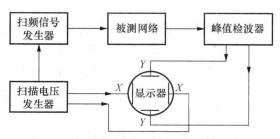

图 2.4.2　扫频法测量幅频特性原理框图

频率变化规律一致(注意:扫描电压发生器输出到 X 轴偏转板的电压正符合这一要求),这样示波管屏幕上就显示出了清晰的幅频特性曲线。

2.5　测量数据的采集和处理

2.5.1　测量数据的采集

测量数据的采集包括实验的观察、数据的读取与记录。在实验过程中,通过各种仪器、仪表观察得到的各种数据和波形,是分析总结实验结果的主要依据。直接观察仪器显示得到的数据称为原始数据,经过分析、计算、综合后,用来反映实验结果的数据称为结论数据。需要注意的是,切不可把观察到的客观现象与个人对现象的解释混淆起来。

原始测量数据很重要,读取测量数据时方法要正确、读数要准确,记录测量数据要客观全面。实验结束后,在任何情况下都不应更改所记录的原始测量数据。

1) 测量数据的读取

读取测量数据时一定要明确哪些数据需要读取以及如何读取。具体要求如下:

(1) 应明确所研究的电路指标是通过哪些电量来体现或计算出的,而要想获得这些电量需要用哪种测量工具、对电路中哪些节点进行测量。

(2) 应保证是在电路处于正常工作状态下测量到的有效数据。

(3) 实验现象通常是可重复再现的,为了减少测量误差,必要的话,应对同一被测量进行多次重复测量,防止偶然误差。

(4) 读取测量数据时,通常要求在可靠读出的数字之后再加上 1 位不可靠数字,共同组成数据的有效数字(有效数字位数规定为第 1 个不为 0 的数字位及其右边的所有位数,例如:0.650 0 是 4 位有效数字,2.45 是 3 位有效数字,0.03 是 1 位有效数字)。有效数字表示读取数据的准确度,不能随意增减,即使在进行单位换算时也不能增减有效数字位数。

电子仪器显示测量结果的方式有三种:指针指示、波形显示和数字显示。下面分别对这三种方式下如何正确读取测量数据进行说明。

(1) 指针指示式仪器

读数时要确定表盘刻度线上各分度线所表示的刻度值,然后根据指针所处的位置进行读数。当指针停在刻度上两分度线之间时,需要估读一个近似的读数,这个数即为欠准数字。

使用指针示仪器时,为减小读数误差应注意以下问题:

① 对一些可测量不同量程、多种电量的仪表(如万用表),读数时要正确地选用刻度线并确定其上各分度线所表示的刻度值,防止读数时用错刻度线造成较大的过失误差。

② 有的仪表刻度线是非线性的,读数时必须弄清刻度线所代表的正确刻度值和各分格所代表的数值。

③ 选择量程应尽量使指针指示停在刻度线的 2/3 以上位置,这样测量结果相对误差较小。

④ 要掌握适当的观测角度,要求视线垂直正对指针所在处的刻度盘表面,以免引入视

觉误差。

(2) 波形显示式仪器

各类示波器和图示仪即为波形显示式仪器。波形显示式仪器可将被测电量的波形直观地显示在荧光屏上,据此可读出被测电量的有关参数。

波形显示式仪器的读数方法是:先确定在 X 轴、Y 轴方向每一格所表示的数值,然后根据波形在 X 轴、Y 轴方向占有的格数进行读数(读数=每一格代表的数值×总格数)。要注意荧光屏上的坐标格是固定的,但每一格所代表的数值是可变的。

使用波形显示式仪器时要注意以下问题:

① 要调整好仪器的"亮度"和"聚焦",使显示出的波形清晰、美观,以便准确读数。

② 波形在 X 轴、Y 轴方向上都不能过于压缩或拉伸。

③ 使用示波器测量电压幅度时,一般先读取电压的峰-峰值然后换算成峰值、有效值。因为波形的峰、谷所在的位置最为明显,最方便读取。

④ 读取数据时,应适当调整波形在 X、Y 方向上的位置,使读数点位于 X 轴(Y 轴)刻度线上,因为 X 轴(Y 轴)刻度线有坐标格,所以读取的数据更准确。

(3) 数字显示式仪器

数字显示式仪器通过数码管(LED)或液晶显示屏直接显示测量数据和单位,不会引入刻度误差和读数误差,读取数据更加方便、准确。

使用数字显示式仪器时应注意以下问题:

① 应选好量程,尽可能多显示几位有效数字,以提高测试精度。

② 合理选择量程,防止数据超量程溢出。有些仪器具有超量程指示,据此可以调整量程。

③ 测量较小被测量时,所显示数字的最后一位会不停地跳动,读取数据时,这位数字应作为欠准数字,根据其跳动范围进行估读。例如,最后一位数在3~7之间跳动,可取最后这位欠准数字为5。

④ 要注意小数点的位置。数字显示屏上每一位数字后都有小数点显示符,读数时应注意小数点的位置(点亮的小数点显示符),以防读错。

2) 测量数据的记录

客观、全面地的记录测量数据是实验者应具备的基本实验素质,具体要求如下:

(1) 实验前应准备好记录数据的图表和记录波形的坐标纸。

(2) 对实验现象和数据必须以原始形式做好记录,不能任意作近似处理,也不能只记录经过计算或换算过的数据,而且必须保证数据的真实性。

(3) 测量数据记录应全面,包括实验条件、实验中观察到的现象,包括有关信号的波形,以及客观存在的各种影响,甚至是失败的数据或是被认为与该实验目的无关的数据,因为有些数据可能隐含着解决问题的新途径或者可以作为分析电路故障的参考依据。

(4) 数据记录一般采用表格方式,方便处理。

(5) 在记录数据的同时,要将其与估算出的理论值或理想值进行比较,以便即时判断测试数据的正误,及时调整测量方法或实验电路。

(6) 和读取数据时,记录数据时也应只保留一位欠准数字。准确数字和欠准数字对测试结果都是不可缺少的,它们都是有效数字。

注意:记录欠准数字时,要特别注意"0"的情况。例如:测得某电阻值为 3 170 Ω,表明 3、1、7 三个数字是准确数字,最后一位数 0 是欠准数字;如果改写成 3.17 kΩ,则表明 3、1 两个数字是准确数字,最后一位数字 7 是欠准数字。两种写法,虽表示同一数值,但实际上却反映了不同的测试准确度。

2.5.2　测量数据的误差

在模拟电路实验中,被测量有一个真实值,简称真值,是由理论计算求得的值。在实际测量时,由于受测量仪器精度、测量方法、环境条件或测量者能力等因素的限制,测量值与真值之间不可避免地存在差异。这种差异称为测量误差。

测量数据的误差处理就是从测量所得到的原始数据中求出被测量的最佳估计值,并与其真值进行比较,计算其精确程度。

1）测量误差的表示方法

（1）绝对误差

用 A 表示被测量的真值,由仪器测得的数值称为指示值,用 X 表示。在测量时,由于受到测试仪器精度、测量方法、环境条件或测试者能力等因素的限制,指示值与真值之间不可避免地存在一定差异,这就是测量误差,又称为绝对误差,用 ΔX 表示:

$$\Delta X = X - A$$

当 $X > A$ 时,ΔX 是正值;$X < A$ 时,ΔX 是负值。所以 ΔX 是具有大小、正负和量纲的数值。它的大小和符号分别表示测量值偏离真值的程度和方向。

（2）相对误差

相对误差是指测量的绝对误差 ΔX 与被测量的真值 A 之比（用百分数表示）。相对误差用 γ 来表示,即:

$$\gamma = \frac{\Delta X}{X} \times 100\%$$

2）误差的来源

（1）仪器误差

指仪器本身电气或机械性能不良造成的误差称为仪器误差。例如,仪器校正不好、定度不准等造成的误差即为仪器误差。消除仪器误差的方法是,预先对仪器进行校准,根据精度高一级的仪器确定修正值,在测量中根据修正值加入适当的补偿来抵消仪器误差。

（2）使用误差

指在使用仪器过程中,仪器和其他设备的安装、调节、布置不当或使用不正确等造成的误差称为使用误差。例如,把规定垂直安装的仪器水平安装、接线太长、未考虑阻抗匹配、接地不良、未按规定预热仪器、未调节或校准等,都会产生使用误差。测量者应严格按照操作规程使用仪器,改变不良习惯,努力提高自身的实验技能。

（3）方法误差

由于测量方法不合理所造成的误差称为方法误差,包括测量方法所依据的理论不够严格、采用不适当的简化或近似公式等引起的误差。例如,用伏安法测量电阻时,若直接以电压指示值和电流指示值之比作为测量结果而不考虑电表本身内阻的影响,就引入了方法误差。

（4）人为误差

由于测量者本身的原因引起的误差称为人为误差。例如,测量者的分辨能力、视觉疲劳、不良习惯以及缺乏责任心等造成的误差,即为人为误差。

3）误差的分类

根据误差的性质及产生的原因,测量误差可分为系统误差、偶然误差（随机误差）、过失误差（粗差）三类。在实验过程中应尽量减小测量误差,才能获得可信的实验结果。为此,需要掌握分析和处理误差的一般方法,下面针对以上三类误差分别进行说明。

（1）系统误差

实验时在规定的条件下对同一电量进行多次测量时,如果误差的数值保持恒定或按某种规律变化,则称这类误差为系统误差。

系统误差产生的原因如下:测量仪器本身的缺陷;测量时的环境条件与仪器要求的环境条件不一致;采用近似测量方法和近似计算公式;测量人员不良习惯造成的读数不准等。

系统误差产生的原因是多方面的,但总是有规律的。若能找出系统误差产生的根源,并有针对性地采取一定措施,就能减小或者消除它。例如,若测量仪器不准,通过用更紧密的仪器对其进行校验取得修正值,就可以减小系统误差。

（2）随机误差（偶然误差）

随机误差是指在规定的条件下对同一电量进行多次测量,若误差的数值发生不规则的变化,则这种误差称为偶然误差。例如,外界干扰和实验者感觉器官无规律的微小变化等引起的误差即为偶然误差。如果测量的次数足够多,偶然误差的平均值的极限会一般会趋于零,因此,消除偶然误差的方法是多次测量并取平均值。在实验过程中,若发现在相同条件下同一被测量每次所测得的结果不同时,应进行多次重复测量,并将所测得的数据取平均值作为测量结果。

（3）疏失误差（粗大误差）

疏失误差指在一定测量条件下,测量结果显著地偏离真值时所对应的误差。

该误差产生的原因如下:由于测量者缺乏经验、操作不当等造成读错刻度、读错读数或计算错误;电源电压波动、机械冲击等引起仪器显示值的改变而造成的误差等。凡是经过确认含有疏失误差的测量数据称为坏值,这种测量数据应该删除不用。

2.5.3　测量数据的处理

实验结果（即结论数据）可用数字或曲线表示。要将实验记录的原始数据整理成结论数据,必须掌握数字和曲线的处理方法。

1）有效数字的处理

（1）有效数字的取舍。

对于测量或通过计算获得的数据,在规定精度范围外的数字,一般都应按照"四舍五入"的规则进行处理。例如,若只取 N 位有效数字,则 $N+1$ 位（包括 $N+1$ 位）以后的各位数字都应舍去。

（2）有效数字的运算

① 加减运算

参加运算的数据必须是相同单位的同一量。小数点后面位数最少的数据其精度最差，在进行运算前应将各数据小数点后所保留的位数处理成与精度最差的数据相同，然后再进行运算。

② 乘除运算

运算前以有效数字位数最少的数据为准处理各数据，使有效数字的位数相同，所得的积或商保留相同位数的有效数字。

若有效数字位数最少的数据的第一位数为 8 或 9，则有效数字应多计 1 位。

2）曲线的处理

实验结果除了用数值表示外，还常用各种曲线来表示，也就是将被测量随一个或几个因素变化的规律用曲线表达出来，以便于分析。

利用曲线表示实验结果，绘制出的曲线或波形应画在坐标纸上，坐标轴上应标明物理量的符号和单位，并注明曲线或波形的名称。

（1）根据屏幕显示的波形绘制曲线

首先，在屏幕所显示的曲线上找一些合适的数据点，记下这些点对应的数据。作图时，先在坐标纸上根据这些点的数据标出各点的位置，然后对照显示的波形将这些点连接起来，便可以完成曲线的绘制。

（2）根据测得的数值绘制曲线

为了使曲线能够较为准确地反映实验结果，绘制曲线时应剔除粗差点，并用曲线修匀的方法绘制曲线。具体方法如下：

① 剔除粗差点

先按上述处理有效数字的规则整理测得的数据，然后粗略地分析一下数据，若发现个别数据远远偏离其他数据，一般是由读取、记录数据或其他操作过失造成的错误数据。即存在粗差的数据。存在粗差的数据点对绘制曲线毫无疑义，应予以剔除。

粗差点的判断方法是绘制曲线前先根据所有的数据点估画一条预想曲线。正常的数据点应位于预想曲线的附近，若某些点远离预想曲线，与附近的数据点差别很大，这些数据点一般为粗差点。

② 用分组平均法绘制曲线

实验中由于存在偶然误差，测得的数据点不可能全部落在一条光滑的曲线上。根据这些数据点绘制出一条尽量符合实际情况的光滑曲线，这就是曲线的修匀，一般采用分组平均法进行曲线修匀，即将数据点分成若干组，每组含 2～4 个点，每组点数可以不相等，然后分别估计各组的几何重心，再将这些重心连接起来。由于进行了数据平均，可以在一定程度上减少偶然误差的影响，从而使曲线较为平坦。

（3）绘制曲线应注意的问题

① 为了便于绘制曲线，在测试过程中要注意数据点的选择。如果预先知道曲线形状，在曲线斜率较大或变化规律较为重要的地方，就应多采集一些数据点，而在曲线较为平坦的区域则可适当少采集一些数据点。

② 选好坐标。一般采用直角坐标系,若自变量变化范围很宽,可考虑采用对数坐标。

③ 坐标分度应考虑误差的大小。分度过细,会夸大测试精确度;分度过粗,会增加作图误差。

④ 横坐标与纵坐标的比例很重要,应根据具体情况分别选择适当分度。

⑤ 要注意作图幅面的选择,除非要求作图的精度较高而测得数据的有效位数较多,图幅可以大一些,分度可以细一些,否则一般情况下图幅不宜过大。

3 常用电子元器件基础知识

常用电子元器件包括电阻、电容、电感、晶体二极管、晶体三极管、场效应管等半导体分立器件以及常用集成电路,它们是构成电子电路的基本部件。了解常用电子元器件的基础知识,学会识别和测量,是组装、调试、维修电子电路必须具备的基本技能。

无源元件基础知识已在《电路分析基础实验》中介绍,本章仅对有源电子器件晶体二极管、晶体三极管等半导体分立器件和常用集成电路作简要介绍。

3.1 半导体分立器件型号命名法

常用半导体器件型号命名法如表 3.1.1～表 3.1.3 所示。

表 3.1.1 中国半导体分立器件型号命名法

第1部分		第2部分		第3部分				第4部分	第5部分
用数字表示器件的电极数目		用汉语拼音字母表示器件的材料		用汉语拼音字母表示器件的类型				用数字表示器件的序号	用汉语拼音字母表示规格号
符号	意义	符号	意义	符号	意义	符号	意义		
2	二极管	A	N型 锗材料	P	普通管	D	低频大功率管		
		B	P型 锗材料	V	微波管	A	高频大功率管		
		C	N型 硅材料	W	稳压管	Y	体效应器件		
		D	P型 硅材料	X	参量管	B	雪崩管		
				Z	整流器	J	阶跃恢复管		
				L	整流堆	CS	场效应器件		
3	三极管	A	PNP 锗材料	S	隧道管	BT	半导体特殊器件		
		B	NPN 锗材料	N	阻尼管	FH	复合管		
		C	PNP 硅材料	U	光电器件	PIN	PIN 型管		
		D	NPN 硅材料	X	低频小功率管	JG	激光器件		
		E	化合物材料	G	高频小功率管	T	晶闸管器件		
						FG	发光管		

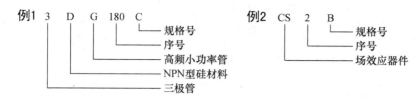

注:场效应器件、半导体特殊器件、复合管、PIN管和激光器件的型号命名只有第3、4、5部分。

表 3.1.2 日本半导体分立器件型号命名法

第1部分		第2部分		第3部分		第4部分		第5部分	
用数字表示器件有效电极数目或类型		JEIA 注册标志		用字母表示器件使用材料极性和类型		器件在 JEIA 的登记号		同一型号的改进型产品标志	
符号	意义	符号	意义	符号	意义	符号	意义	符号	意义
0	光电二极管或三极管及上述器件的组合管			A B C D F G H J K M	PNP 高频晶体管 PNP 低频晶体管 NPN 高频晶体管 NPN 低频晶体管 P 控制极晶闸管 N 控制极晶闸管 N 基极单结晶体管 P 沟道场效应管 N 沟道场效应管 双向晶闸管			A B C D ⁝	表示这一器件是原型号产品的改进型
1	二极管	S	已在 JEIA 注册登记的半导体器件			多位数字	这一器件在 JEIA 的注册登记号,性能相同但不同厂家生产的器件可以使用同一登记号		
2	三极管或具有 3 个电极的其他器件								
3	具有 4 个有效电极的器件								
$n-1$	具有 n 个有效电极的器件								

注:JEIA 为日本电子工业协会。

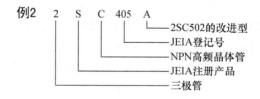

表 3.1.3　国际电子联合会半导体分立器件型号命名法

第 1 部分		第 2 部分				第 3 部分		第 4 部分	
用字母表示器件使用的材料		用字母表示器件的类型及主要材料				用数字或字母加数字表示登记号		用字母对同一型号器件进行分档	
符号	意义	符号	意义	符号	意义	符号	意义	符号	意义
A	锗材料	A	检波二极管、开关二极管、混频二极管	M	封闭磁路中的霍尔元件	3 位数字	表示通用半导体器件的登记序号	A	表示同一型号半导体器件按某一参数进行分档的标志
B	硅材料	B	变容二极管	P	光敏器件			B	
		C	低频小功率三极管	Q	发光器件			C	
C	砷化镓材料	D	低频大功率三极管	R	小功率晶闸管			D	
		E	隧道二极管	S	小功率开关管				
		F	高频小功率管	T	大功率晶闸管				
D	锑化铟材料	G	复合器件及其他器件	U	大功率开关管	1 个字母加 2 位数字			
		H	磁敏二极管	X	倍增二极管				
R	复合材料	K	开放磁路中的霍尔元件	Y	整流二极管				
		L	高频大功率三极管	Z	稳压二极管				

例1　B T X80-300
　　　└ 最大反向峰值电压300 V
　　　└ 专用器件登记号
　　　└ 大功率晶闸管
　　　└ 硅材料

例2　B Z Y99 C-5V5
　　　└ 标称稳定电压5.5 V
　　　└ 允许误差±5%
　　　└ 专用器件登记号
　　　└ 稳压二极管
　　　└ 硅材料

3.2　晶体二极管

3.2.1　晶体二极管的分类和图形符号

晶体二极管又称为半导体二极管,简称二极管,是常用的半导体分立器件之一。二极管的内部构成本质上为一个 PN 结,P 端引出电极为正极,N 端引出电极为负极。主要特性为单向导电性,广泛应用于整流、稳压、检波、变容、显示等电子电路中。

普通二极管一般有玻璃和塑料两种封装形式,其外壳上均印有型号和标记,识别很简单:小功率二极管的负极(N 极),外壳上大多采用一道色环标识,也有采用符号"P"、"N"来确定二极管的极性。发光二极管的正负极可从引脚长短来识别,长脚为正,短脚为负。

1）晶体二极管的分类

晶体二极管的种类很多,其分类如下。

（1）按材料分类:锗材料二极管、硅材料二极管。

（2）按结构分类:点接触型二极管、面接触型二极管。

（3）按用途分类:检波二极管、整流二极管、高压整流二极管、高压整流二极管、硅堆二极管、稳压二极管、开关二极管。

（4）按封装分类:玻璃外壳二极管(小型用)、金属外壳二极管(大型用)、塑料外壳二极管、环氧树脂外壳二极管。

（5）按用途分类：发光二极管、光电二极管、变容二极管、磁敏二极管、隧道二极管。

2）晶体二极管的图形符号

常用类型二极管所对应的电路图形符号如图 3.2.1 所示。

(a) 普通二极管 (b) 隧道二极管 (c) 稳压二极管 (d) 发光二极管 (e) 光电二极管 (f) 变容二极管

图 3.2.1　常用类型二极管电路图形符号

3.2.2　晶体二极管的主要技术参数

不同类型晶体二极管所对应的主要特性参数有所不同，具有普遍意义的特性参数有以下几个：

1）额定正向工作电流

额定正向工作电流是指二极管长期连续工作时允许通过的最大正向电流值。因为电流通过二极管时会使管芯发热，温度上升，温度超过容许限度（硅管为 140 ℃左右，锗管为 90 ℃左右）时，就会因管芯发热而损坏。所以，二极管使用时不要超过额定正向工作电流。例如：常用的 IN4001～IN4007 型锗整流二极管的额定正向工作电流为 1 A。

2）最高反向工作电压

加在二极管两端的反向电压高到一定值时，会将二极管击穿，使其失去单向导电能力。为了保证使用安全，规定了最高反向工作电压值。例如：IN4001 型二极管反向耐压为 50 V，IN4007 型二极管反向耐压为 1 000 V。

3）反向电流

反向电流是指二极管在规定的温度和最高反向电压作用下，流过二极管的反向电流。反向电流越小，则二极管的单向导电性能越好。值得注意的是，反向电流与温度有着密切的关系，温度每升高约 10 ℃，反向电流将增大 1 倍。硅二极管比锗二极管在高温下具有更好的稳定性。

3.2.3　常用晶体二极管

1）整流二极管

整流二极管的作用是将交流电整流成脉动直流电，它利用了二极管的单向导电性。整流二极管正向工作电流较大，工艺上大多采用面接触结构，电容较大，因此，整流二极管的工作频率一般小于 3 kHz。

整流二极管主要有全封闭金属结构封装和塑料封装两种封装形式。通常，额定正向工作电流在 1 A 以上的整流二极管采用金属封装，以利于散热；额定正向工作电流在 1 A 以下的整流二极管采用塑料封装。另外，由于工艺技术的不断提高，也有不少较大功率的整流二极管采用塑料封装，在使用时应加以区别。

整流电路通常为桥式整流电路，将 4 个整流管封装在一起的元件称为整流桥或整流全桥（简称全桥），如图 3.2.2 所示。

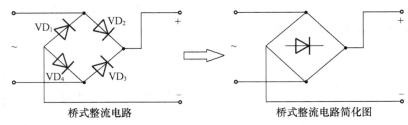

桥式整流电路　　　　　　　　　　　桥式整流电路简化图

图 3. 2. 2　桥式整流电路

选用整流二极管时，主要应考虑其最大整流电流、最大反向工作电流、截止频率及反向恢复时间等参数。普通串联稳压电源电路中使用的整流二极管，对截止频率和反向恢复时间要求不高(可用 1N 系列、2CZ 系列、RLR 系列的整流二极管)。开关稳压电源的整流电路及脉冲整流电路中使用的整流二极管，应选用工作频率高、反向恢复时间较短的整流二极管(例如:RU 系列、EU 系列、V 系列、1SR 系列或快速恢复二极管)。

2) 检波二极管

检波二极管是利用 PN 结伏安特性的非线性把叠加在高频信号上的低频信号分离出来的一种二极管。检波二极管要求正向压降小、检波效率高、结电容小、频率特性好，其外形一般采用丙烯酸乙酯(EA)玻璃封装结构。检波二极管一般采用锗材料点接触型结构。

选用检波二极管时，应根据需要选择工作频率高、反向电流小、正向电流足够大的检波二极管。部分 2AP 型检波二极管主要参数如表 3.2.1 所示。

表 3. 2. 1　部分 2AP 型检波二极管的主要参数

型　号	击穿电压 U_R(V)	反向漏电流 $I_R(\mu A)$	最高反向工作电压 U_{RM}(V)	额定正向电流 I_F(mA)	检波损耗 L_{rd}(dB)	截止频率 f(MHz)	势垒电容 C_B(pF)
2AP9	20	≤200	15	≥8	≥20	100	≤0.5
2AP10	40	≤200	30				

检波二极管常用参数的含义如下:

(1) 正向电压降 U_f:检波二极管通过正向电流为规定值时，在极间产生的电压降。

(2) 击穿电压 U_R:检波二极管通过反向电流为规定值时，在极间产生的电压降。

(3) 检波效率 η:输出低频电压幅值与输入高频调幅波包络幅值之比。当输出为直流电压时则与输入为高频等幅波的幅值之比。

(4) 零点结电容 G_{j0}:零偏压下检波二极管的总电容。

(5) 浪涌电流 I_{sur}:通过检波二极管正向脉冲电流最大允许值。

3) 稳压二极管

稳压二极管又称齐纳二极管，有玻璃封装、塑料封装和金属外壳封装三种。稳压二极管是利用 PN 结反向击穿时电压基本上不随电流变化的特点来达到稳压的目的的。稳压二极管正常工作时工作于反向击穿状态，一般外电路要加合适的限流电阻，以防止烧毁稳压二极管。

稳压二极管根据击穿电压分挡，其稳定电压值就是击穿电压值。稳压二极管主要作为稳压器或电压基准元件使用，串联使用时，其稳定电压值为各稳压二极管稳定电压值之和。

稳压二极管不能并联使用,原因是每个稳压二极管的稳定电压值有差异,并联后通过每个稳压二极管的电流不同,个别稳压二极管会因过载而损坏。

选用稳压二极管时应满足应用电路中主要参数的要求。稳压二极管的稳定电压值应与应用电路的基准电压值相同,稳压二极管的最大稳定电流应高于应用电路的最大负载电流50%左右。

稳压二极管常用参数的含义如下:

(1)稳定电压 U_Z:当通过稳压二极管的反向电流为规定值时,稳压二极管两端产生的电压降。由于半导体器件生产的分散性和受温度的影响,所以生产厂家给出的稳定电压是一个电压范围。

(2)动态电阻 R_Z:在测试电流下,稳压二极管两端电压的变化量与通过稳压二极管的电流变化量之比。对于一个稳压二极管来说,通常是工作电流越大则动态电阻越小,动态电阻越小则稳压性能越好。

(3)最大耗散功率 P_{ZM}:在给定的条件下,稳压二极管允许承受的最大功率。

(4)最大工作电流 I_{ZM}:在最大耗散功率下,稳压二极管允许通过的电流。

(5)正向压降 U_f:稳压二极管正向通过规定的电流时,极间产生的电压降。

(6)反向漏电流 I_R:稳压二极管在规定反向电压下,产生的漏电流。

(7)最高结温 T_{JM}:在工作状态下,稳压二极管 PN 结的最高温度。

部分稳压二极管主要参数如表 3.2.2 所示。

表 3.2.2 部分 IN 系列、2CW、2DW 型稳压二极管的主要参数

型 号	稳定电压 U_Z(V)	动态电阻 R_Z(Ω)	温度系数 C_{TV}(1/℃)	工作电流 I_Z(mA)	最大电流 I_{ZM}(mA)	额定功耗 P_Z(W)
1N748	3.8~4.0	100		20		0.5
1N752	5.2~5.7	35				
1N962	9.5~11.9	25		10		
1N964	13.5~14.0	35				
2CW50	1.0~2.8	50	≥−9×10⁻⁴	10	83	0.25
2CW54	5.5~6.5	30	−3×10⁻⁴~5×10⁻⁴		38	
2CW58	9.2~10.5	25	≥−8×10⁻⁴	5	23	
2CW60	11.5~12.5	40	≥−9×10⁻⁴		19	
2CW64	18~21	75	≤10×10⁻⁴	3	11	
2CW66	20~24	85	≤10×10⁻⁴		9	
2CW68	27~30	95	≤10×10⁻⁴		8	
2DW230 (2DW7A)	5.8~6.6	≤25	≤|0.05|×10⁻⁴	10	30	
2DW231 (2DW7B)	5.8~6.6	≤15	≤|0.05|×10⁻⁴			
2DW232 (2DW7C)	6.0~6.5	≤10	≤|0.05|×10⁻⁴			0.2

注:最大电流可根据公式 $I_{ZM}=P_Z/U_Z$ 计算得出。工作电流一般取最大电流的 1/5~1/2,稳压效果较好。

4)变容二极管

变容二极管是一种利用反向偏压来改变二极管 PN 结电容量的特殊半导体器件。变容二极管相当于一个电压控制的电容量可变的电容器,它的两个电极之间的 PN 结电容大小,随加到变容二极管两端反向电压的改变而变化。变容二极管主要应用于电调谐、自动频率控制、稳频等电路中,作为一个可以通过电压控制的自动微调电容器,起到改变电路频率特性的作用。

选用变容二极管时应考虑其工作频率、最高反向工作电压、最大正向电流和零偏压结电容等参数是否符合电路要求,应选用结电容变化大、高 Q 值、反向漏电流小的变容二极管。部分变容二极管的主要参数如表 3.2.3 所示。

表 3.2.3　部分 2CC、1N 系列变容二极管的主要参数

型　号	反向工作峰值电压 U_{RM}(V)	最大结电容 C_{max}(pF)	最大变容比 C_{max}/C_{min}	反向电流 I_R(μA)
2CC12A	10	10	4	≤20
2CC12C		30±6	8.7	
2CC12D	12	40±6	11.5	
2CC12E	15	45	9	
1N5439	≥30	3.3	2.3~3.1	≤20
1N5443		10.0	2.6~3.1	
1N5447		20.0	2.6~3.1	
测试条件	$I_R=0.5\mu$A	$U_R=0$	$U_R=U_{RM}$	$U_R=U_{RM}$

5) 光敏二极管

光敏二极管在光照射下其反向电流与光照度成正比,常应用于光电转换及光控、测光等自动控制电路中。

部分 2CU 型硅光敏二极管的主要参数如表 3.2.4 所示。

表 3.2.4　部分 2CU 型硅光敏二极管的主要参数

型　号	最高反向工作电压 U_{RM}(V)	暗电流 I_D(μA)	光电流 I_L(μA)	峰值波长 λ_P(Å)	响应时间 t_r(ns)
2CU1A	10	≤0.2	≥80	8 800	≤5
2CU1B	20				
2CU1C	30				
2CU2A	10	≤0.1	≥30		
2CU2B	20				
2CU2C	30				
测试条件	$I_R=I_D$	无光照 $U=U_{RM}$	光照度 $E=1\ 000$ lx $U=U_{RM}$		$R_L=50\ \Omega$ $U=10$ V $f=300$ Hz

6) 发光二极管

发光二极管(LED)能把电能直接快速地转换成光能,属于主动发光器件,常用做显示、状态信息指示等。

发光二极管除了具有普通二极管的单向导电特性之外,还可以将电能转换为光能,给发光二极管外加正向电压时,它处于导通状态,当正向电流流过管芯时,发光二极管就会发光,将电能转换成光能。

发光二极管的发光颜色主要由制作材料以及掺入杂质种类决定。目前常见的发光二极管发光颜色主要有蓝色、绿色、黄色、橙色、红色、白色等,白色发光二极管主要应用于手机背光灯、液晶显示器背光灯、照明等领域。

发光二极管的工作电流通常为 2～25 mA,其工作电流不能超过额定值太多,否则有烧毁的危险。因此,通常在发光二极管回路中串联一个电阻作为限流电阻,限流电阻的阻值 R 为:$R=(U-U_F)/I_F$,式中,U 是电源电压,U_F 是工作电压,I_F 是工作电流。

工作电压(即正向压降)随着材料的不同而不同,普通绿色、黄色、红色、橙色发光二极管的工作电压约 2 V,白色发光二极管的工作电压通常高于 2.4 V,蓝色发光二极管的工作电压通常高于 3.3 V。

红外发光二极管是一种特殊的发光二极管,其外形和发光二极管相似,只是发出的是红外光,正常情况下人眼是看不见的。其工作电压约为 1.4 V,工作电流一般小于 20 mA。

有些公司将两个不同颜色的发光二极管封装在一起,使之成为双色发光二极管(又称变色发光二极管),这种发光二极管通常有 3 个引脚,其中一个是公共脚,可以发出三种颜色的光(其中一种是两种颜色的混合色),故通常作为不同工作状态的指示器件。

部分发光二极管主要参数如表 3.2.5 所示。

表 3.2.5　部分 2EF 系列发光二极管主要参数

型　号	工作电流 I_F(mA)	正向电压 U_F(V)	发光强度 I(mcd)	最大工作电流 I_{FM}(mA)	反向耐压 U_{BR}(V)	发光颜色
2EF401	10	1.7	0.6	50	≥7	红
2EF411	10	1.7	0.5	30	≥7	红
2EF441	10	1.7	0.2	40	≥7	红
2EF501	10	1.7	0.2	40	≥7	红
2EF551	10	2.0	1.0	50	≥7	黄绿
2EF601	10	2.0	0.2	40	≥7	黄绿
2EF641	10	2.0	1.5	50	≥7	红
2EF811	10	2.0	0.4	40	≥7	红
2EF841	10	2.0	0.8	30	≥7	黄

7) 双向触发二极管

双向触发二极管也称二端交流器件(DIAC)。它是一种硅双向触发开关器件,当在双向触发二极管两端施加的电压超过其击穿电压时,两端即导通,将持续到电流中断或降到器件的最小保持电流才会再次关断。双向触发二极管常应用在过压保护电路、移相电路、晶闸管触发电路、定时电路中。双向触发二极管在常用的调光灯中的应用电路如图 3.2.3 所示。

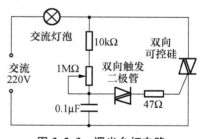

图 3.2.3　调光台灯电路

8) 其他特性二极管

(1) 肖特基二极管

肖特基二极管具有反向恢复时间很短、正向压降较低的特性,可用于高频整流、检波、高速脉冲钳位等。

(2) 快速恢复二极管

快速恢复二极管正向压降与普通二极管相近,但反向恢复时间短,耐压比肖特基二极管高得多,可用做中频整流元件。

（3）开关二极管

开关二极管的反向恢复时间很短，主要用在开关脉冲电路和逻辑控制电路中。

3.2.4　晶体二极管使用注意事项

1）普通二极管

（1）在电路中应按注明的极性进行连接。

（2）根据需要正确选择型号。同一型号的整流二极管可串联、并联使用。在串联、并联使用时，应视实际情况决定是否需要加入均衡（串联均压，并联均流）装置（或电阻）。

（3）引出线的焊接或弯曲处，离管壳距离不得小于 10 mm。为防止因焊接时过热而损坏，要使用功率低于 60 W 的电烙铁，焊接时间要快（2～3 s）。

（4）应避免靠近发热元件，并保证散热良好。工作在高频或脉冲电路中的二极管，引线要尽量短。

（5）对整流二极管，为保证其可靠工作，反向电压常降低 20% 使用。

（6）切勿超过手册中规定的最大允许电流和电压值。

（7）硅管和锗管不能互相代换。二极管代换时，代换的二极管其最高反向工作电压和最大整流电流不应小于被代换管。根据工作特点，还应考虑其他特性，如截止频率、结电容、开关速度等。

2）稳压二极管

（1）可将任意稳压二极管串联使用，但不得并联使用。

（2）工作过程中，所用稳压二极管的电流与功率不允许超过极限值。

（3）稳压二极管在电路中应工作于反向击穿状态，即工作于稳压区。

（4）稳压二极管替换时，必须使替换的稳压二极管的稳定电压额定值 U_Z 与原稳压二极管的稳定电压额定值相同，而最大工作电流则要相等或更大。

3.2.5　晶体二极管的变通运用

晶体二极管包括整流管、检波管、稳压管、发光二极管等，它们除了正常功能外，还可以变通运用。这些变通运用方法，在应急或买不到合适器件的特殊情况下，是解决问题的有效方法。

1）普通二极管用做稳压管

利用普通二极管具有较稳定的正向压降的特性，普通二极管（整流管、检波管或开关二极管）可以作为低电压的稳压二极管使用。如图 3.2.4 所示。

硅二极管串接一限流电阻 R 后，正向接入电源与地之间，在二极管的正极可得到 0.7 V 的稳定电压；锗二极管串接一限流电阻 R 后，正向接入电源与地之间，在二极管的正极可得到 0.3 V 的稳定电压；限流电阻 R 的作用是控制流过二极管的正向电流 I_{VD}，通常 I_{VD} 为数毫安，例如硅管的限流电阻为：$R=(+V_{CC}-0.7)/I_{VD}$。

如果需要较高的稳定电压值，可采用几个硅二极管正向串接。

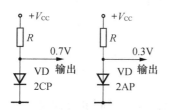

图 3.2.4　普通二极管用做稳压管

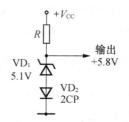

图 3.2.5　提高稳定电压值的电路

2）用二极管提高稳压管的稳定电压值

在没有合适的稳压管的情况下，可以用普通二极管来提高稳压二极管的稳定电压值。例如，需要 5.8 V 的稳定电压，但只有 5.1 V 的稳压二极管，则可在稳压二极管 VD_1 回路中正向串入一只硅二极管 VD_2，就可得到 +5.8 V 的稳定电压，如图 3.2.5 所示，R 为原稳压二极管 VD_1 的限电阻，一般可不作调整。

3.3　晶体三极管

晶体三极管是电子电路中广泛应用的有源器件之一，在模拟电子电路中主要起放大作用，除此之外还能用于开关、控制、振荡等电路中。

3.3.1　晶体三极管的分类和图形符号

1）晶体三极管的分类

晶体三极管的分类如下：

（1）按导电类型分类：NPN 晶体三极管，PNP 晶体三极管；

（2）按频率分类：高频晶体三极管，低频晶体三极管；

（3）按功率分类：小功率晶体三极管，中功率晶体三极管；

（4）按电性能分类：开关晶体三极管，高反压晶体三极管，低噪声晶体三极管；

（5）按按工艺方法和管芯结构分类：合金晶体三极管（均匀基区晶体三极管），合金扩散晶体三极管（缓变基区晶体三极管），台面晶体三极管（缓变基区晶体三极管），平面晶体三极管、外延平面晶体三极管（缓变基区晶体三极管）。

2）晶体三极管的图形符号和引脚排列

晶体三极管按内部半导体极性结构的不同，划分为 NPN 型和 PNP 型，这两类三极管电路符号和引脚排列如图 3.3.1 所示。

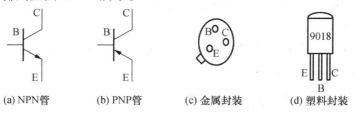

(a) NPN管　　　(b) PNP管　　　(c) 金属封装　　　(d) 塑料封装

图 3.3.1　三极管图形符号和小功率管引脚排列

三极管引脚排列因型号、封装形式与功能等的不同而有所区别,小功率三极管的封装形式有金属封装和塑料外壳封装两种,大功率三极管的外形一般分为"F"型和"G"型两种。

3.3.2　晶体三极管的主要技术参数

晶体三极管的主要技术参数如下:

(1) 集电极-基极反向电流 I_{CBO}:发射极开路,集电极与基极间的反向电流。

(2) 集电极-发射极反向电流 I_{CEO}:基极开路,集电极与发射极间的反向电流(俗称穿透电流),$I_{CEO} \approx \beta I_{CBO}$。

(3) 基极-发射极饱和压降 U_{BES}:晶体三极管处于导通状态时,输入端 B、E 之间的电压降。

(4) 集电极-发射极饱和压降 U_{CES}:在共发射极电路中,晶体三极管处于饱和状态时,C、E 端间的输出压降。

(5) 输入电阻 r_{BE}:晶体三极管输出端交流短路即 $\Delta U_{CE} = 0$ 时 B、E 极间的电阻。$r_{BE} = \Delta U_{BE} / \Delta I_B (U_{CE} = 常数)$。

(6) 共发射极小信号直流电流放大系数 h_{FE}:$h_{FE} = I_C / I_B$。

(7) 共发射极小信号交流电流放大系数 β:$\beta = \Delta I_C / \Delta I_B (U_{CE} = 常数)$。

(8) 共基极电流放大系数 α:$\alpha = I_C / I_E$。

(9) 共发射极截止频率 f_{β}:晶体三极管共射应用时,其 β 值下降 0.707 倍时所对应的频率。

(10) 共基极截止频率 f_{α}:晶体三极管共基应用时,其 α 值下降 0.707 倍时所对应的频率。

(11) 特征频率 f_T:当晶体三极管共射应用时,其 β 下降为 1 时所对应的频率,它表征晶体三极管具备电流放大能力的极限。

(12) 功率增益 K_p:晶体三极管输出功率与输入功率之比。

(13) 最高振荡频率 f_{max}:晶体三极管的功率增益 $K_p = 1$ 时所对应的工作频率,它表征晶体三极管具备功率放大能力的极限。

(14) 集电极-基极反向击穿电压 U_{CBO}:发射极开路时集电极与基极间的击穿电压。

(15) 集电极-发射极反向击穿电压 U_{CEO}:基极开路时集电极与发射极间的击穿电压。

(16) 集电极最大允许电流 I_{CM}:是 β 值下降到最大值的 1/2 或 1/3 时的集电极电流。

(17) 集电极最大耗散功率 P_{CM}:是集电极允许耗散功率的最大值。

(18) 噪声系数 N_F:晶体三极管输入端的信噪比与输出端信噪比的相对比值。

(19) 开启时间 t_{on}:晶体三极管由截止关态过渡到导通开态所需要的时间,它由延迟时间和上升时间两部分组成,$t_{on} = t_d + t_r$。

(20) 关闭时间 t_{off}:晶体三极管由导通开态过渡到截止关态所需要的时间,它由储存时间和下降时间两部分组成,$t_{off} = t_s + t_f$。

3.3.3　常用晶体三极管的主要参数

常用晶体三极管的主要参数如表 3.3.1、表 3.3.2 所示。

表 3.3.1　部分常用中、小功率晶体三极管主要参数

型　号	$U_{CBO}(V)$	$U_{CEO}(V)$	$I_{CM}(A)$	$P_{CM}(W)$	h_{FE}	$f_T(MHz)$
9011(NPN)	50	30	0.03	0.4	28～200	370
9012(PNP)	40	20	0.5	0.625	64～200	370
9013(NPN)	40	20	0.5	0.625	64～200	270
9014(NPN)	50	45	0.1	0.625	60～1 800	270
9015(PNP)	50	45	0.1	0.45	60～600	190
9016(NPN)	30	20	0.025	0.4	28～200	620
9018(NPN)	30	15	0.05	0.4	28～200	1 100
8050(NPN)	40	25	1.5	1.0	85～300	110
8550(PNP)	40	25	1.5	1.0	60～300	200
2N5401		150	0.6	1.0	60	100
2N5550		140	0.6	1.0	60	100
2N5551		160	0.6	1.0	80	100
2SC945		50	0.1	0.25	90～600	200
2SC1815		50	0.15	0.4	70～700	80
2SC965		20	5.0	0.75	180～600	150
2N5400		120	0.6	1.0	40	100

表 3.3.2　晶体三极管常用参数符号及其意义

型　号	$P_{CM}(W)$	$f_T(MHz)$	$I_{CM}(A)$	$U_{CEO}(V)$	$U_{CES}(V)$	$I_{CBO}(mA)$	$t_{on}(\mu s)$	$t_{off}(\mu s)$	h_{FE}
3DK4	0.7	100	0.6	30～45	0.5	1	0.05	—	30
3DK7	0.3	150	0.1	15	0.3	1	0.05	—	30
3DK9	0.7	120	0.8	20～80	0.5	1	0.1	—	30
3DK101	100	3	10	50～250	1.5	0.1	1.0	0.8	7～120
3DK200	200	2	12	＜800	1.5	0.1	1.5	1.2	7～120
3DK201	200	2	20	50～250	1.5	0.1	1.2	1.0	7～120
DK55	40	5	3	400	1	0.2	—	—	＞10
DK56	40	5	5	500	1	0.2	—	—	＞10

3.3.4　晶体三极管使用注意事项

使用晶体三极管时应注意以下几点：

（1）加到晶体三极管上的电压极性应正确。PNP 管的发射极对其他两个电极是正电位，而 NPN 管则应是负电位。

（2）不论是静态、动态或不稳定态（如电路开启、关闭时），均需防止电流、电压超出最大极限，也不得有两项以上参数同时达到极限。

（3）选用晶体三极管时主要应注意极性和下述参数：P_{CM}、I_{CM}、U_{CEO}、U_{EBO}、I_{CEO}、β、f_T 和 f_B。由于 $U_{CBO}>U_{CES}>U_{CER}>U_{CEO}$，因此只要 U_{CEO} 满足要求就可以了。一般工作于高频状态时要求 $f_T=(5～10)f$（f 为工作频率），工作于开关状态时则应考虑晶体三极管的开关参数。

（4）代换晶体三极管时，只要基本参数相同就能代换，性能高的可代换性能低的。对低频小功率管，任何型号的高、低频小功率管都可以代换，但 f_T 不能太高，只要 f_T 符合要求，一般就可以代换高频小功率管，但应选取内反馈小的晶体三极管，$h_{FE}>20$ 即可。对于低频大功率管,一般只要 P_{CM}、I_{CM}、U_{CEO} 符合要求即可,但应考虑 h_{FE}、U_{CES} 的影响。代换时对电路性能有重要影响的参数(如 N_F、开关参数)应满足要求。此外,通常锗管和硅管不能互换。

(5)工作于开关状态的晶体三极管,因 U_{CEO} 一般较低,所以应考虑是否要在基极回路加保护电路,如在线圈两端并联续流二极管,以防线圈反电动势损坏晶体三极管。

(6)晶体三极管应避免靠近发热元件,减小温度变化和保持管壳散热良好。功率放大管在耗散功率较大时应加散热片,管壳与散热片应紧贴固定,散热装置应垂直安装,以利于空气自然对流。

(7)国产晶体三极管 β 值的大小通常采用色标法表示,即在晶体三极管顶面涂上不同的色点,各种颜色对应的 β 值见表 3.3.3。部分进口晶体三极管在型号后加上英文字母来表示其 β 值,见表 3.3.4。

表 3.3.3　部分国产晶体三极管用色点表示的 β 值

颜色	棕	红	橙	黄	绿	蓝	紫	灰	白	黑
β	5～15	15～25	25～40	40～55	55～80	80～120	120～180	180～270	270～400	400 以上

表 3.3.4　部分进口晶体三极管用字母表示 β 值

型号	字　母								
	A	B	C	D	E	F	G	H	I
9011				29～44	39～60	54～80	72～108	97～146	132～198
9018				29～44	39～60	54～80	72～108	97～146	132～198
9012				64～91	78～112	96～135	118～116	144～202	180～350
9013				64～91	78～112	96～135	118～116	144～202	180～350
9014	60～150	100～300	200～600	400～1 000					
9015	60～150	100～300	200～600	400～1 000					
8050		85～160	120～200	160～300					
8550		85～160	120～200	160～300					
5551	82～160	150～240	200～395						

3.4　场效应晶体管

3.4.1　场效应晶体管的特点

场效应是指半导体材料的导电能力随电场改变而变化的现象。

当给场效应晶体管(FET)加上一个变化的输入信号时,信号电压的改变使加在晶体管上的电场发生改变,从而改变晶体管的导电能力,场效应晶体管的输出电流随电场的改变而改变。场效应晶体管的特性与电子管相似,也是电压控制器件。电子管利用电子在真空中运动完成导电任务,而场效应晶体管是利用多数载流子(电子或空穴)在半导体材料中运动而实现导电的,由于参与导电的只有一种载流子,故又称其为单极型晶体管。场效应管是一种通过电场实现电压对电流控制的新型三端电子元器件,其内部基本构成也是 PN 结,外部电路特性与晶体管相似。

场效应管的特点是输入阻抗高,在电路中便于直接耦合;结构简单,便于设计,容易实现大规模集成;温度稳定性好,不存在电流集中的问题,避免了二次击穿;为多子导电的单极器件,不存在少子存储效应,开关速度快,截止频率高,噪声系数低;其 I、U 成平方律关系,是良好的线性器件。因此,场效应管用途广泛,可用于开关、阻抗匹配、微波放大、大规模集成等领域,可构成交流放大器、有源滤波器、直流放大器、电压控制器、源极跟随器、斩波器、定时电路等。

3.4.2 场效应晶体管的分类和图形符号

1)场效应晶体管的分类

(1)按内部构成特点分类

主要分为结型场效应管和金属-氧化物-半导体场效应管(通常简称 MOSFET)两种类型。

(2)按工作原理分类

结型场效应管分为 N 沟道和 P 沟道两种类型;MOSFET 也分为 N 沟道和 P 沟道两种类型,但每一类又分为增强型和耗尽型两种,因此 MOSFET 有四种类型,即 N 沟道增强型 MOSFET、N 沟道耗尽型 MOSFET、P 沟道增强型 MOSFET、P 沟道耗尽型 MOSFET。

(3)按结构和材料分类

分为以下几类:

① 结型 FET (JFET)

a. 硅 FET(SiFET):分为单沟道、V 形槽、多沟道三类。

b. 砷化镓 FET(GaAsFET):分为扩散结、生长结、异质结三类。

② 肖特基栅 FET(MESFET)

a. SiMESFET。

b. GaSsMESFET:分为单栅、双栅、梳状栅三类。

c. 异质结 MESFET(InPMESFET)。

③ MOSFET

a. SiMOSFET:分为 NMOS、PMOS、CMOS、DMOS、VMOS、SOS、SOI。

b. GaAsMOSFET。

c. InPMOFET。

(4)按导电沟道分类

① N 沟道 FET:沟道为 N 型半导体材料,导电载流子为电子。

② P 沟道 FET:沟道为 P 型半导体材料,导电载流子为空穴。

(5)按工作状态分类

① 耗尽型(常开型):当栅源电压为 0 时已经存在导电沟道。

② 增强型(常关型):当栅源电压为 0 时,导电沟道夹断,当栅源电压为一定值时才能形成导电沟道。

2）场效应晶体管的图形符号

结型场效应管的图形符号如图 3.4.1 所示。

(a) N沟道　　　(b) P沟道

图 3.4.1　结型场效应管图形符号

MOSFET 的图形符号如图 3.4.2 所示。

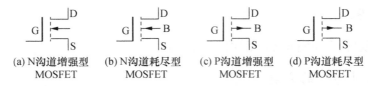

(a) N沟道增强型　　(b) N沟道耗尽型　　(c) P沟道增强型　　(d) P沟道耗尽型
　　MOSFET　　　　　 MOSFET　　　　　 MOSFET　　　　　 MOSFET

图 3.4.2　MOSFET 图形符号

例如：场效应晶体管表示符号及特性曲线如图 3.4.3 所示。

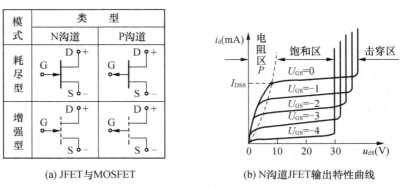

(a) JFET与MOSFET　　　　　(b) N沟道JFET输出特性曲线

图 3.4.3　场效应晶体管表示符号及特性曲线

3.4.3　场效应晶体管主要技术参数

场效应管主要技术参数的含义如下：

（1）夹断电压 U_P：在规定的漏源电压下，使漏源电流下降到规定值（即使沟道夹断）时的栅源电压 U_{GS}。此定义适用于耗尽型 MOSFET。

（2）开启电压（阈值电压）U_T：在规定的漏源电压 U_{DS} 下，使漏源电流 I_{DS} 达到规定值（即发生反型沟道）时的栅源电压 U_{GS}。此定义适用于增强型 MOSFET。

（3）漏源饱和电流 I_{DSS}：栅源短路（$U_{GS}=0$）、漏源电压足够大时，漏源电流几乎不随漏源电压变化，这时所对应漏源电流为漏源饱和电流。此定义适用于耗尽型 MOSFET。

（4）跨导 g_m（g_{ms}）：漏源电压一定时，栅压变化量与由此而引起的漏电流变化量之比。它表征栅电压对栅电流的控制能力，单位为西门子（S），

$$g_{ms}=\frac{\Delta I_D}{\Delta U_{GS}}\bigg|_{U_{DS=常数}}$$

（5）截止频率 f_T：共源电路中，输出短路电流等于输入电流时的频率。与双极性晶体

管的 f_T 相似,也称为增益-带宽积。由于 g_m 与栅源电容 C_{GS} 都随栅压变化,所以 f_T 亦随栅压的改变而改变,

$$f_T = \frac{g_m}{2\pi C_{GS}}$$

(6)漏源击穿电压 U_{DS}:漏源电流开始急剧增加时所对应的漏源电压。

(7)栅源击穿电压 U_{GS}:对于 JFET 是指栅源之间反向电流急剧增长时对应的栅源电压;对于 MOSFET 是指 SiO_2 绝缘层击穿导致栅源电流急剧增长时的栅源电压。

(8)直流输入电阻 r_{GS}:栅电压与栅电流之比。对于 JFET 是 PN 结的反向电阻;对于 MOSFET 是栅绝缘层的电阻。

3.4.4 常用场效应晶体管的主要参数

3DJ、3DO、3CO 系列场效应晶体管的主要参数如表所示。

表 3DJ、3DO、3CO 系列场效应晶体管的主要参数

型 号	类 型	饱和漏源电流 I_{DSS}(mA)	夹断电压 U_P(V)	开启电压 U_T(V)	共源低频跨导 g_m(mS)	栅源绝缘电阻 R_{GS}(Ω)	最大漏源电压 U_{DS}(V)
3DJ6D	结型场效应管	<0.35	<|−9|		300	≥10^8	>20
3DJ6E		0.3~1.2			500		
3DJ6F		1.0~3.5					
3DJ6G		3.0~6.5			1 000		
3DJ6H		6.0~10					
3D01D	MOSFET (N沟道 耗尽型)	<0.35	<|−4|		>1 000	≥10^9	>20
3D01E		0.3~1.2					
3D01F		1.0~3.5					
3D01G		3.0~6.5	<|−9|				
3D01H		6.0~10					
3D06A	MOSFET (N沟道 增强型)	≤10		2.5~5	>2 000	≥10^9	>20
3D06B				<3			
3C01	MOSFET (P沟道 增强型)	≤10		|−2|~ |−6|	>500	10^8~10^9	>15

3.4.5 场效应晶体管的测量

1)用测电阻法判别结型场效应管的电极

场效应管的 PN 结正、反向电阻值不同,据此可以判别结型场效应管的 3 个电极。具体方法是:将万用表拨在 R×1 k 挡上,任选 2 个电极,测出其正、反向电阻值。当某 2 个电极正、反向电阻值相等且为几千欧时,则该 2 个电极分别是漏极 D 和源极 S。因为对结型场效应管而言,漏极和源极可互换,剩下的电极肯定是栅极 G。也可以将万用表的黑表笔(红表笔也行)任意接触一个电极,另一只表笔依次去接触其余 2 个电极,测量电阻值,当出现两次测得的电阻值近似相等时,则黑表笔所接触的电极为栅极,其余 2 个电极分别为漏极和源极。若两次测出的电阻值均很大,说明是反向 PN 结,即都是反向电阻,可以判定是 N 沟道

场效应管,且黑表笔接的是栅极;若两次测出的电阻值均很小,说明是正向 PN 结,即是正向电阻,可判定为 P 沟道场效应管,黑表笔接的也是栅极。若不出现上述情况,可以调换黑、红表笔再按上述方法进行测试,直到判别出栅极为止。

2）用测电阻法判别场效应管的好坏

测电阻法是用万用表测量场效应管的源极与漏极、栅极与源极、栅极与漏极、栅极 G_1 与栅极 G_2 之间的电阻值,看其与场效应管手册中标明的电阻值是否相符来判别场效应管的好坏。具体方法是:首先将万用表置于 R×10 或 R×100 挡,测量源极 S 与漏极 D 之间的电阻,通常在几十欧到几千欧范围（型号不同,其电阻值也不同）,如果测得的电阻值大于正常值,可能是由于内部接触不良;如果测得的电阻值是无穷大,可能是内部断极。然后把万用表于 R×10 k 挡,再测栅极 G_1 与 G_2 之间、栅极与源极、栅极与漏极之间的电阻值,如测得的各项电阻值均为无穷大,则说明场效应管是正常的;若测得的阻值太小或为通路,则说明场效应管是坏的。注意,若 2 个栅极在场效应管内断极,可用元件代换法进行检测。

3）用感应信号输入法估测场效应管的放大能力

具体方法是:将万用表置于 R×100 挡,红表笔接源极 S,黑表笔接漏极 D,给场效应管加上 1.5 V 的电源电压,此时表针指示出漏、源极间的电阻值,然后用手捏住结型场效应管的栅极,将人体的感应电压信号加到栅极上。这时,由于场效应管的放大作用,漏源电压和漏极电流都要发生变化,也就是漏、源极间电阻发生了变化,由此可以观察到表针有较大幅度的摆动。如果手捏栅极时表针摆动较小,说明场效应管的放大能力较差;表针摆动较大,表明场效应管的放大能力大;若表针不动,说明场效应管是坏的。

根据上述方法,用万用表的 R×100 挡测结型场效应管 3DJ2F。先将场效应管的栅极开路,测得漏源电阻为 600 Ω,用手捏住栅极后,表针向左摆动,指示的漏源电阻为 12 kΩ,表针摆动的幅度较大,说明该管是好的,并有较大的放大能力。

采用这种方法时要注意以下几点:

（1）首先,用手捏住栅极时,万用表针可能向右摆动（电阻值减小）,也可能向左摆动（电阻值增加）。这是由于人体感应的交流电压较高,用电阻挡测量时不同场效应管的工作点不同（或者工作在饱和区或者工作在不饱和区）所致。试验表明,多数场效应管的漏源电阻增大,即表针向左摆动;少数场效应管的漏源电阻减小,表针向右摆动。但无论表针摆动方向如何,只要表针摆动幅度较大,就说明场效应管有较大的放大能力。

（2）此方法对 MOSFET 也适用。但要注意,MOSFET 的输入电阻高,接入栅极的感应电压不应过高,所以不要直接用手去捏栅极,必须用手握螺丝刀的绝缘柄,用螺丝刀的金属杆去碰触栅极,以防止人体感应电荷直接加到栅极,造成栅极击穿。

（3）每次测量完毕,应当将栅、源极间短路一下。这是因为每次测量结束栅、源结电容上遗留的少量电荷建立了栅源电压,所以再进行测量时表针可能不动,只有将栅、源极间电荷短路放掉才行。

4）用测电阻法判别无标志的场效应管

首先用测量电阻的方法找出 2 个有电阻值的引脚,也就是源极和漏极,余下 2 个引脚为第一栅极 G_1 和第二栅极 G_2。先把测得的源极与漏极之间的电阻值记下来,再对调表笔测量一次,把测得的电阻值也记下来,测得的电阻值较大的一次,黑表笔所接的电极为漏极,红表笔所接的为源极。用这种方法判别出来的源、漏极,还可以用估测场效应管放大能力的方法进行验证,即放大能力大的黑表笔所接的是漏极,红表笔所接的是源极,用这两种方法检测的结果应一致。确定了漏、源极的位置后,按漏、源极的对应位置装入电路,一般 G_1、G_2 也会依次对准位置,这也就确定了 G_1、G_2 的位置,从而就确定了漏、源极以及 G_1、G_2 引脚的顺序。

5) 通过观测反向电阻值的变化判断跨导大小

测量 VMOS N 沟道增强型场效应管的跨导性能时,可用红表笔接源极、黑表笔接漏极,这相当于在源、漏极之间加了一个反向电压。此时栅极是开路的,场效应管的反向电阻值是很不稳定的。将万用表的欧姆挡置于 R×10 k 挡(表内电压较高),此时用手接触栅极,会发现场效应管的反向电阻值有明显变化,变化越大,说明场效应管的跨导值越高;反之,说明被测管的跨导很小。

3.4.6　场效应晶体管使用注意事项

(1) 为安全使用场效应管,在电路设计中不能超过场效应管的耗散功率、最大漏源电压、最大栅源电压和最大电流等参数的极限值。结型场效应管的源极、漏极可以互换使用。

(2) 在使用各类型场效应管时,要严格按要求的偏置接入电路中,要遵守场效应管偏置的极性要求。如结型场效应管栅、源、漏之间是 PN 结,N 沟道场效应管栅极不能加正偏压,P 沟道场效应管栅极不能加负偏压,等等。

(3) 由于 MOSFET 输入阻抗极高,所以在运输、贮藏中必须将引脚短路,要用金属屏蔽包装,以防止外来感应电势将栅极击穿。尤其要注意不能用塑料盒子保存 MOSFET,最好用金属盒子保存,同时要注意防潮。

(4) 为了防止场效应管栅极感应击穿,要求一切测试仪器、工作台、电烙铁、电路本身都必须有良好的接地;在焊接引脚时,应先焊源极;在连入电路之前,场效应管的全部引线端应保持互相短接状态,焊接完后再把短接材料去掉;从元器件架上取场效应管时,应采取适当措施确保人体接地,如戴上接地环;为确保安全,最好采用气热型电烙铁焊接场效应管;绝对不要带电插拔场效应管。

(5) 在安装场效应管时,安装的位置要尽量避免靠近发热元件;为了防止场效应管振动,可将管壳体紧固起来;引脚引线弯曲时应在大于根部 5 mm 处进行,以防止弯断引脚和引起漏气等。对于功率型场效应管,要有良好的散热条件,因为功率型场效应管一般是在高负荷状态下使用的,只有确保壳体温度不超过额定值,才能使其长期稳定可靠地工作。

3.5　半导体模拟集成电路

3.5.1　模拟集成电路基础知识

集成电路(IC)按其功能可分为模拟集成电路和数字集成电路。模拟集成电路用来产生、放大和处理各种模拟信号。

模拟集成电路相对数字集成电路和分立元件电路而言具有以下特点:

（1）电路处理的是连续变化的模拟量电信号,除输出级外,电路中的信号幅度值较小,集成电路内的器件大多工作在小信号状态。

（2）信号的频率范围通常可以从直流一直延伸至高频段。

（3）模拟集成电路在生产中采用多种工艺,其制造技术一般比数字电路复杂。

（4）除了应用于低压电器中的电路,大多数模拟集成电路的电源电压较高。

（5）和分立元件电路相比模拟集成电路具有内繁外简的特点,内部构成电路复杂,外接电路元件少,应用方便。

模拟集成电路按其功能可分为线性集成电路、非线性集成电路和功率集成电路。线性集成电路包括运算放大器、直流放大器、音频电压放大器、中频放大器、高频（宽频）放大器、稳压器、专用集成电路等;非线性集成电路包括电压比较器、A/D 转换器、D/A 转换器、读出放大器、调制解调器、变频器、信号发生器等;功率集成电路包括音频功率放大器、射频发射电路、功率开关、变换器、伺服放大器等。上述模拟集成电路的上限频率最高均在 300 MHz 以下,300 MHz 以上的称为微波集成电路。

3.5.2　集成运算放大器

1）集成运算放大器简介

集成运算放大器简称集成运放,实质上是一种集成化的直接耦合式高放大倍数的多级放大器。它是模拟集成电路中发展最快、通用性最强的一类集成电路,广泛用于模拟电子电路各个领域。目前除了高频和大功率电路外,凡是由晶体管组成的线性电路和部分非线性电路都能以集成运放为基础的电路来实现。

图 3.5.1 为集成运放电路传统图形符号,它有 2 个输入端,1 个输出端,“—”号端为反相输入端,表示输出信号 U_o 与输入信号 U_- 的相位相反;“+”号端为同相输入端,表示输出信号 U_o 与输入信号 U_+ 的相位相同。集成运放通常还有电源端、外接调零端、相位补偿端、公共接地端等。集成运放的外形有圆壳式、双列直插式、扁平式、贴片式四种。

各种集成运放内部电路主要由输入级、中间级、输出级、偏置电路四部分组成,如图 3.5.2 所示。

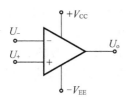

图 3.5.1　集成运放传统符号

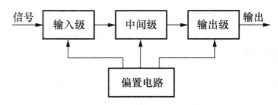

图 3.5.2　集成运放组成框图

当在集成运放的输入端与输出端之间接入不同的负反馈网络时,可以实现模拟信号的运算、处理、波形产生等不同功能。

2）集成运算放大器的常用参数

集成运放的参数是衡量其性能优劣的标志,同时也是电路设计者选用集成运放的依据。集成运放的常用参数含义如下:

（1）输入失调电压 U_{io}:输出直流电压为 0 时,2 个输入端之间所加的补偿电压。

（2）输入失调电流 I_{io}：当输出电压为 0 时，2 个输入端偏置电流的差值。

（3）输入偏置电流 I_{ib}：输出直流电压为 0 时，2 个输入端偏置电流的平均值。

（4）开环电压增益 A_{ud}：集成运放工作于线性区时，其输出电压变化 ΔU_{o} 与差模输入电压变化 ΔU_{i} 的比值。

（5）共模抑制比 K_{CMR}：集成运放工作于线性区时，其差模电压增益与共模电压增益的比值。

（6）电源电压抑制比 K_{SVR}：集成运放工作于线性区时，输入失调电压随电压改变的变化率。

（7）共模输入电压范围 U_{icr}：当共模输入电压增大到使集成运放的共模抑制比下降到正常情况的一半时所对应的共模电压值。

（8）最大差模输入电压 U_{idm}：集成运放 2 个输入所允许加的最大电压差。

（9）最大共模输入电压 U_{icm}：集成运放的共模抑制特性显著变化时的共模输入电压。

（10）输出阻抗 Z_{o}：当集成运放工作于线性区时，在其输出端加信号电压，信号电压的变化量与对应的电流变化量之比。

（11）静态功耗 P_{d}：在集成运放的输入端无信号输入、输出端不接负载的情况下所消耗的直流功率。

几种常用集成运放的主要参数如表 3.5.1 所示。

表 3.5.1　几种常用集成运放的主要参数

参数名称	参 数 值			
	μA741	LM324N	LM358N	LM353N
电源电压(V)	±22	3～30	3～30	3～30
电源消耗电流(mA)	2.8	3	2	6.5
温度漂移(μV/℃)	10	7	7	10
失调电压(mV)	5	7	7.5	13
失调电流(nA)	200	50	150	4
偏置电流(nA)	500	250	500	8
输出电压(V)	±10	26	26	24
单位增益带宽(MHz)	1	1	1	4
开环增益(dB)	86	88	88	88
转换速率(V/μs)	0.5	0.3	0.3	13
共模电压范围(V)	±24	32	32	22
共模抑制比(dB)	70	65	70	70

图 3.5.3 为几种常用集成运放外引脚图。

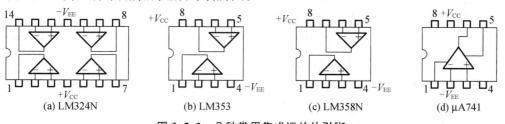

(a) LM324N　　(b) LM353　　(c) LM358N　　(d) μA741

图 3.5.3　几种常用集成运放外引脚

3) 集成运算放大器的分类

集成运放通常主要分为通用型和专用型两大类,如表 3.5.2 所示。

表 3.5.2　集成运算放大器的分类和型号举例

分　类			国内型号举例	相当国外型号
通用型	单运放		CF741	LM741、AD741、μA741
	双运放	单电源	CF158/258/358	LM158/258/358
		双电源	CF1558/1458	LM1558/1458、MC1558/1458
	四运放	单电源	CF124/224/324	LM124/224/324
		双电源	CF148/248/348	LM148/248/348
专用型	低功耗		CF253	μPC253
			CF7611/7621/7631	ICL7611/7621/7631/7641
	高精度		CF725	LM725、μA725、μPC725
			CF7600/7601	ICL7600/7601
	高阻抗		CF3140	CA3140
			CF351/353/354/347	LF351/353/354/347
	高　速		CF2500/2505	HA2500/2505
			CF715	μA715
	宽　带		CF1520/1420	MC1520/1420
	高电压		CF1536/1436	MC1536/1436
其他	跨导型		CF3080	LM3080、CA3080
	电流型		CF2900/3900	LM2900/3900
	程控型		CF4250、CF13080	LM4250、LM13080
	电压跟随器		CF110/210/310	LM110/210/310

注:国外型号中数字前面的字符为生产厂商代号,其中 AD 为美国模拟器件公司;CA 为美国无线电公司;HA 为日本日立公司;ICL 为美国 Intersil 公司;LM、LF 为美国国家半导体公司;MC 为美国 Motorola 公司;μA 为美国仙童公司;μPC 为日本电气公司。

集成运放常用引出端功能符号如表 3.5.3 所示。

表 3.5.3　集成运放常用引出端功能

符　号	功　能	符　号	功　能
AZ	自动调零	IN$_-$	反向输入
BI	偏置	NC	空端
BOOSTER	负载能力扩展	OA	调零
BW	带宽控制	OUT	输出
COMP	相位补偿	OSC	振荡信号
C_X	外接电容	S	选编
DR	比例分频	V_{CC}	正电源
GND	接地	V_{EE}	负电源
IN$_+$	同相输入		

4) 集成运放使用注意事项

选择集成运放的依据是电子电路对集成运放的技术性能要求,因此,掌握集成运放参数含义及规范值,是正确选用集成运放的基础。选用的原则是:在满足电气性能要求的前提下,尽量选用价格低的品种。

使用时不应超过其极限参数,还要注意调零,必要时要加输入、输出保护电路采取消除自激振荡的措施等,并尽可能提高输入阻抗。

集成运放电源电压典型使用值是±15 V,双电源要求对称,否则会使失调电压加大,共模抑制比变差,影响电路性能。当采用单电源供电时,应参阅生产厂商的产品说明书。

3.5.3　集成稳压器

随着集成电路的发展,稳压电路也制成了集成器件。集成稳压器具有体积小、外接线路简单、使用方便、工作可靠和通用性强等优点,因此在各种电子设备中应用十分普遍,基本上取代了由分立元器件构成的稳压电路。

集成稳压器件的种类很多,应根据设备对直流电源的要求进行选择。对于大多数电子仪器、设备和电子电路来说,通常是选用串联线性集成稳压器,其中以三端集成稳压器应用最为广泛。目前常用的三端集成稳压器是一种输出电压固定或可调的稳压器件,并有过流和过热保护。

1)集成稳压器基本工作原理

稳压器由取样、基准、比较放大和调整元件几部分组成。工作过程为:取样部分把输出电压变化的全部或部分取出,送到比较放大器与基准电压相比较,并把比较误差电压放大,用来控制调整元件,使之产生相反的变化来抵消输出电压的变化,从而达到稳定输出电压的目的。

串联调整式稳压器基本电路框图如图 3.5.4 所示。

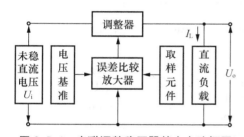

图 3.5.4　串联调整稳压器基本电路框图

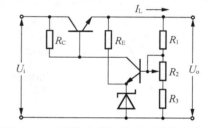

图 3.5.5　最简串联调整稳压器基本电路

当输入电压 U_i 或者负载电流 I_L 的变化引起输出电压 U_o 变化时,通过取样、误差比较放大,使调整器的等效电阻 R_S 作相应的变化,维持 U_o 稳定。

图 3.5.5 为最简单的由分立元器件组成的串联调整稳压器电路图,显然,它的框图就是图 3.5.4 的形式。

对集成串联调整式稳压器来说,除了基本的稳压电路之外,还必须有多种保护电路,如过流保护电路、调整管安全区保护电路和芯片过热保护电路等。其中,过流保护电路在输出短路时起限流保护作用,调整管安全区保护电路使调整管的工作点限定在安全工作区的曲线范围内,芯片过热保护电路使芯片温度限制在最高允许结温之下。

2)集成稳压器使用常识

(1)集成稳压器的选择

选择集成稳压器的依据是电路的技术指标要求,例如:输出电压、输出电流、电压调整率、电流调整率、纹波抑制比、输出阻抗及功耗等参数。

集成三端稳压器主要有:固定式正电压 CW78 系列、固定式负电压 CW79 系列、可调式正电压 CW117/217/317 系列以及可调式负电压 CW137/237/337 系列。

表 3.5.4 为 CW78×× 系列部分参数。

表 3.5.4　CW78×× 系列部分参数

参　数	CW7805C			CW7812C			CW7815C		
	最小	典型	最大	最小	典型	最大	最小	典型	最大
输入电压 U_i(V)		10			19			23	
输出电压 U_o(V)	4.75	5.0	5.25	11.4	12.0	12.5	14.4	15.0	15.6
电压调整率 S_u(mV)		3.0	100		18	240		11	300
电流调整率 S_i(mV)		15	100		12	240		12	300
静态工作电流 I_D(mA)		4.2	8.0		4.3	8.0		4.4	8.0
纹波抑制比 S_{rip}(dB)	62	78		55	71		54	70	
最小输入输出压差 U_i-U_o(V)		2.0	2.5		2.0	2.5		2.0	2.5
最大输出电流 I_{omax}(A)		2.2			2.2			2.2	

CW79×× 系列的参数与表 3.5.4 基本相同,只是输入、输出电压为负值。

（2）集成稳压器的封装形式

由于模拟集成电路命名目前还没有标准化,因而各个集成电路生产厂商的集成稳压器的电路代号也各不相同。固定稳压电路和可调稳压电路的品种型号和外形结构很多,功能引脚的定义也不同。使用时需要查阅相应厂商的器件手册。固定式和可调式集成三端稳压器常见的封装形式有 T0-3、T0-202、T0-220、T0-39 和 T0-92 等几种。

图 3.5.6 为 78 系列和 79 系列固定稳压器封装形式及引脚功能图。

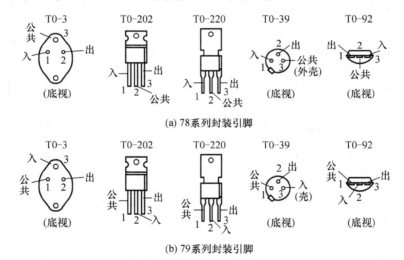

图 3.5.6　78 系列和 79 系列固定稳压器封装形式及引脚功能

3）集成稳压器电压和电流的扩展

（1）输入电压的扩展

在实际使用中,所需的电压和电流如果超过所选用的集成稳压器的电压和电流限度时,可以进行电压和电流的扩展。

集成稳压器通常有一个最大输入电压的极限参数,如果整流滤波后所得到的直流电压大于这个参数,就应扩展集成稳压器的输入电压。

通常可采用如图 3.5.7 所示的方法来提高输入电压。

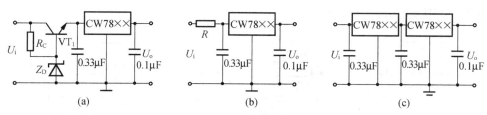

图 3.5.7　集成稳压器输入电压扩展方法

① 稳压管和晶体管降压法

如图 3.5.7(a)所示,利用稳压管稳压值和晶体管的 U_{BE} 作为集成稳压器的输入电压。

② 输入电阻降压法

如图 3.5.7(b)所示,要求集成稳压器能够承受足够高的瞬时过电压,且不允许轻载或空载。

③ 多级集成稳压器级联降压法

如图 3.5.7(c)所示,该方法效果好,但成本高。

(2) 输出电压的扩展

通常可采用如图 3.5.8 所示的方法扩展输出电压。

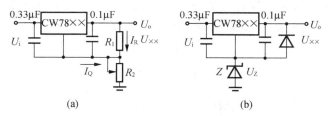

图 3.5.8　集成稳压器输出电压扩展方法

① 固定式集成稳压器输出电压调节方法

如图 3.5.8(a)所示,改变 R_2 可以调节输出电压。

由于
$$U_o = I_R(R_1 + R_2) + I_Q R_2$$
$$I_R = \frac{U_{\times\times}}{R_1}$$

所以
$$U_o = U_{\times\times}\left(1 + \frac{R_2}{R_1}\right) + I_Q R_2$$

式中:I_Q 为集成稳压器的静态电流;$U_{\times\times}$ 为集成稳压器的标称输出电压值。

② 升高输出电压法

如图 3.5.8(b)所示,输出电压为集成稳压器的标称输出电压和稳压二极管 VD 稳定电压之和,即
$$U_o = U_{\times\times} + U_Z$$

(3) 输出电流的扩展

单片三端稳压器的输出电流有 0.1 A、0.5 A、1.5 A、3 A、5 A、10 A 等几种。因此,输出电流在 10 A 以内时,一般不需扩展电流。但为了降低成本,也可采取扩展电流的方法。

扩展电流的方法如图 3.5.9 所示。

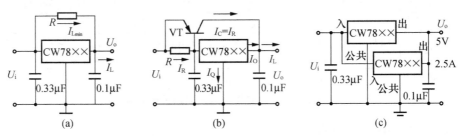

图 3.5.9 集成稳压器输出电流扩展方法

① 并联电阻扩流法

图 3.5.9(a)所示电路采用的是并联电阻扩流法,扩流电阻与集成稳压器的输入、输出端并联。此方法要求负载有最小的电流值 I_{Lmin},则可确定电阻值,即

$$R \geqslant \frac{U_{imax} - U_o}{I_{Lmin}}$$

② 接入功率管扩流法

图 3.5.9(b)所示电路采用的是接入功率管扩流法。三端稳压器内部调整管的发射极不能直接引出,因此不能采用复合管的方式来扩流。若集成稳压器的输出电流为 I_o,静态电流为 I_Q,需要扩展的电流为 I_r(即负载电流 $I_L = I_o + I_R$),则应有:

$$I_C = I_R$$

$$I_R = I_o + I_Q - I_B = I_o + I_Q - \frac{I_C}{\beta}$$

式中:I_C 为外接功率管 VT 的集电极电流;β 为功率管放大系数。

电阻 R 应取:

$$R = \frac{U_{BE}}{I_R} = \frac{U_{BE}}{I_o + I_Q - \dfrac{I_R}{\beta}}$$

③ 多片集成稳压器并联扩流法

图 3.5.9(c)所示电路采用的是多片集成稳压器并联扩流法。以 CW7805 为例,每一片集成稳压器的最大电流为 1.5 A,则 2 片集成稳压器并联,可以使最大输出电流增大近 1 倍(可达到 2 片集成稳压器输出电流之和的约 85%)。但是,2 片集成稳压器并联必须满足以下条件:

a. 2 个集成稳压器的输出电压的偏差小于 30～40 mV;

b. 2 个集成稳压器的负载调整率的偏差小于 15%;

c. 2 个集成稳压器的输出电压温度系数的偏差小于 15%。

4) **集成稳压器保护电路**

在大多数线性集成稳压器中,一般在芯片内部都设置了输出短路保护、调整管安全工作区保护及芯片过热保护等功能,因而在使用时不需再设置这类保护。但是,在某些应用中,为确保集成稳压器可靠工作,仍要设置一些特定的保护电路。

(1) 调整管的反偏保护

如图 3.5.10(a)所示,当稳压器输出端接入较大的电容 C 或负载为容性时,若稳压器的

输入端对地发生短路,或者当输入直流电压比输出电压跌落得更快时,由于电容器上的电压没有立即泄放,此时集成稳压器内部调整管的 b-e 结处于反向偏置,如果这一反偏电压超过 7 V,调整管 b-e 结将会击穿损坏。电路中接入二极管 VD 是为保护调整管 b-e 结不致反偏击穿,因为接入 VD 后,电容 C 上的电荷可以通过 VD 及短路的输入端放电。

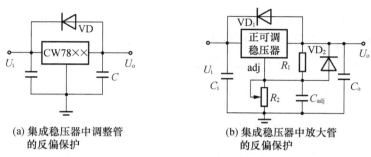

(a) 集成稳压器中调整管 　　　　(b) 集成稳压器中放大管
　　的反偏保护 　　　　　　　　　　的反偏保护

图 3.5.10　集成稳压器保护电路

（2）放大管的反偏保护

如图 3.5.10(b) 所示,电容 C_{adj} 是为了改善输出纹波抑制比而设置的,电容量在 10 μF 以上。C_{adj} 的上端接 adj 端,此端接到集成稳压器内部一放大管的发射极,该放大管的基极接 U_o 端。如果不接入二极管 VD_2,则在稳压器的输出端对地发生短路时,由于 C_{adj} 不能立即放电而使集成稳压器内部放大管的 b-e 结处于反偏,也会引起击穿。设置二极管 VD_2 后,可以使集成稳压器内部放大管的 b-e 结得到保护。

5）集成稳压器功能的扩展

集成稳压器的功能经扩展后具有以下功能。

（1）遥控开关

图 3.5.11 所示为电源的遥控开关电路,利用数字信号即可控制。

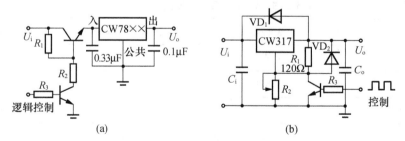

(a) 　　　　　　　　　　　　　　(b)

图 3.5.11　电源的遥控开关电路

（2）光控开关

图 3.5.12 所示为电源的光控开关电路。

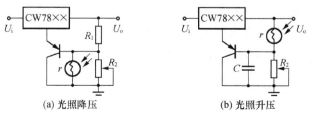

(a) 光照降压 　　　　　　　　　　(b) 光照升压

图 3.5.12　光控电源电路

其输出电压为：

$$U_o = U_{\times\times}\left(1 + \frac{R_2 /\!/ r}{R_1}\right)(\text{降压})$$

$$U_o = U_{\times\times}\left(1 + \frac{R_2}{r}\right)(\text{升压})$$

（3）慢启动电源

当要求电源开通后直流电压缓慢输出时，可采用图 3.5.13 所示电路。只有等电容 C 充电到使晶体管 VT 截止，输出电压 U_o 才开始建立。

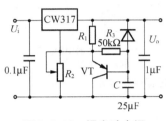
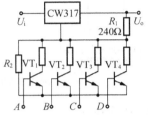

图 3.5.13　慢启动电源　　　　图 3.5.14　程控电源

（4）程控电源

图 3.5.14 所示是程控电源原理电路。用数字量 A、B、C、D 控制晶体管 $VT_1 \sim VT_4$，可以改变输出电压 U_o 的大小。

6）用万用表测试常用集成稳压器

（1）用万用表测试 W7800 系列稳压器

可用万用表电阻挡测量各引脚之间的电阻值来判断其好坏。使用 500 型万用表 R×1 k挡测量 W7805、W7806、W7812、W7815 和 W7824 的电阻值如表 3.5.5 所示。

表 3.5.5　W7800 系列稳压器电阻值的测试

黑表笔位置	红表笔位置	正常电阻值（kΩ）	不正常电阻值
U_i	GND	15～45	—
U_o	GND	4～12	—
GND	U_i	4～6	0 或∞
GND	U_o	4～7	—
U_i	U_i	30～50	—
U_o	U_o	4.5～5.5	—

（2）用万用表检测 CW317 稳压器

可用万用表测量各引脚之间的电阻值来判断其好坏。表 3.5.6 列出用 500 型万用表 R×1 k挡测量 CW317 各引脚之间的电阻值。

表 3.5.6　CW317 各引脚间电阻值的测试

黑表笔位置	红表笔位置	正常电阻值(kΩ)	不正常电阻值
U_i	GND	150	—
U_o	GND	28	—
GND	U_i	24	0 或∞
GND	U_o	500	—
U_i	U_i	7	—
U_o	U_o	4	—

3.5.4　集成功率放大器

1) 集成功放概述

在实用电路中,通常要求放大电路的输出级能够输出一定的功率,以驱动负载。能够向负载提供足够信号功率的电路称为功率放大电路,简称功放。集成功放广泛应用于电子仪器、音响设备、通信和自动控制系统等领域。如扬声器前面必须有功放电路,一些测控系统中的控制电路部分也必须有功放电路,等等。

集成功放的应用电路由集成功放和一些外部阻容元件构成。

集成功放与分立元件功放相比,其优点是体积小,重量轻,成本低,外接元件少,调试简单,使用方便,性能优越(如温度稳定性好、功耗低、电源利用率高、失真小),可靠性高,有的还采用了过流、过压、过热保护以及防交流声、软启动等技术。

集成功放的主要缺点是输出功率受限制,过载能力较分立元件功放电路差,原因是集成功放增益较大,易产生自激振荡,其后果轻则使功放管损耗增加,重则会烧毁功放管。

2) 集成功放的类型

集成功放普遍采用无输出变压器(OTL)或无输出电容器(OCL)电路。集成功放品种较多,有单片集成功放组件、由集成功率驱动器外接大功率管组成的混合功率放大电路等。输出功率从几十毫瓦到几百瓦。目前可制成输出功率 1 000 W、电流 300 A 的厚膜音频功放电路。

根据集成功放内部构成和工作原理的不同,有三种常见类型:OTL 功放、OCL 功放、无平衡变压器(BTL)功放(即桥式推挽功放)。每类功放均有多种不同输出功率和不同电压增益的集成功放。使用 OTL 电路时应特别注意与负载电路之间要接一个大电容。

3) 集成功放的主要参数

(1) 最大输出功率 P_{om}:功放电路在输入信号为正弦波、并且输出波形不失真的状态下,负载电路可获得的最大交流功率,数值上等于在电路最大不失真状态下的输出电压有效值与输出电流有效值的乘积,即

$$P_{omax} = U_{om} I$$

(2) 转换效率 η:电路最大输出功率与直流电源提供的直流功率之比,即

$$\eta = \frac{P_{om}}{P_E}$$

式中：P_E 为功放电路电源提供的直流功率，$P_E = I_{CC}V_{CC}$。

3.5.5　集成电路的测试

要对集成电路的好坏作出正确判断，一定要先掌握该集成电路的用途、内部结构原理、主要性能参数等，必要时还要对其内部电路原理图进行分析。在工程上，一般采用以下两种方法检查和判断集成电路好坏：

1）离线判断

离线判断即不在线判断，是指在集成电路未焊入印刷电路板前对其好坏进行判断。如果有集成电路测试仪，可直接利用集成电路测试仪对集成电路的主要参数进行定量检验，但在没有专用仪器设备的情况下，要用离线判断法确定集成电路的质量好坏是很困难的。在这种情况下，一般可先测量集成电路各引脚和接地引脚间的正反向电阻值，再与好的集成电路进行比较，或者采用替换法把可疑的集成电路插到正常设备同型号集成电路的位置上来判断其好坏。

2）在线判断

在线判断是指集成电路已经装配到印刷电路板上、处于在线状态下对其好坏进行判断。在线判断是检修集成电路时最实用的方法。

（1）电压测量法

主要是测出各引脚对地的直流工作电压值，然后与标称值相比较，以此来判断集成电路的好坏。用电压测量法判断集成电路的好坏是检修电路时最常采用的方法之一，但要注意判别非故障性电压误差。测量集成电路各引脚的直流工作电压时，如遇到个别引脚的电压与原理图或维修资料中所标电压值不符，不要急于断定集成电路已损坏，而应该先排除以下几个因素：

① 所提供的标称电压是否可靠。因为有些说明书、原理图等维修资料上所标的数值与实际电压有较大差别，有时甚至是错误的。此时，应多查阅一些资料，必要时还应分析集成电路的内部原理与外围电路，再进行理论计算或估算来证明标称电压是否有误。

② 区别所标称电压的性质，确定其属于哪种工作状态下的电压。因为集成电路个别引脚的电压会随着输入信号的不同而发生明显变化，此时可改变波段或开关的位置，再观察电压是否正常。

③ 注意由外围电路中的可变元件引起的引脚电压变化。当测量出的电压与标称电压不符时可能因为个别引脚或与该引脚相关的外围电路连接的是一个阻值可变的电位器或者是开关。这些电位器和开关所处的位置不同，引脚电压会有明显不同。

④ 要防止测量造成的误差。万用表表头内阻不同或不同直流电压挡会造成测量误差。一般来说原理图上所标的直流电压是在测量仪表的内阻大于 20 kΩ/V 的条件下测得的。用内阻小于 20 kΩ/V 的万用表进行测试时，测量结果会低于标称的电压。另外，还应注意用不同电压挡所测得的电压会有差别，尤其是在用大量程挡测试时，读数偏差更显著。

⑤ 当测得某一引脚电压与正常值不符时，应根据该引脚电压对集成电路正常工作有无

重要影响以及其他引脚电压的相应变化作进一步分析,才能判断集成电路的好坏。

⑥ 若集成电路各引脚电压正常,则一般认为集成电路正常;若集成电路部分引脚电压异常,则应从偏离正常值最大者入手,检查外围元器件是否有故障,若外围元器件没有故障,则集成电路很可能已损坏。

⑦ 对于动态接收装置,如电视机,在有无信号时集成电路各引脚电压是不同的。如发现引脚电压不该变化时发生了变化、应该随信号变化或应该随可调元件位置不同而变化时反而不变化,可基本确定集成电路已损坏。

⑧ 对于有多种工作方式的装置,如录像机,要注意在不同工作方式下,集成电路各引脚电压是不同的。

（2）在线直流电阻普测法

在线直流电阻普测法是在发现引脚电压异常后,通过测试集成电路外围元器件的直流电阻来判断集成电路是否损坏的一种方法。使用这种方法可以在没有维修资料和数据、不了解集成电路工作原理的情况下,对集成电路的好坏作出判断,而且由于是在不加电的情况下测量电阻值,所以这种方法既简单又相对比较安全。

3.6 数字集成器件

3.6.1 数字集成器件的发展和分类

当今,数字电子电路几乎已完全集成化了。数字集成电路按集成度可分为小规模、中规模、大规模和超大规模等。小规模集成电路(SSI)是在一块硅片上制成约 1～10 个门,通常为逻辑单元电路,如逻辑门、触发器等。中规模集成电路(MSI)的集成度约为 10～100门/片,通常是逻辑功能电路,如译码器、数据选择器、计数器、寄存器等。大规模集成电路(LSI)的集成度约为 100 门/片以上。超大规模集成电路(VLSI)的集成度约为 1 000 门/片以上,通常是一个小的数字逻辑系统。现已制成规模更大的极大规模集成电路。

数字集成电路发展总的趋势是型号越来越多、集成度越来越高、产品速度越来越快、功耗越来越小、体积越来越小,且可编程、多值化趋势非常明显。

数字集成电路还可按制作工艺分为双极型和单极型两类。双极型集成电路中有代表性的是晶体管-晶体管逻辑(TTL)集成电路;单极型集成电路中有代表性的是互补金属氧化物半导体(CMOS)集成电路。国产 TTL 集成电路的标准系列为 CT54/74 系列或 CT0000系列,其功能和外引线排列与国外 54/74 系列相同。国产 CMOS 集成电路主要为 CC(CH)4000 系列,其功能和外引线排列与国外 CD4000 系列相对应。高速 CMOS 系列中,74HC和 74HCT 系列与 TTL74 系列相对应,74HC4000 系列与 CC4000 系列相对应。

与双极型集成电路相比,CMOS 集成电路具有制造工艺简单、便于大规模集成、抗干扰能力强、功耗低、带负载能力强等优点,但也有工作速度偏低、驱动能力偏弱和易引入干扰等弱点。随着科技的发展,近年来,CMOS 集成电路工艺有了飞速的发展,使得CMOS 集成电路在驱动能力和速度等方面大大提高,出现了许多新的系列,如 ACT 系列(具有与 TTL 集成电路一致的输入特性)、HCT 系列(与 TTL 电平兼容)、低压电路系列等。当前,CMOS 集成电路在大规模、超大规模集成电路方面已经超过了双极型集成电路的发展势头。

在实验室内,由于使用者主要是学生,除了价格以外,应多考虑配置不易被损坏、兼容性好且常用的集成电路;另外,考虑到 CMOS 集成电路的使用越来越广泛,与 TTL 集成电路的兼容性也越来越好,实验室内建议配置 TTL 和 CMOS 这两类集成电路。

3.6.2　TTL 集成电路的特点

TTL 集成电路具有以下特点:

(1) 输入端一般有钳位二极管,减少了反射干扰的影响。

(2) 输出阻抗低,带容性负载的能力较强。

(3) 有较大的噪声容限。

(4) 采用 +5 V 电源供电。

为了正常发挥集成电路的功能,应使其在推荐的条件下工作,对 CT0000 系列(74LS 系列)集成电路,要求有以下几点:

(1) 电源电压应在 4.75~5.25 V 范围内。

(2) 环境温度在 0~70 ℃ 范围内。

(3) 高电平输入电压 $U_{IH} > 2$ V,低电平输入电压 $U_{IL} < 0.8$ V。

(4) 输出电流应小于最大推荐值(查手册)。

(5) 工作频率不能高,一般的门和触发器的最高工作频率约 30 MHz。

3.6.3　CMOS 集成电路的特点

CMOS 集成电路具有以下特点:

(1) 静态功耗低:漏极电源电压 $V_{DD} = 5$ V 的中规模集成电路的静态功耗小于 100 μW,从而有利于提高集成度和封装密度、降低成本、减小电源功耗。

(2) 电源电压范围宽:4000 系列 CMOS 集成电路的电源电压范围为 3~18 V,从而使电源选择的余地大,电源设计要求低。

(3) 输入阻抗高:正常工作的 CMOS 集成电路,其输入端保护二极管处于反偏状态,直流输入阻抗可大于 100 MΩ,但在工作频率较高时,应考虑输入电容的影响。

(4) 扇出能力强:在低频工作时,一个输出端可驱动 50 个以上 CMOS 集成电路的输入端,这主要因为 CMOS 集成电路的输入阻抗高的缘故。

(5) 抗干扰能力强:CMOS 集成电路的电压噪声容限可达电源电压的 45%,而且高电平和低电平的噪声容限值基本相等。

(6) 逻辑摆幅大:空载时,输出高电平 $U_{OH} > (V_{DD} - 0.05$ V),低电平 $U_{OL} < (V_{SS} + 0.05$ V),其中 V_{SS} 为源极电源电压。

CMOS 集成电路还有较好的温度稳定性和较强的抗辐射能力。不足之处是,一般 CMOS 集成电路的工作速度比 TTL 集成电路低,功耗随工作频率的升高而显著增大。

CMOS 集成电路的输入端与 V_{SS} 端之间接有保护二极管,除了电平变换器等一些接口电路外,输入端与 V_{DD} 端之间也接有保护二极管,因此,在正常运输和焊接 CMOS 集成电路时,一般不会因感应电荷而损坏集成电路。但是,在使用 CMOS 集成电路时,输入信号的低电平不能低于 $(V_{SS}-0.5\text{ V})$,除某些接口电路外,输入信号的高电平不得高于 $(V_{DD}+0.5\text{ V})$,否则可能引起保护二极管导通,甚至损坏,进而可能使输入级损坏。

3.6.4 TTL 集成电路与 CMOS 集成电路混用时应注意的问题

1) TTL 集成电路输入、输出电路的性质

当输入端为高电平时,输入电流是反向二极管的漏电流,电流极小,其方向是从外部流入输入端。

当输入端为低电平时,电流由 V_{CC} 端经内部电路流出输入端,电流较大,当与上一级电路衔接时,将决定上级电路的负载能力。高电平输出电压在负载不大时为 3.5 V 左右。低电平输出时,允许后级电路灌入电流,随着灌入电流的增加,输出低电平将升高,一般 LS 系列 TTL 集成电路允许灌入 8 mA 电流,即可吸收后级 20 个 LS 系列标准门的灌入电流。最大允许低电平输出电压为 0.4 V。

2) CMOS 集成电路输入、输出电路的性质

一般 CC 系列的输入阻抗可高达 10^{10} Ω,输入电容在 5 pF 以下,输入高电平通常要求在 3.5 V 以上,输入低电平通常为 1.5 V 以下。因 CMOS 集成电路的输出结构具有对称性,故对高、低电平具有相同的输出能力。当输出端负载很轻时,输出高电平时将十分接近电源电压,输出低电平时将十分接近地电位。

高速 CMOS 集成电路 54/74HC 系列的子系列 54/74HCT,其输入电平与 TTL 集成电路完全相同,因此在相互代换时,不需考虑电平的匹配问题。

3) 使用集成电路应注意的问题

(1) 使用 TTL 集成电路应注意的问题

① 电源均采用+5 V,使用时,不能将电源与地颠倒接错,也不能接高于 5.5 V 的电源,否则会损坏集成电路。

② 输入端不能直接与高于+5.5 V 或低于−0.5 V 的低内阻电源连接,否则会因为低内阻电源供给较大电流而烧坏集成电路。

③ 输出端不允许与电源或地短接,必须通过电阻与电源连接,以提高输出电平。

④ 插入或拔出集成电路时,务必切断电源,否则会因电源冲击而造成永久损坏。

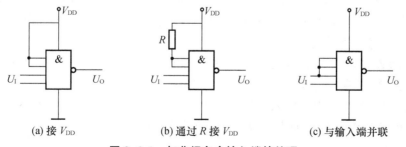

(a) 接 V_{DD} (b) 通过 R 接 V_{DD} (c) 与输入端并联

图 3.6.1　与非门多余输入端的处理

⑤ 多余输入端不允许悬空,处理方法如图 3.6.1、图 3.6.2 所示。

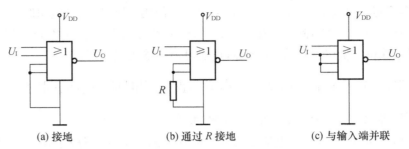

(a) 接地　　　　　(b) 通过 R 接地　　　　　(c) 与输入端并联

图 3.6.2　或非门多余输入端的处理

对于图 3.6.2(b)中接地电阻的阻值要求为：

$$R \leqslant \frac{U_I}{I_{IS}} \approx \frac{0.7\,\text{V}}{1.4 \times 10^{-3}\,\text{A}} = 500\ \Omega$$

（2）使用 CMOS 集成电路应注意的问题

CMOS 集成电路由于输入阻抗很高，故极易受外界干扰、冲击和静电击穿。尽管生产时在输入端加入了标准保护电路，但为了防止静电击穿，在使用 CMOS 集成电路时必须采用以下安全措施：

① 存放 CMOS 集成电路时要屏蔽，一般放在金属容器中，或用导电材料将引脚短路，不要放在易产生静电、高压的化工材料或化纤织物中。

② 焊接 CMOS 集成电路时，一般用 20 W 内热式电烙铁，而且电烙铁要有良好的接地或用电烙铁断电后的余热快速焊接。

③ 为了防止输入端保护二极管反向击穿，输入电压必须处在 V_{DD} 与 V_{SS} 之间，即 $V_{DD} \geqslant U_I \geqslant V_{SS}$。

④ 测试 CMOS 集成电路时，如果信号电源和电路供电采用两组电源，则在开机时应先接通电路供电电源，后开启信号电源；关机时，应先关断信号电源，后关断电路供电电源，即在 CMOS 集成电路本身没有接通供电电源的情况下，不允许输入端有信号输入。

⑤ 多余输入端绝对不能悬空，否则容易受到外界干扰，破坏正常的逻辑关系，甚至损坏集成电路。对于与门、与非门的多余输入端应接 V_{DD} 或高电平，或与使用的输入端并联，如图 3.6.1 所示。对于或门、或非门多余的输入端应接地或低电平，或与使用的输入端并联，如图 3.6.2 所示。

⑥ 在印制电路板（PCB）上安装 CMOS 集成电路时，必须在其他元器件安装就绪后再装 CMOS 集成电路，以避免 CMOS 集成电路输入端悬空。CMOS 集成电路从 PCB 上拔出时，务必先切断 PCB 上的电源。

⑦ 输入端连线较长时，由于分布电容和分布电感的影响，容易构成 LC 振荡或损坏保护二极管，故必须在输入端串联 1 个 $10 \sim 20$ kΩ 的电阻。

⑧ 防止 CMOS 集成电路输入端噪声干扰的方法是：在前一级与 CMOS 集成电路之间接入施密特触发器整形电路，或加入滤波电容滤掉噪声。

4）集成电路的连接

在实际的数字电路系统中一般需要将一定数量的集成电路按设计要求连接起来。这时，前级电路的输出将与后级电路的输入相连并驱动后级电路工作，这就存在电平配合和带负载能力两个需要妥善解决的问题。

可用下列几个表达式来说明连接时所要满足的条件：

$$U_{OH}（前级）\geqslant U_{IH}　（后级）$$
$$U_{OL}（前级）\geqslant U_{IL}　（后级）$$
$$I_{OH}（前级）\geqslant nI_{IH}　（后级）$$
$$I_{OL}（前级）\geqslant nI_{IL}　（后级）$$

式中：n 为后级门的数目。

一般情况下，在同一数字系统内，应选用同一系列的集成电路，即都用 TTL 集成电路或都用 CMOS 集成电路，避免器件之间的不匹配问题。如不同系列的集成电路混用，应注意它们之间的匹配问题。

（1）TTL 集成电路与 TTL 集成电路的连接

TTL 集成电路的所有系列由于电路结构形式相同，电平配合比较方便，不需要外接元件便可直接连接，不足之处是受低电平时负载能力的限制。

（2）TTL 集成电路驱动 CMOS 集成电路

TTL 集成电路驱动 CMOS 集成电路时，由于 CMOS 集成电路的输入阻抗高，故驱动电流一般不会受到限制，但在电平配合问题上，低电平是可以的，高电平时有困难，所以 TTL 集成电路驱动 CMOS 集成电路要解决的主要问题是逻辑电平的匹配。TTL 集成电路在满载时，输出高电平通常低于 CMOS 集成电路对输入高电平的要求，因为 TTL 集成电路输出高电平的下限值为 2.4 V，而 CMOS 集成电路的输入高电平与其电源电压有关，即 $U_{IH}=0.7V_{DD}$，当 $V_{DD}=5$ V 时，$U_{IH}=3.5$ V，由此可能造成逻辑电平不匹配。因此，为保证 TTL 集成电路输出高电平时，后级的 CMOS 集成电路能可靠工作，通常要外接一个上拉电阻 R，如图 3.6.3 所示，使输出高电平达到 3.5 V 以上，R 的取值为 $2\sim6.2$ kΩ 较合适，这时 TTL 集成电路后级的 CMOS 集成电路的数目实际上是没有什么限制的。

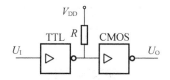

图 3.6.3　TTL - CMOS 集成电路接口　　　图 3.6.4　CMOS - TTL 集成电路接口

（3）CMOS 集成电路驱动 TTL 集成电路

CMOS 集成电路的输出电平能满足 TTL 集成电路对输入电平的要求，而输出电流的驱动能力将受限制，特别是输出低电平时，除了 74HC 系列，其他 CMOS 集成电路驱动 TTL 集成电路的能力都较弱。要提高这些 CMOS 集成电路的驱动能力，可采用以下两种方法：

① 采用 CMOS 驱动器，如 CC4049、CC4050 是专为给出较大驱动能力而设计的 CMOS 集成电路。

② 几个同功能的 CMOS 集成电路并联使用，即将其输入端并联、输出端并联（TTL 集成电路是不允许并联的）。

一般情况下，为提高 CMOS 集成电路的驱动能力，可以加一个接口电路，如图 3.6.4 所示。CMOS 集成电路缓冲/电平变换器起缓冲驱动或逻辑电平变换的作用,具有较强的吸收电流的能力,可直接驱动 TTL 集成电路。

（4）CMOS 集成电路与 CMOS 集成电路的连接

CMOS 集成电路之间的连接十分方便,不需另加外接元件。对直流参数来说,一个 CMOS 集成电路可带动的 CMOS 集成电路数量是不受限制的,但在实际使用时,应考虑后级门输入电容对前级门的传输速度的影响,电容太大时,传输速度要下降。因此,在高速使用时要从负载电容的角度加以考虑,例如 CC4000T 系列 CMOS 集成电路在 10 MHz 以上速度运用时应限制在 20 个门以下。

3.6.5 数字集成电路的数据手册

每一个型号的数字集成电路都有自己的数据手册(datasheet),查阅数据手册可以获得诸如生产者、功能说明、设计原理、电特性(包括 DC 和 AC)、机械特性(封装和包装)、原理图和 PCB 设计指南等信息。其中,有些信息是在使用时必须关注的,有些信息是根本不需考虑的,而且设计要求不同时需要关注的信息也会不同。所以,为了正确使用数字集成电路,必须学会阅读集成电路数据手册。基本要求是:

（1）要理解集成电路各种参数的意义。

（2）要清楚为了达到目前的设计指标而应该关心该集成电路的哪些参数。

（3）在手册中查找自己关心的参数,看是否满足自己的要求,这时可能会得到很多种在功能和性能上都满足设计要求的集成电路的型号。

（4）在满足功能和性能要求的前提下,综合考虑供货、性价比等情况作出最后选择,确定一个型号。

下面仅就集成电路的封装(见表)和引脚标识作简单说明,其他信息请查阅相关资料。

表 集成电路的封装形式

序号	类型及说明	外　观
1	球栅触点阵列(BGA)封装:表面贴装型封装的一种,在 PCB 的背面布置二维阵列的球形端子,而不采用针脚引脚。焊球的间距通常为 1.5 mm、1.0 mm、0.8 mm,与插针网格阵列(PGA)封装相比,不会出现针脚变形问题。具体有增强型 BGA(EBGA)封装、低轮廓 BGA(LBGA)封装、塑料 BGA(PBGA)封装、细间距 BGA(FBGA)封装、带状封装超级 BGA(TSBGA)封装等	
2	双列直插(DIP)封装:引脚在芯片两侧排列,是插入式封装中最常见的一种,引脚间距为 2.54 mm,电气性能优良,又有利于散热,可制成大功率器件,具体有塑料 DIP(PDIP)封装、陶瓷 DIP(PCDIP)封装等	

序号	类型及说明	外　观
3	带引脚的陶瓷芯片载体（CLCC）封装：表面贴装型封装之一，引脚从封装的四个侧面引出，呈 J 字形。带有窗口的用于封装紫外线擦除型 EPROM 以及带有 EPROM 的微机电路等。也称 J 形引脚芯片载体（JLCC）封装、四侧 J 形引脚扁平（QFJ）封装	
4	无引线陶瓷封装载体（LCCC）封装：芯片封装在陶瓷载体中，无引脚的电极焊端排列在底面的四边。引脚中心距为 1.27 mm，引脚数为 18～156。高频特性好，造价高，一般用于军品	
5	矩栅（岸面栅格）阵列（LGA）封装：是一种没有焊球的重要封装形式，它可直接安装到 PCB 上，比其他 BGA 封装在与基板或衬底的互连形式上要方便得多，被广泛应用于微处理器和其他高端芯片封装上	
6	四方扁平封装（QFP）：表面贴装型封装的一种，引脚端子从封装的两个侧面引出，呈 L 字形，引脚间距为 1.0 mm、0.8 mm、0.65 mm、0.5 mm、0.4 mm、0.3 mm，引脚可达 300 以上。具体有薄（四方形）QFP（TQFP）、塑料 QFP（PQFP）、小引脚中心距 QFP（FQFP）、薄型 QFP（LQFP）等	
7	插针网格阵列（PGA）封装：芯片内外有多个方阵形的插针，每个方阵形插针沿芯片的四周间隔一定距离排列，根据引脚数目的多少，可以围成 2～5 圈。安装时，将芯片插入专门的 PGA 插座。具体有塑料 PGA（PPGA）封装、有机 PGA（OPGA）封装、陶瓷 PGA（CPGA）封装等	
8	单列直插封装（SIP）：引脚中心距通常为 2.54 mm，引脚数为 2～23，多数为定制产品。造价低且安装方便，广泛用于民品	
9	小外形封装（SOP）：引脚有 J 形和 L 形两种形式，中心距一般分 1.27 mm 和 0.8 mm 两种。SOP 技术是菲利浦公司 1968 年～1969 年开发成功，以后逐渐派生出 J 形 SOP（JSOP）、薄 SOP（TSOP）、甚小 SOP（VSOP）、缩小型 SOP（SSOP）、薄的缩小型 SOP（TSSOP）、小外形晶体管（SOT）封装、小外形集成电路（SOIC）封装等	

不管哪种封装形式,外壳上都有供识别引脚排序定位(或称第1脚)的标记,如管键、弧形凹口、圆形凹坑、小圆圈、色条、斜切角等。识别数字集成电路引脚的方法是:将集成电路正面的字母、代号对着自己,使定位标记朝左下方,则处于最左下方的引脚是第1脚,再按逆时针方向依次数引脚,第2脚、第3脚等等。个别进口集成电路引脚排列顺序是反的,这类集成电路的型号后面一般带有字母"R"。除了掌握这些一般规律外,要养成查阅数据手册的习惯,通过阅读数据手册,可以准确无误地识别集成电路的引脚号。

实验中常用的数字集成电路芯片多为DIP,其引脚数有14、16、20、24等多种。在标准型TTL/CMOS集成电路中,电源端 V_{CC}/V_{DD} 一般排在左上端,接地端GND/V_{SS} 一般排在右下端。芯片引脚图中字母 $A、B、C、D、I$ 为电路的输入端,$EN、G$ 为电路的使能端,NC 为空脚,$Y、Q$ 为电路的输出端,V_{CC}/V_{DD} 为电源,GND/V_{SS} 为地,字母上的非号表示低电平有效。

3.6.6 逻辑电平

1) 常用的逻辑电平

逻辑电平有 TTL、CMOS、LVTTL、ECL、PECL、GTL、RS-232、RS-422、LVDS 等。其中 TTL 和 CMOS 的逻辑电平按典型电压可分为四类:5 V 系列(5 V TTL 和 5 V CMOS)、3.3 V 系列、2.5 V 系列和 1.8V 系列。5 V TTL 和 5 V CMOS 逻辑电平是通用的逻辑电平;3.3 V 及以下的逻辑电平被称为低电压逻辑电平,常用的为 LVTTL 电平,低电压的逻辑电平还有 2.5 V 和 1.8 V 两种;ECL/PECL 和 LVDS 是差分输入输出;RS-422/RS-485 和 RS-232 是串口的接口标准,RS-422/RS-485 是差分输入/输出,RS-232 是单端输入/输出。

2) TTL 和 CMOS 逻辑电平的关系

图 3.6.5 为 5 V TTL 逻辑电平、5 V CMOS 逻辑电平、LVTTL 逻辑电平和 LVCMOS 逻辑电平的示意图。

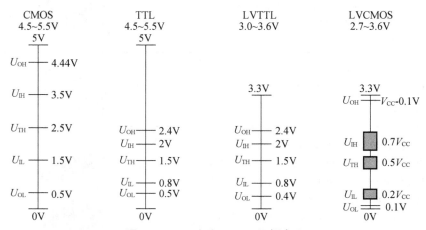

图 3.6.5 TTL 和 CMOS 逻辑电平

5 V TTL 逻辑电平和 5 V CMOS 逻辑电平是通用的逻辑电平,它们的输入、输出电平差别较大,在互联时要特别注意。另外,5 V CMOS 的逻辑电平参数与供电电压有一定关系，一般情况下，$U_{OH} \geqslant V_{DD} - 0.2V$，$U_{IH} \geqslant 0.7V_{DD}$；$U_{OL} \leqslant 0.1V$，$U_{IL} \leqslant 0.3V_{DD}$；噪声容限较 TTL 电平高。

电子器件工程联合委员会（JEDEC）在定义 3.3 V 的逻辑电平标准时，定义了 LVTTL 和 LVCMOS 逻辑电平标准。LVTTL 逻辑电平标准的输入输出电平与 5 V TTL 逻辑电平标准的输入输出电平很接近，从而给它们之间的互联带来了方便。LVTTL 逻辑电平定义的工作电压范围为 3.0～3.6 V。

LVCMOS 逻辑电平标准是从 5 V CMOS 逻辑电平标准移植过来的，所以它的 U_{IH}、U_{IL} 和 U_{OH}、U_{OL} 与工作电压有关，其值如图 3.6.5 所示。LVCMOS 逻辑电平定义的工作电压范围为 2.7～3.6 V。

5 V CMOS 逻辑器件工作于 3.3 V 时，其输入、输出逻辑电平即为 LVCMOS 逻辑电平，它的 U_{IH} 约为 $0.7V_{DD} \approx 2.31$ V，由于此电平与 LVTTL 的 U_{OH}（2.4 V）之间的电压差太小，使逻辑器件的工作不稳定性增加，所以一般不推荐 5 V CMOS 集成电路工作于 3.3 V 电压的工作方式。由于相同的原因，使用 LVCMOS 输入电平参数的 3.3 V 逻辑器件也很少。

JEDEC 为了加强在 3.3 V 上各种逻辑器件的互联和 3.3 V 与 5 V 逻辑器件的互联，在参考 LVCMOS 和 LVTTL 逻辑电平标准的基础上，又定义了一种标准，其名称即为 3.3 V 逻辑电平标准，其参数如图 3.6.6 所示。

从图 3.6.6 可以看出，3.3 V 逻辑电平标准的参数其实与 LVTTL 逻辑电平标准的参数差别不大，只是它定义的 U_{OL} 可以很低（0.2 V），另外，它还定义了其 U_{OH} 最高可以大到 $V_{CC} - 0.2V$，所以 3.3 V 逻辑电平标准可以包容 LVCMOS 的输出电平。在实际使用中，对 LVTTL 标准和 3.3 V 逻辑电平标准并不太区分，一般来说可以用 LVTTL 电平标准来替代 3.3 V 逻辑电平标准。

JEDEC 还定义了 2.5 V 逻辑电平标准，如图 3.6.6 所示。另外，还有一种 2.5 V CMOS 逻辑电平标准，它与图 3.6.6 的 2.5 V 逻辑电平标准差别不大，可兼容。

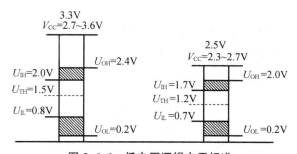

图 3.6.6 低电压逻辑电平标准

低电压的逻辑电平还有 1.8 V、1.5 V、1.2 V 等等。

4 模拟电路基本实验

4.1 常用仪器的使用

4.1.1 实验目的

（1）了解双踪示波器、低频信号发生器、双路直流稳压电源、低频毫伏表及万用表的原理框图和主要技术指标；

（2）学会用双踪示波器测量信号的幅度、频率、相位差和脉冲信号的有关参数；

（3）掌握低频毫伏表的正确使用方法；

（4）掌握双路直流稳压电源的正确使用方法。

4.1.2 实验设备

（1）双踪示波器 1 台；

（2）低频信号发生器 1 台；

（3）低频毫伏表 1 台；

（4）双路直流稳压电源 1 台；

（5）万用表 1 块。

4.1.3 实验原理

在模拟电路实验中，测试和定量分析电路的静态和动态的工作状况时，最常用的电子仪器有示波器、低频信号发生器、直流稳压电源、低频毫伏表、万用表等。模拟电路实验平台组成框图如图所示。

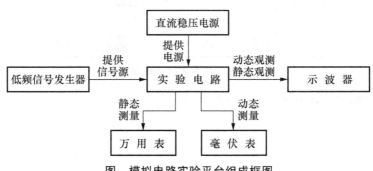

图　模拟电路实验平台组成框图

1）示波器

示波器是一种时域测量仪表，可用来观测电路中各测试点信号的波形及其时域参数（周期、幅度、相位差等）。示波器既能用于动态测量又能用于静态测量。

示波器有模拟型和数字型两种。模拟示波器和数字示波器都能够胜任大多数的应用，但应用范围有所区别。模拟示波器受到显示管的限制一般只能用于低频段，观测高频信号时一般选用数字示波器；数字示波器一般支持多级菜单，界面友好、操作方便，具有较强的数据分析能力，例如测量、波形运算、解码等。

2）信号发生器

信号发生器是一种信号源，能提供各种频率、波形的信号和逻辑电平。在测试、研究或调整电子电路及设备时，信号发生器为测量元器件的特性及参数、测定电子电路的一些电参量，如振幅特性、频率特性、传输特性及其他电参数，提供激励源。

信号发生器一般分为函数信号发生器和任意波形发生器两种。函数信号发生器有模拟式及数字合成式之分，而任意波发生器一般为数字式的。数字合成式函数信号发生器无论就频率、幅度乃至信号的信噪比（S/N）均优于模拟式，其锁相环（PLL）的设计让输出信号不仅频率精准，而且相位抖动（phase Jitter）及频率漂移均能达到相当稳定的状态，但数字式信号源难以有效克服数字电路与模拟电路之间的干扰，在小信号输出上不如模拟式函数信号发生器。

函数发生器能够根据指令产生各种标准波形，例如正弦波、方波和斜波，相比之下，任意波发生器除了可生成各种标准波形，还可以充分模拟各种不规则的信号，如毛刺、偏移、噪声等。

3）稳压电源

稳压电源（stabilized voltage supply）是能为负载提供稳定交流电源或直流电源的电子设备，包括交流稳压电源和直流稳压电源两大类。

根据稳压电路中调整管的工作状态，还可把稳压电源分成线性稳压电源和开关稳压电源。线性稳压电源通过调节调整管的动态电阻来调整输出电压，调整管工作在线性状态；开关稳压电源通过调节高频交流脉冲的占空比或频率，借助储能元件（电感、电容）来调整输出电压，开关管（即调整管）工作在开、关两种状态。

线性稳压电源的优点是输出纹波小，缺点是在输入输出压差大的情况下转换效率低，发热严重；开关稳压电源的优点是电压转换效率高，缺点是输出纹波相对较大。

4）万用表

万用表有机械式和数字式两种，一般用于测量电路的静态工作点和直流参数值。万用表还可用来测量 200 V/50 Hz 等低频交流大信号的电压有效值。数字万用表的用途较模拟式万用表更丰富，可用来测量二极管、三极管、场效应管、电感、电容等。

5）毫伏表

毫伏表是一种专门用来测量正弦小信号电压有效值的仪表。按测量的频率范围可分为低频毫伏表、中高频毫伏表和高频毫伏表，也有数字型和模拟型之分。

毫伏表和万用表交流电压挡的区别主要在于测量信号的频率范围不一样，测量精度也不一样,万用表交流挡不能用于交流小信号测量,交流毫伏表主要用于交流小信号测量,一般不用来测量交流大信号。

4.1.4　实验内容

1) 稳压电源的使用

接通电源开关,调整电压调节旋钮,使双路稳压电源分别输出+12 V,用万用表直流电压挡测量输出电压值,同时调整电流调节旋钮以获得合适的输出驱动电流。

通过外部连线,使稳压电源输出±12 V,并用万用表直流电压挡测量确认正、负直流电压值。

2) 低频信号发生器

(1) 信号发生器输出频率的调节

选择按下仪器面板上的波形按键(如选择正弦波～),接着选择输出信号"频率范围",配合面板上的"频率调节"旋钮,使信号发生器输出频率在 1 Hz～1 MHz 的范围内改变。

(2) 信号发生器输出信号幅度的调节

选择按下不同"输出衰减"(0 dB～80 dB)波段开关,配合面板上的"幅度调节"电位器,输出所需幅度的低频信号,使输出信号幅度范围在 0～10 V(不同型号的信号发生器会有所差别)范围内变化。

3) 低频毫伏表的使用

将信号发生器的输出信号频率调至 1 kHz,波形选择置于"正弦波",调整输出信号幅度,使低频信号发生器输出振幅为 5 V 左右的正弦波,分别置"输出衰减"为 0 dB、20 dB、40 dB,用低频毫伏表测量相应的交流信号电压有效值。

4) 示波器的使用

(1) 使用前的检查与校准

示波器使用前应先进行校准。设置耦合方式(AC-GND-DC)为"AC",交流耦合;扫描方式(MODE)为"AUTO",自动测量;通道选择开关置于"CH1";触发源(TRIGGER SOURCE)置于"INT TRIG","CH1",即用通道 1 的输入信号作触发源;垂直方向电压显示灵敏度(电压挡位)置"0.1 V/DIV"挡;水平方向时间显示灵敏度(时间挡位)置于"1 ms/DIV"。然后用同轴电缆线将"校准信号"(PROBE ADJUST)输出端与 CH1 的输入端相连接,开启电源后,再适当调节触发电平、背景亮度、上下位移旋钮,示波器上应稳定显示亮度适中,幅度为 0.5 V、周期为 1 ms 的方波。

(2) 测量正弦信号的幅值和频率

用示波器 CH1 通道,测量低频信号发生器输出的频率为 1 kHz、振幅为 5 V 的正弦波信号,适当选择垂直方向电压显示灵敏度(电压挡位)和水平方向时间显示灵敏度(时间挡位),使示波器屏幕上能观察到完整、稳定的正弦波,此时,根据信号波形在垂直方向所占的格数,可读出被测信号的幅度,根据被测信号波形在水平方向所占的格数,可读出被测信号的周期。

注:若所用的探头为 10:1 示波器探头,则应将测试电缆本身的衰减考虑进去。

4.1.5 实验报告

（1）认真总结各仪器技术指标、使用方法和使用注意事项；

（2）回答思考题。

4.1.6 思考题

（1）直流稳压电源怎样连线才能同时获得±12 V 输出电压？

（2）如何用低频信号发生器产生有直流偏置的交流信号？

（3）在什么情况下需要用低频毫伏表测量直流稳压电源的输出？

（4）使用示波器时若要达到如下要求，应如何操作？

① 波形清晰、亮度适中（模拟示波器）；

② 波形稳定；

③ 压缩或扩展水平方向上的波形；

④ 压缩或扩展垂直方向的波形；

⑤ 同时观察两路波形。

（5）用示波器测量信号的频率与幅度时，如何保证测量的准确性？

（6）示波器的触发源分为"内部"、"外部"，其作用是什么？ 如何正确使用？

（7）模拟双踪示波器的"断续"和"交替"工作方式之间的差别是什么？

（8）低频毫伏表能否测量 20 Hz 以下的正弦信号？ 使用低频毫伏表时应注意什么？

4.2 常用电子元器件的识别和测量

4.2.1 实验目的

（1）观察电子元器件实物，了解各种电子元器件的外型和标识方法；

（2）掌握根据外型、标识来识别元器件的方法；

（3）掌握用万用表判别电阻器、电容器、电感器好坏的方法；

（4）掌握用万用表、晶体管特性图示仪测量，判断晶体二极管（简称二极管）、晶体三极管（简称三极管）极性和性能好坏的方法；

（5）初步掌握元器件手册的使用方法，理解元器件的性能参数。

4.2.2 实验设备

（1）万用表 1 块；

（2）晶体管特性图示仪 1 台；

（3）实验箱 1 台。

4.2.3 实验原理

电子元器件的质量是影响电子设备工作可靠性的重要因素。各种电子元器件有不同的外形、标识和性能参数,据此可正确识别和测量电子元器件。在实验中,可用万用表测量判断电子元器件的好坏(称为定性测量);也可用晶体管特性图示仪等电子仪器测试元器件的有关性能参数(称为定量测量)。本实验重点介绍有源器件二极管、三极管的定性和定量测量方法。

常用二极管和三极管的外形如图 4.2.1 所示。

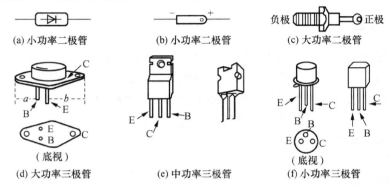

(a) 小功率二极管　　　　(b) 小功率二极管　　　　负极 (c) 大功率二极管 正极

(d) 大功率三极管　　　　(e) 中功率三极管　　　　(f) 小功率三极管

图 4.2.1　常用二极管和三极管外形

1) 用万用表识别和测量二极管

(1) 二极管的识别

二极管在电路中的代号常用 VD 表示。常用二极管的图形符号如图 4.2.2 所示。

普通二极管　　变容二极管　　稳压二极管　　发光二极管　　双向击穿二极管　　双向二极管

图 4.2.2　常用二极管图形符号

二极管的识别方法如下:小功率二极管的负极通常在表面用一个色环标出,有些二极管也采用"P"、"N"符号来标识二极管的极性,"P"表示正极,"N"表示负极;金属封装二极管通常在表面印有与极性一致的二极管符号;发光二极管通常长脚为正,短脚为负;整流桥的表面通常标注内部电路结构,或者标出交流输入端(用"AC"或"~"表示)和直流输出端(用"+"、"-"表示)。

(2) 二极管的测量

通常可用万用表测量电阻、电容、晶体管,定性判断其特性和好坏。机械式万用表作为欧姆表使用,测量电阻时可将欧姆表看成一个有源二端网络,其等效电路如图 4.2.3 所示。

表 4.2.1 列出 500 型万用表在不同倍乘挡位时所对应的开路电压值和等效内阻值。

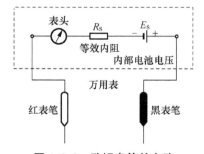

图 4.2.3　欧姆表等效电路

表 4.2.1　欧姆表不同倍乘挡位的电池电压和等效内阻

倍乘	$R_S(\Omega)$	E_S
R×1	10	1.5 V
R×10	100	1.5 V
R×100	1 k	1.5 V
R×1 k	10 k	1.5 V
R×10 k	100 k	10.5 V

用机械式万用表电阻挡测量二极管时,其表笔接到二极管的电极上时,黑表笔接内部电池的正极,红表笔接内部电池的负极,相当于一个串接电阻 R_S 的直流电源 E_S 加在二极管的电极上;倍乘挡位不同,E_S 和 R_S 的值也不同。倍乘越小,流过表笔的电流越大,倍乘越大,加在二极管两端的电压越高。

注意:用数字万用表电阻挡测量时,其红、黑表笔的极性与机械式万用表的红、黑表笔的极性相反。

① 普通二极管的测量

二极管是具有单向导电性和非线性伏安特性的半导体器件。由于其内部 PN 结的单向导电性,因而各种二极管的测量方法基本相同。

图 4.2.4 为用机械式万用表测量二极管的示意图。二极管的正反向电阻与材料有关,通常小功率锗二极管的正向电阻为 $300 \sim 500 \ \Omega$,硅二极管的正向电阻大约为 $1 \ k\Omega$ 以上。锗二极管反向电阻为几十 $k\Omega$,硅二极管反向电阻在 $500 \ k\Omega$ 以上(大功率二极管的数值要小得多)。二极管正、反向电阻的差值越大越好。

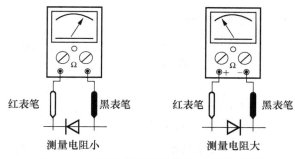

图 4.2.4　机械式万用表测量二极管示意图

根据二极管正向电阻小、反向电阻大的特点可判别二极管的极性。将机械式万用表置于欧姆挡(一般用 R×100 或 R×1 k 挡,不要用 R×1 挡或 R×10 k 挡,因为用 R×1 挡时输出电流太大,容易烧坏二极管,R×10 k 挡的输出电压太高,有可能击穿二极管),测量时,红、黑表笔各接一端测量一次,然后,交换表笔再测一次,所测阻值小的一次,黑表笔所接的端为二极管的正极,另一端为负极。如果测得反向电阻很小,说明二极管内部短路;若正向电阻很大,说明二极管内部断路。

因为硅二极管一般正向压降为 $0.6 \sim 0.7 \ V$,锗二极管的正向压降为 $0.1 \sim 0.3 \ V$,所以测量一下二极管正向导通电压,便可判断被测二极管是硅管还是锗管。方法是:在干电池($1.5 \ V$)的一端串一个 $1 \ k\Omega$ 电阻,同时按极性与二极管连接,使二极管正向导通,再用万用表测量二极管两端的管压降,如果为 $0.6 \sim 0.7 \ V$,即为硅管,如果为 $0.1 \sim 0.3 \ V$,即为锗管。

② 稳压二极管的测量

稳压二极管的正、反向电阻测量方法与普通二极管一样。测量稳压二极管的稳定电压值 U_Z,须使二极管处于反向击穿状态,所以电源电压要大于被测管的 U_Z。

将机械式万用表量程置于高阻挡,测量稳压二极管的反向电阻,若实测时阻值为 $R_\times$,则

$$U_Z = \frac{E_0 R_\times}{R_\times + n R_0}$$

式中:n 为欧姆挡的倍率数(R×10 k 挡时,$n=10\ 000$);R_0 为万用表中心电阻;E_0 为万用表最高电阻挡的电池电压值。

例如:用 MF50 型万用表测量 2CW14 型稳压二极管,$R_0=10\ \Omega$(在最高电阻挡 R×10 k),使用 15 V 叠层电池,$E_0=15$ V,实测反向电阻为 75 kΩ,则

$$U_Z=\frac{15\text{ V}\times(75\times10^3)\ \Omega}{(75\times10^3)\ \Omega+(10\times10^4)\ \Omega}\approx6.4\text{ V}$$

如果实测阻值 $R_\times$ 非常大(接近 ∞),表示被测管的 U_Z 大于 E_0,无法将被测管击穿。如果实测阻值极小,接近 0,则是表笔接反。

③ 发光二极管的检测

发光二极管是一种把电能转换成光能的半导体器件,当它通过一定电流时就会发光。它具有体积小、工作电压低、电流小等特点,广泛用于收录机、音响及仪器仪表中。BT 型系列发光二极管一般用磷砷化镓、磷化镓等材料制成,内部是一个 PN 结,具有单向导电性,可用万用表测量正、反向电阻来判断极性和好坏。一般正向电阻小于 50 kΩ、反向电阻大于 200 kΩ 为正常。

发光二极管的工作电流是很重要的一个参数。工作电流太小,发光二极管点不亮,太大则易损坏。图 4.2.5 为测量发光二极管工作电流的电路。

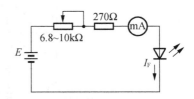

图 4.2.5　测量发光二极管工作电流的电路

测量时,先将限流电阻(电位器)置于阻值较大的位置,然后慢慢将电位器向较低阻值方向旋转,当达到某一值时,发光二极管发光,继续减小电位器的阻值,使发光二极管达到所需亮度,这时电流表的电流值即为发光二极管的正常工作电流值。在测量时注意不能使发光二极管亮度太高(工作电流太大),否则易使发光二极管早衰,影响使用寿命。

要注意不同颜色的发光二极管,其工作电流也不同。例如,高亮发光二极管红色为 3~5 mA,绿色为 10 mA 左右,在实际使用中要选择不同的限流电阻来控制发光亮度。

④ 光电二极管的测量

光电二极管是一种能把光照强弱变化转换成不同电信号的半导体器件。光电二极管的顶端有一个能射入光线的窗口,光线通过窗口照射到管芯上,在光的激发下,光电二极管产生大批光生载流子,光电二极管的反向电流大大增加,内阻减小。常用的光电二极管为 2CU、2DU 型。

光电二极管的正向电阻是不随光照变化的,其值约为几千欧,其反向电阻在无光照时应大于 200 kΩ,受光照时其反向电阻变小,光照越强,反向电阻越小,甚至仅几百欧,去除光照,反向电阻立即恢复到原来值。

根据上述原理,用万用表测量光电二极管的反向电阻,边测边改变光电二极管的光照条件(如用黑纸开启或遮盖管顶的窗口),观察光电二极管反向电阻的变化。若在有光照和无光照时反向电阻无变化或变化很小,说明该管已经失效。

2)用万用表识别和测量三极管

利用万用表的欧姆挡可测量判断三极管的 3 个电极、类型(NPN 或 PNP)、材料以及三

极管是否损坏。

对于功率在 1 W 以下的中小功率管,可用万用表的 R×1 k 或 R×100 挡测量,对于功率在 1 W 以上的大功率管,可用万用表的 R×1 挡或 R×10 挡测量。

（1）三极管电极和类型的识别

三极管的代号常用 VT 表示。

三极管的发射极 E、基极 B、集电极 C 这 3 个电极可根据引脚位置直接判断,若不知引脚排列规则,可用万用表测量判断。由图 4.2.6 三极管等效电路可看出,用万用表判别三极管电极的依据是:NPN 型三极管基极到发射极和基极到集电极均为正向 PN 结,而 PNP 型三极管基极到发射极和基极到集电极均为反向 PN 结。

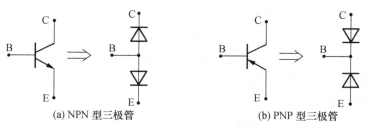

(a) NPN 型三极管　　　　　　　　(b) PNP 型三极管

图 4.2.6　三极管测量等效电路

① 判断三极管的基极和三极管的类型

用机械式万用表的黑表笔接触某一引脚,红表笔分别接触另外 2 个引脚,如表头读数都很小,则与黑表笔接触的引脚为基极,同时可知此管为 NPN 型。若用红表笔接触某一引脚,而黑表笔分别接触另外 2 个引脚,表头读数同样很小时则与红表笔接触的引脚为基极,同时可知此管为 PNP 型。

② 判断三极管的集电极和发射极

以 NPN 管为例,图 4.2.7 为用机械式万用表判断 NPN 管集电极的测量电路。

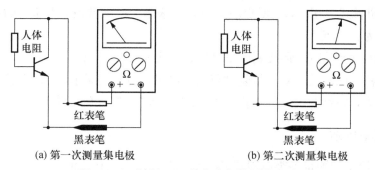

(a) 第一次测量集电极　　　　　　　(b) 第二次测量集电极

图 4.2.7　判断 NPN 管集电极的测量电路

确定基极后,假定其余的 2 个引脚中的一个是集电极,将黑表笔接到此引脚上,红表笔接到假定的发射极上。用手指把假定的集电极和已测出的基极捏起来（但不要相碰）,这时人体电阻相当于一个接在两电极之间的偏置电阻,观察表针指示,并记下此阻值的读数。然后作相反假设,即把原来假设为集电极和发射极的引脚交换,进行同样的测试并记下读数。比较两次读数的大小,若前者阻值较小,前者的假设是对的,黑表笔接的是集电极,红表笔接的为发射极,反之亦然。

判断 PNP 管的集电极时,应将红表笔接假设的集电极,两次测量中,电阻小的一次,红表笔接的为集电极。

(2) 三极管电流放大系数 β 值的估测

将万用表拨到相应电阻挡,测量发射极与集电极之间的电阻,再用手捏住基极和集电极,观察表针摆动幅度大小。摆动越大,则 β 越大。手捏在两极之间等于给三极管提供了基极电流 I_B,I_B 的大小与手的潮湿程度有关。

有的万用表具备测 β 的功能,将三极管按正确的引脚要求插入测试孔中,即可从表头刻度盘上直接读 β 的值,这时,也可以判断三极管的集电极和发射极,因为三极管接入正确时表针偏转幅度大。

3) 用万用表测量场效应管

场效应管的输入电阻非常高。常用的场效应管主要有结型和绝缘栅型两类。虽然场效应管的种类很多,但测量方法与普通三极管基本相同。

在测量绝缘栅型场效应管时要十分注意。由于管内不存在保护性元件,为防止外界电磁场感应击穿其绝缘层,一般需先将其引脚全部短路,待测试电路与其可靠连接后,再把短路线拆除,然后进行测量。测试时应十分细心,若稍有不慎使栅极悬空,就可能造成损坏。通常,万用表只用来检查结型场效应管。

结型场效应管有 3 个电极:源极、栅极、漏极。同样,可以用万用表测量电阻的方法把栅极找出来,而它的源极和漏极一般可以对调使用,所以不必区分。

测量依据和方法是:

(1) 源极与漏极之间是由半导体材料形成的导电沟道,用万用表电阻 R×1 k 挡,分别测量源极对漏极和漏极对源极的电阻值应相等。

(2) 根据栅极相对于源极和漏极均为 PN 结的结构,可用测量二极管的方法,找出栅极。一般 PN 结正向电阻为 5～10 kΩ,反向电阻近似为∞。

(3) 对于机械式万用表,若黑表笔接栅极,红表笔分别接源极和漏极,测得的电阻较小,则该场效应管为 N 沟道型。

4) 用晶体管特性图示仪测量三极管特性曲线

用晶体管特性图示仪可对三极管进行定量测量,可以直接测出三极管特性曲线的各项参数。有关晶体管特性图示仪的工作原理和测量方法可参阅有关说明。

4.2.4　实验内容

(1) 识别、记录和测量各类电阻器、电容器的材料、类型和数值。

(2) 按表 4.2.2 和表 4.2.3 项目内容,用万用表测量二极管和三极管。

表 4.2.2　用万用表测量二极管的结果

型　　号	正向电阻		反向电阻		材　　料
	阻　　值	电阻挡位置	阻　　值	电阻挡位置	
2AP10		R×1 k		R×1 k	
1N4007		R×1 k		R×1 k	
2CW10		R×1 k		R×1 k	

表 4.2.3 用万用表测量三极管的结果

型 号	电阻挡位置	管 型	材 料	引脚各极位置识别(画图说明)
9015	R×1 k			
9018	R×1 k			
3DG6	R×1 k			
3DJ6	R×1 k			

(3) 用晶体管特性图示仪测量并画出 2AP10、IN4007 和 2CW10 的 PN 结正、反向特性曲线。

(4) 用晶体管特性图示仪观察 3CG9018、3CG9015、3DG6 的共射输出特性曲线。

(5) 按表 4.2.4 测量项目和测试条件,用晶体管特性图示仪测量三极管的特性参数。

表 4.2.4 三极管特性参数测量结果

参 数	3CG9018		3CG9015	
	测试条件	测量值	测试条件	测量值
β	$I_C=1\text{ mA}$ $U_{CE}=10\text{ V}$		$I_C=10\text{ mA}$ $U_{CE}=10\text{ V}$	
U_{CEO}	$I_C=0.1\text{ mA}$		$I_C=2\text{ mA}$	
I_{CEO}	$U_{CE}=10\text{ V}$		$U_{CE}=6\text{ V}$	

4.2.5 预习要求

(1) 预习实验教材中有关元器件的知识;

(2) 查阅器件手册,了解本实验所用二极管、三极管的性能参数;

(3) 学习晶体管特性图示仪的原理和使用方法。

4.2.6 实验报告

(1) 按实验内容要求,将测量数据填入相应的表格中;

(2) 将实验中测得的二极管、三极管特性曲线族绘在方格纸上,并简述其主要特点,曲线要求工整光滑,各变量和坐标值齐全;

(3) 实验中的问题和体会;

(4) 回答思考题。

4.2.7 思考题

(1) 电解电容器与普通电容器在使用上有哪些区别?

(2) 用色环标识法标识色码电阻值有哪些局限性?

(3) 在测量二极管的正向电阻时,万用表作为欧姆表使用,为什么不同挡位测量时阻值相差很大?

(4) 如何利用万用表检测三极管的 I_{CEO}?

(5) 为什么不要用模拟万用表的 R×1 或 R×10 k 挡检测小功率晶体管?

（6）晶体管图示仪中的功耗电阻在测试中起什么作用？如果该电阻过大或过小，对所显示的特性曲线有什么影响？

（7）测得几种三极管的输出特性曲线如图 4.2.8 所示，试说明特性不好的曲线是什么性能不好？

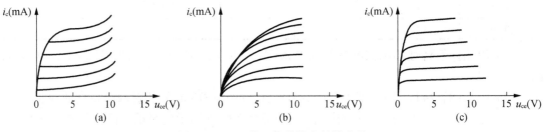

图 4.2.8　几种三极管输出特性曲线

（8）如何用数字万用表测试二极管、三极管？

4.3　单级阻容耦合放大器

4.3.1　实验目的

（1）掌握单级阻容耦合放大器工程估算方法、静态工作点的调试方法；
（2）掌握单级阻容耦合放大器主要性能指标的测量方法；
（3）观察静态工作点变化对放大器输出波形的影响。

4.3.2　实验设备

（1）万用表 1 块；
（2）直流稳压电源 1 台；
（3）双踪示波器 1 台；
（4）信号发生器 1 台；
（5）低频毫伏表 1 台；
（6）实验箱 1 台。

4.3.3　实验电路和原理

1）实验电路

共射、共集、共基电路是放大电路的三种基本形式，也是组成各种复杂放大电路的基本单元。在低频电路中，共射、共集电路比共基电路应用更为广泛。本次实验仅研究共射电路。图 4.3.1 所示实验电路是一种最常用的共射放大电路，采用的是分压式电流负反馈偏置电路。

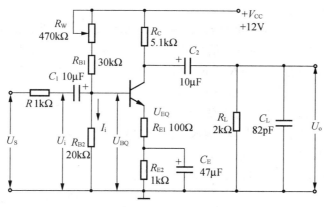

图 4.3.1 单级阻容耦合放大器实验电路

2）小信号放大器主要性能指标及测量方法

（1）电压放大倍数 A_u

电压放大倍数 A_u 为放大器输出电压有效值（或最大值）、输入电压有效值（或最大值）之比。A_u 应在输出电压波形不失真的条件下进行测量（若波形已经失真，测出的 A_u 就没有意义）。图 4.3.1 所示的阻容耦合共射放大器的 A_u 可由下式计算：

$$A_u = -\frac{\beta(R_c // R_L)}{r_{be} + (1+\beta)R_{E1}}$$

式中：β 为三极管输出短路电流放大倍数；r_{be} 为共射接法下 b、e 之间的小信号等效电阻。

（2）输入电阻 R_i

输入电阻 R_i 是指从放大器输入端看进去的交流等效电阻。R_i 表示放大器对信号源的负载作用。R_i 的大小相对于信号源内阻 R_S 而言，若 $R_i \gg R_S$，则放大器从信号源获得最大输入电压；若 $R_i \ll R_S$，则放大器从信号源获得最大输入电流；若 $R_i = R_S$，则放大器从信号源获得最大输入功率。实验中通常采用换算法测量输入电阻。测量电路如图 4.3.2 所示，图中 R 为取样电阻。

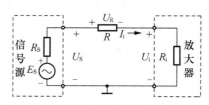

图 4.3.2 输入电阻测量电路

因此，R_i 为：

$$R_i = \frac{U_i}{I_i} = \frac{U_i}{(U_S - U_i)/R} = \frac{U_i}{U_S - U_i}R$$

测量中应注意以下几点：

① 由于取样电阻 R 两端无接地点，而用交流毫伏表测量时，一端必须接交流"地电位"，所以不能直接测量 U_R，而应分别测量 U_S 和 U_i 再用以上公式换算，求得 R_i。取样电阻 R 不宜取得过大，以免引入干扰，也不宜取得过小，以免引起较大误差。通常 R 取值与 R_i 为同一数量级。

② 测量前，毫伏表应校零，并尽可能用同一量程挡进行测量。

③ 测量时，放大器的输出端接上负载电阻 R_L，并用示波器监视输出波形。要求在波形不失真的条件下进行上述测量。

（3）输出电阻 R_o。

输出电阻 R_o 是指将输入电压源短路，从输出端向放大器看进去的交流等效电阻。相对于负载而言，放大器可等效为一个信号源，这个等效信号源的内阻就定义为 R_o。R_o 的大小反映放大器带负载的能力。若 $R_o \ll R_L$，则等效信号源可视为恒压源，因而具有较强的带负载能力，即当负载变化时，在三极管功率许可范围内，负载两端的信号电压几乎维持不变；若 $R_o \gg R_L$，则等效信号源可视为恒流源。R_o 和输入电阻 R_i 都是对交流而言的，即都是动态电阻。

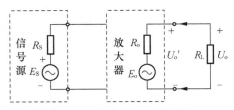

图 4.3.3　输出电阻测量电路

实验中也可采用换算法测量 R_o。测量电路如图 4.3.3 所示。

在放大器的输入端送入一个固定的信号源电压，分别测出负载 R_L 断开时的输出电压 U_o' 和负载 R_L 接上时的输出电压 U_o，则

$$R_o = \left(\frac{U_o'}{U_o} - 1 \right) R_L$$

（4）放大器的幅频特性

放大器的幅频特性是指在输入正弦信号时放大器电压增益 A_u 随信号源频率而变化的稳态响应。当输入信号幅度保持不变时，放大器的输出信号幅度将随输入信号源频率的高低而变化，当信号频率太高或太低时，输出幅度都会下降，而在中间频率范围内，输出幅度基本不变。

如图 4.3.4 所示，采用逐点法测量幅频特性时，应保持输入信号电压 U_i 的幅度不变，逐点改变输入信号的频率，同时测量放大器相应的输出电压 U_o。例如：设 K 为放大器中频段时输出电压的某一个固定值，f_0 为通带内参考频率，f_L 为下限频率，f_H 为上限频率，f_L 和 f_H 所对应的输出电压为 f_0 时输出电压的 $0.707K$。用所测频率和幅度的相关数据即可逐点绘制出放大器的幅频特性曲线。频带宽度（即通频带（f_{BW}））为 $f_H - f_L$。

采用频率特性测试仪（扫频仪）可以测试和显示放大器的幅频特性曲线。如图 4.3.5 所示。通常将增益下降到中频 f_0 增益时的 -3 dB 时所对应的 f_L 与 f_H 之差的频率范围称为放大器的通频带。

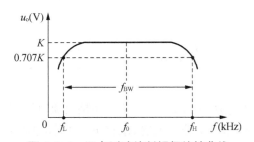

图 4.3.4　逐点测试绘制幅频特性曲线

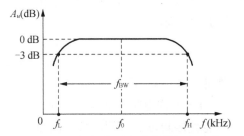

图 4.3.5　扫频仪测出放大器幅频特性

理想放大器的增益（或放大倍数）是与信号频率无关的实常数，但实际放大器由于存在电抗性元件，从而使增益成为与频率相关的复数。其模与频率的函数关系称为放大器的幅频特性。电抗性元件数值的大小以及与电路中其他元件在结构、数值上的相互关系便决定了幅频特性曲线的形状。对于图 4.3.1 实验电路来说，低频特性主要取决于容量较大的输

入、输出耦合电容和发射极旁路电容;高频特性主要取决于容量较小的三极管 PN 结电容,负载电容以及布线电容。

3)三极管及其参数的选择

三极管是放大电路的核心器件,利用其电流放大特性能实现信号的放大。一般硅管在常温下受温度的影响小于锗管,因此,多数电路采用硅管作为放大器件。

选择三极管的原则是:

(1)兼顾增益与稳定性的要求,选管时应满足:$h_{FE}=50\sim150$;

(2)根据放大器通频带要求,三极管共射电流放大系数 h_{FE} 的截止频率选择为:

$$f_{h_{FE}} > (2\sim3)f_H。$$

对于小信号放大电路,一般选 3DG 系列的高频小功率管即可满足要求。

4)静态工作点的选择、测量与调整

(1)静态工作点的选择

静态工作点的选择关系到放大器各项技术指标的优劣。

放大器必须设置合适的静态工作点 Q,才能不失真的放大信号,为获得最大不失真的输出电压,静态工作点应选在输出特性曲线上交流负载线最大线性范围的中点,如图 4.3.6 所示。若 Q 点过高,会产生饱和失真;Q 点过低,会产生截止失真。

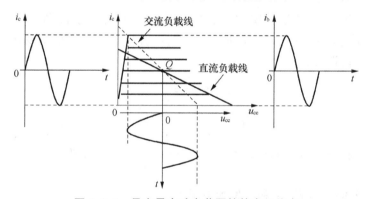

图 4.3.6 具有最大动态范围的静态工作点

对于小信号放大器而言,由于输出交流信号幅度较小,非线性失真不是主要问题,静态工作点可根据其他要求来选择。例如:若希望放大器耗电小、噪声低或输出阻抗高,Q 点可选低一些;若希望放大器增益高,Q 点可选高一些。

(2)静态工作点的测量

主要是测量三极管静态集电极电流 I_{CQ},通常可采用直接测量法或间接测量法测量,如图 4.3.7 所示。直接测量法是把电流表串接在集电极电路中,直接由电流表读出 I_{CQ};间接测量法是用电压表测量发射极电阻 R_E 或集电极电阻 R_C 两端的电压,再用电压除所测电阻,换算出 I_{CQ}。直接测量法直观、准确,但不太方便,因为必须断开电路串入电流表;间接测量

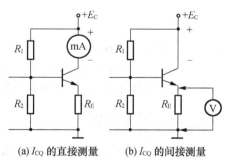

(a) I_{CQ} 的直接测量 (b) I_{CQ} 的间接测量

图 4.3.7 静态工作点的测量

法方便,但不够直观准确。

（3）静态工作点的调整

电路确定后,静态工作点主要取决于 I_{CQ} 的选择,可通过调整上偏置电阻 R_W,改变 I_{BQ},使 I_{CQ} 达到设计值,同时测量 U_{CEQ} 是否合适。例如:当按规定输入正弦信号后,如发现输出波形的正半周或负半周出现削波失真,则表明静态工作点选择还不合适,需重新调整,可调节 R_W（见图 4.3.1）,直到输出波形不失真为止。当输出波形的正、负半周同时出现削波失真,可能原因是电源电压太低或是输入信号幅度太大,应查找原因。

5）分压式偏置电路的工程估算

设计放大器时,通常先选定电源电压 V_{CC}、负载电阻 R_L、三极管及其电流放大系数 β 和 I_{CQ},然后按工程估算、经验公式计算元件值。

（1）基极静态工作点电流 I_{BQ}

$$I_{BQ} \approx \frac{I_{CQ}}{\beta}$$

（2）分压器电流 I_1

$$I_1 \approx \frac{V_{CC}}{R_1 + R_2} = (5 \sim 10) I_{BQ}$$

（3）发射极电阻 R_E

从稳定静态工作点的角度希望 R_E 大些,但从电源利用率考虑 R_E 不宜过大。如果 R_E 过大,会使 U_{CEQ} 下降（$U_{CEQ} = V_{CC} - I_{CQ}R_C - I_{EQ}R_E$）,引起电路动态范围变小,易产生饱和失真。通常 R_E 和 U_{EQ} 选为:

$$R_E \approx \frac{U_{EQ}}{I_{CQ}}$$

$$U_{EQ} = \left(\frac{1}{5} \sim \frac{1}{3}\right) V_{CC}$$

其中:对于硅管,$U_{EQ} = 3 \sim 5$ V;对于锗管, $U_{EQ} = 1 \sim 3$ V。对于小信号放大电路,$I_{CQ} = 1 \sim 3$ mA。

（4）分压器上偏置电阻 R_1 和下偏置电阻 R_2

R_1、R_2 过小,会造成输入电阻降低、直流功耗增加。R_1 和 R_2 可选为:

$$R_1 = \frac{V_{CC} - U_{BQ}}{I_1}$$

$$R_2 = \frac{U_{BQ}}{I_1}$$

（5）集电极电阻 R_C

当 V_{CC} 一定时,若增大 R_C,则 U_{CEQ} 将减小,输出信号动态范围减小,若 R_C 过小,则 R_C 对负载 R_L 分流作用大,放大器增益将减小。一般取 $R_C = (1 \sim 5) R_L$。

4.3.4　实验内容

按图 4.3.1 连接单级阻容耦合放大器实验电路。

1）静态工作点的调整与测量

（1）测量 $U_{BE} = 0.6 \sim 0.7$ V。

（2）调整 R_W 使所测 $U_{CE}=\left(\dfrac{1}{4}\sim\dfrac{1}{2}\right)V_{CC}$，即保证三极管工作在放大区。

（3）输入频率为 1 kHz、幅度适中的正弦波交流信号，用示波器测量放大器的输出波形，同时调节 R_W，以获得最大不失真输出波形。

（4）令输入信号为 0，测量静态工作点的参数。将测量数据填入表 4.3.1。

表 4.3.1　静态工作点的测量与计算结果

测量数据	U_{BQ}	U_{EQ}	U_{CQ}	U_{BEQ}	U_{CEQ}	I_{CQ}
实测值						
计算值						

注：$I_{CQ}\approx\dfrac{U_{EQ}}{R_E}$。

2）放大器主要技术指标（A_u、R_i、R_o）的测量

测试条件为：保持静态工作点不变；在实验电路的输入端输入频率 $f=1$ kHz、幅度适中的正弦信号。用示波器观察放大器输出电压波形，在波形不失真的条件下，将测量数据填入表 4.3.2。

表 4.3.2　主要技术指标测量结果

实 测 值				计 算 值		
U_s(mV)	U_i(mV)	U_o(V)	U_o'(V)	$A_u=\dfrac{U_o}{U_i}$	$R_i=\dfrac{U_i}{U_S-U_i}R$	$R_o=\left(\dfrac{U_o'}{U_o}-1\right)R_L$

注：U_o' 为负载 R_L 断开时的输出电压；U_o 为接上负载 R_L 时的输出电压。

3）观察静态工作点电流大小对电压放大倍数的影响

测试条件为：输入幅度适中的正弦信号；接入负载 $R_L=2$ kΩ。调节上偏置电位器 R_W，改变静态工作点电流 I_{CQ}。需注意测量时输出电压波形不能失真。将测量结果填入表 4.3.3。

表 4.3.3　静态工作点电流对放大倍数影响的测量结果

I_{CQ}(mA)	0.2	0.4	0.6	1
U_o(V)				
$A_u=\dfrac{U_o}{U_i}$				

注：$R_L=2$ kΩ，输出电压波形不失真。

4）输出电压波形失真的观测

测试条件为：输入幅度适中的正弦信号。调整 R_W 使阻值最大，输出电压波形出现截止失真；调整 R_W 使阻值最小，输出电压波形出现饱和失真；观测截止失真和饱和失真。将有关测量数据记入表 4.3.4（若输出波形失真不明显，可适当加大输入信号）。

表 4.3.4　输出电压波形失真的观测结果

测量内容	截止失真	饱和失真
U_{CE}(V)		
I_{CQ}(mA)		
U_o波形		

注：$R_L = 2$ kΩ。

5）放大器幅频特性曲线的测量

测试条件为：输入正弦信号，频率 $f = 1$ kHz、幅度适中；可取频率 $f = 1$ kHz $= f_0$ 处的增益作为中频增益。保持输入信号幅度不变，改变输入信号的频率，用低频毫伏表逐点测出相应放大器输出电压有效值 U_o。将测量结果填入表 4.3.5，并画出放大器的幅频特性曲线。

表 4.3.5　放大器幅频特性的测量结果

f(Hz)	$f_L =$	$f_0 = 1$ kHz	$f_H =$
U_o(V)			
$A_u = \dfrac{U_o}{U_i}$			
$f_{BW} = (f_H - f_L)$			
画出幅频特性 $A_u \sim f$ 或 $U_o \sim f$ 曲线			

4.3.5　预习要求

（1）掌握放大器主要性能指标的定义和测量方法；

（2）按照实验电路（见图 4.3.1），并设 $I_{CQ} = 2$ mA、$E_C = 12$ V、$\beta = 50$，用近似估算法计算出各静态工作电压，用等效电路法计算出放大器的 A_u、R_i 和 R_o，以便与实验中的实测值进行比较。

4.3.6　实验报告

（1）画出实验电路，并标出各元件数值；

（2）整理实验数据，将实测数据填入相应表格，与计算值进行比较并进行相关分析；

（3）用对数坐标纸画出放大器的幅频特性曲线；

（4）小结实验方法和问题；

（5）回答思考题。

4.3.7　思考题

（1）复习单级放大电路的工作原理，了解各元件的作用。

（2）在示波器上观察 NPN 型三极管共射放大器输出电压波形的饱和、截止失真波形；若三极管换成 PNP 型，饱和、截止失真波形是否相同？

（3）静态工作点设置偏高或偏低，是否一定会出现饱和或截止失真？

（4）讨论静态工作点变化对放大器性能（失真、输入电阻、电压放大倍数）的影响。

（5）放大器的 f_L 和 f_H 与放大器的哪些因素有关？

（6）当发现输出波形有正半周或负半周削波失真，各是什么原因？如何消除？

4.4 场效应管放大电路

4.4.1 实验目的

（1）了解结型场效应管的性能和特点；

（2）学会结型场效应管的特性曲线和参数的测量方法；

（3）掌握场效应管放大器的电压放大倍数及输入电阻、输出电阻的测量方法。

4.4.2 实验设备

（1）万用表 1 块；

（2）示波器 1 台；

（3）直流稳压电源 1 台；

（4）双踪示波器 1 台；

（5）低频毫伏表 1 台；

（6）实验箱 1 台。

4.4.3 实验电路和原理

场效应管是一种电压控制型器件，它的输入阻抗极高，噪声系数比普通三极管小，在只允许从信号源取极少量电流的情况下、在低噪声放大器中都会选用场效应管。

场效应管按结构可分为结型和绝缘栅两种类型。由于场效应管栅源之间处于绝缘或反向偏置，所以场效应管的输入阻抗比一般晶体管的输入阻抗要高很多（一般可达上百兆欧）；由于场效应管是一种多数载流子控制器件，具有热稳定性好、抗辐射能力强、噪声系数小等优点，而且，场效应管制造工艺较简单，便于大规模集成，因此，场效应管得到越来越广泛的应用。

本实验中以 N 沟道结型场效应管 3DJ6 为例，对场效应管的重要特性及参数性能进行分析。

1）结型场效应管的特性和参数

N 沟道结型场效应管由一块 N 型半导体的两边通过掺杂做成 2 个 P 区构成。如图 4.4.1 所示，2 个 P 区连接引出一条引线，称为栅极，用 G 表示；N 区两端各引出一条引线，一条引线称为漏极，用 D 表示，另一条引线称为源极，用 S 表示。3DJ6F 引脚和电路符号如图 4.4.2 所示。

结型场效应管的直流参数主要有饱和漏极电流 I_{DSS}、夹断电压 U_P 等，交流参数主要有低频跨导 g_m，

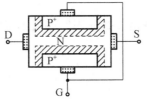

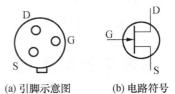

图 4.4.1　N 沟道结型场效应管结构示意图　　　　图 4.4.2　3DJ6F 引脚示意图及电路符号

$$g_{m} = \frac{\Delta i_{d}}{\Delta u_{GS}}\bigg|_{u_{ds}=常数}$$

3DJ6F 的典型参数值和测试条件如下：

（1）饱和漏极电流 I_{DSS}：1.0～3.5 mA，测试条件为：$U_{DS}=10$ V，$U_{GS}=0$ V；

（2）夹断电压 U_{P}：1～91 V，测试条件为：$U_{DS}=10$ V，$I_{DS}=50$ μA；

（3）跨导 g_{m}：>100 μS，测试条件为：$U_{DS}=10$ V，$i_{ds}=3$ mA，$f=1$ kHz。

2）结型场效应管放大器性能分析

（1）输出特性

图 4.4.3 是 N 沟道结型场效应管的输出特性（漏极特性）曲线。该曲线是当栅源电压 U_{GS} 保持不变（如 $U_{GS}=0$）时，漏极电流 I_{D} 与漏源电压 U_{DS} 的关系曲线。对于不同的 U_{GS}，可以测出多条输出特性曲线。图 4.4.3 中，曲线上的 P 点称为预夹断点。预夹断前，I_{D} 随 U_{DS} 的增加而增加，称这一区域为电阻区。

当 U_{DS} 继续增加使整个沟道被夹断时，I_{D} 不再随之增加，而是基本保持不变，曲线近似水平线，称这一区域为饱和区，场效应管做放大器时，就工作在这一区域。$U_{GS}=0$ 时的 I_{D} 值，为饱和漏电流 I_{DSS}。

如果 U_{DS} 增加到使反向偏置的 PN 结击穿时，I_{D} 会迅速上升，场效应管将不能正常工作，甚至烧毁，称这一区域为击穿区。

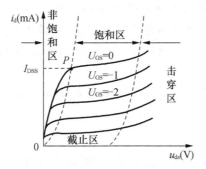

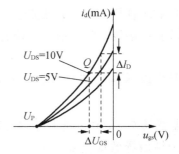

图 4.4.3　输出特性曲线　　　　　　图 4.4.4　转移特性曲线

（2）转移特性

图 4.4.4 是 N 沟道场效应管转移特性曲线，该曲线表示场效应管工作在饱和区时，当漏源电压 U_{DS} 固定不变（如 $U_{DS}=10$ V）时，栅源电压 U_{GS} 对漏极电流 I_{D} 的控制关系。

3）场效应管应用电路

图 4.4.5(a) 是驻极体电容式话筒的内部电路，其中 C_{1} 是由驻极体薄膜和背电极构成

的平板电容器,电容经高压电场驻极后两面分别驻有异性电荷。由于驻极体上的电荷数始终保持不变,当声波引起驻极薄膜振动时电容两端的电压就发生变化。由于该信号极微弱,电容 C_1 两端的阻抗很高,所以采用场效应管 VT 与电容 C_1 配接以实现阻抗变换并放大微弱信号。产品化时将场效应管及偏置电阻 R_1、R_2 与电容 C_1 一起装在话筒内,使用时只需外加直流电压 3~12 V。

图 4.4.5(b)为结型场效应管 3DJ6 组成的高稳定石英晶体振荡器电路。石英晶体 JT 与电容 C 组成串联谐振电路,振荡频率由 JT 决定。JT 的选用范围很宽,即使将栅极电阻 R 的值取得很大,也不会给 JT 增加负载。晶体的 Q 值可以保持很高,所以振荡频率的稳定度很高。电感 L 为场效应管的漏极负载,输出波形为正弦波。

图 4.4.5(c)为场效应管源极跟随器。采用电阻分压式偏置电路,再加上源极电阻产生很深的直流负反馈,因此,电路的稳定性很好。因为场效应管 2SK30 的输入阻抗比一般晶体管要高,所以输入耦合电容 C_1 的值可以很小。

图 4.4.5(d)为场效应管共源极放大器。采用自偏压电路给栅极提供偏压,C_3 为交流旁路电容,有利于提高电路的交流增益。场效应管为 2N3819 型。

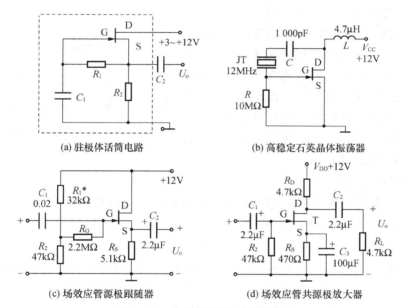

(a) 驻极体话筒电路　　　　　　　　(b) 高稳定石英晶体振荡器

(c) 场效应管源极跟随器　　　　　　(d) 场效应管共源极放大器

图 4.4.5　场效应管应用电路举例

4) 实验电路

图 4.4.6 为场效应管共源极放大器实验电路。

静态工作点为:

$$U_{GS} = U_G - U_S = \frac{R_{G1}}{R_{G1} + R_{G2}} V_{CC} - I_{DQ} R_S$$

$$I_{DQ} = I_{DSS} \left(1 - \frac{U_{GSQ}}{U_P} \right)^2$$

中频电压放大倍数为:

$$A_u = -g_m R'_L = -g_m R_D // R_L$$

输入电阻为：
$$R_i = R_G + R_{G1} // R_{G2}$$

输出电阻为：
$$R_o = R_D$$

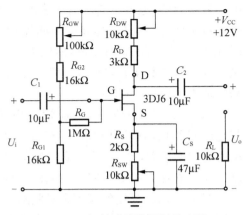

图 4.4.6　场效应管共源极放大器

g_m 为场效应管的跨导（即类同于一般晶体管的 β），是表征场效应管放大能力的一个重要参数，g_m 的单位为西[门子]（S）。g_m 可以由特性曲线用作图法求得，或者用公式计算：

$$g_m = -\frac{2I_{DSS}}{U_P}\left(1 - \frac{U_{GS}}{U_P}\right)$$

计算时 U_{GS} 用静态工作点处的数值。由于转移特性是非线性的，同一个场效应管的工作点不同，g_m 也不同，g_m 值一般在 $0.5\sim10$ mS 范围内。

要提高 A_u，需增大 R_D 和 R_L，但若增大 R_D 和 R_L，漏极电源电压也需要相应提高。

5）输入电阻 R_i 的测量方法

从原理上说，可采用单极阻容耦合放大器输入电阻的测量方法，但由于场效应管的 R_i 比较大，如果直接测量输入电压 U_S 和 U_i，则由于测量仪器的输入电阻有限，将会产生较大的误差。因此，为减小误差，常利用被测放大器的隔离作用，通过测量输出电压 U_o 来计算输入电阻。图 4.4.7 为输入电阻 R_i 的测量电路。

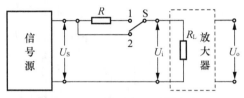

图 4.4.7　输入电阻测量电路

输入电阻测量步骤如下：

（1）在放大器的输入端串入电阻 R，把开关 S 掷向位置 2（$R=0$），测量放大器的输出电压（本实验中 $R=100\sim200$ kΩ，R 和 R_i 不要相差太大），

$$U_{o1} = A_u U_S$$

（2）保持 U_S 不变，再把开关 S 掷向位置 1（即接入 R），测量放大器的输出电压 U_{o2}。

$$U_{o2} = A_u U_i$$

（3）由于两次测量中 A_u 和 U_S 保持不变，所以：

$$U_{o2} = A_u U_i = A_u \frac{R_i}{R + R_i} U_S = \frac{R_i}{R + R_i} U_{o1}$$

4.4.4　实验内容

1）结型场效应管共源极放大器静态工作点的测量和调整

（1）用万用表判断场效应管 3DJ6 的引脚，主要是判断栅极 G，漏极 D 和源极 S 是可以互换的，所以不用区分。注意：这种测量方法不适用于绝缘栅型场效应管。

（2）按照图 4.4.6 连接实验电路，接通＋12 V 直流电源，令输入信号为 0，用直流电压表测量 U_G、U_S、U_D。根据输出特性曲线，检查该电路的静态工作点是否在特性曲线放大区的中间部分,如果合适,将测量值记入表4.4.1中。

(3) 若静态工作点不在特性曲线放大区的中间部分,位置不合适,适当调整 R_{GW} 和 R_{SW},调好后测量 U_G、U_S、U_D 以及 U_{DS}、U_{GS}、I_D,记入表4.4.1中。

(4) 通过 U_G、U_S、U_D 的测量值计算 U_{DS}、U_{GS}、I_D,记入表4.4.1中。

表 4.4.1 场效应管静态工作点的测量结果

测　量　值						计　算　值		
$U_G(V)$	$U_S(V)$	$U_D(V)$	$U_{DS}(V)$	$U_{GS}(V)$	$I_D(mA)$	$U_{DS}(V)$	$U_{GS}(V)$	$I_D(mA)$

2) 电压放大倍数 A_u、输出电阻 R_o 和输入电阻 R_i 的测量

(1) 电压放大倍数 A_u、输出电阻 R_o 的测量

在放大器的输入端送入 $f=1$ kHz、$U_i \approx 50$ mV 的正弦信号,用示波器观察输出电压 U_o 的波形,在输出电压波形不失真的情况下,用毫伏表分别测量负载 R_L 开路和等于 10 kΩ 时的输出电压 U_o,记入表4.4.2中。

表 4.4.2 场效应管放大倍数及输出电阻的测量结果

R_L	测　量　值				计　算　值	
	$U_i(V)$	$U_o(V)$	A_u	$R_o(kΩ)$	A_u	$R_o(kΩ)$
开路						
10 kΩ						

输出电阻 R_o 的测量方法与一般晶体管放大器的测量方法相同。

用示波器同时观察 U_i 和 U_o 波形,绘图并分析它们的相位关系,填入图4.4.8中。

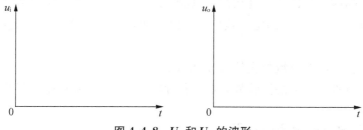

图 4.4.8 U_i 和 U_o 的波形

(2) 输入电阻 R_i 的测量

按照图4.4.7所示电路连接,选择一个适当的输入电压 U_S(约 50~100 mV),将开关 S 拨向"1",测出 $R=0$ 时的输出电压 U_{o1},然后将开关 S 拨向"2"(接入 R),保持 U_S 不变,再测 U_{o2},根据输入电阻换算公式:

$$\frac{U_{o2}}{U_{o1}-U_{o2}}=\frac{R_i}{R}$$

求出 R_i,

$$R_i=\frac{U_{o2}}{U_{o1}-U_{o2}}R$$

并填入表4.4.3中。

表 4.4.3　场效应管输入电阻的测量结果

测　量　值			计　算　值
U_{o1}(V)	U_{o2}(V)	R_i(kΩ)	R_i(kΩ)

4.4.5　预习要求

（1）复习场效应管的内部结构、组成及特点；

（2）复习场效应管的特性曲线及其测量方法；

（3）了解场效应管放大电路的工作原理、放大倍数以及输入电阻和输出电阻的测量方法；

（4）比较场效应管放大器与一般晶体管放大器各有什么特点？有哪些区别？

4.4.6　实验报告

（1）画出实验电路图；

（2）写出各项指标参数的测量步骤；

（3）将实验测得的放大倍数 A_u、输入电阻 R_i、输出电阻 R_o 与理论值进行分析比较；

（4）分析 R_S 和 R_D 对放大器性能有何影响；

（5）回答思考题。

4.4.7　思考题

（1）与一般晶体管相比，场效应管有何优越性？根据图 4.4.5 应用举例电路来说明。

（2）场效应管的跨导 g_m 的定义是什么？跨导的意义是什么？它的值是大一些好还是小一些好？

（3）场效应管有没有电流放大倍数 β，为什么？

（4）将场效应管与一般晶体管放大器进行比较，总结场效应管放大器的特点。

4.5　两级负反馈放大器

4.5.1　实验目的

（1）了解负反馈放大器的调整和分析方法；

（2）加深理解负反馈对放大器性能的影响；

（3）进一步掌握放大器主要性能指标的测量方法。

4.5.2　实验设备

（1）万用表 1 块；

（2）直流稳压电源 1 台；

（3）双踪示波器 1 台；

（4）信号发生器 1 台；

（5）低频毫伏表 1 台；

（6）实验箱 1 台。

4.5.3 实验电路和原理

1）实验电路

实验电路如图 4.5.1 所示。

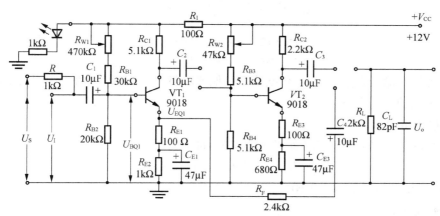

图 4.5.1 两级负反馈放大器实验电路

实验电路是由两级普通放大器加上负反馈网络构成的越级串联电压负反馈电路。负反馈能够改善放大器的性能和指标，因而应用十分广泛。

电压串联负反馈放大器与其他类型负反馈放大器一样，虽然电压放大倍数下降，但具有提高增益稳定性、减小非线性失真和展宽通频带的作用，此外，电压串联负反馈还能够提高放大器的输入电阻、减小其输出电阻。

串联电压负反馈放大器的分析计算遵循一般负反馈放大器分析计算的原则，即根据主网络（基本放大器）分析计算放大器开环主要指标，根据反馈网络计算反馈系数，最后分析计算闭环系统的主要指标。

在分析计算中常用拆环分析，把负反馈放大器分解为主网络和反馈网络，如图 4.5.2 所示。在负反馈放大器电路中，运用置换原理拆开 R_F，保留反馈元件负载效应（即反馈作用和信号直通作用）就可得到开环后的交流通路，即主网络。反馈网络只反映反馈作用。

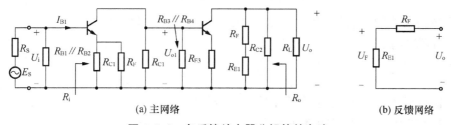

图 4.5.2 负反馈放大器分解等效电路

2）基本放大器分析计算

（1）开环电压增益 A_u、开环输入电阻 R_i

$$A_u = \frac{U_o}{U_i} = \frac{U_o}{U_{o1}} \frac{U_{o1}}{U_i} = A_{u1} A_{u2}$$

式中：A_{u1}、A_{u2} 分别为第 1 级和第 2 级放大器的电压增益，

$$A_{u1} = \frac{h_{FE1}(R_{C1}//R_{i2})}{R_i}$$

$$A_{u2} = \frac{h_{FE2}(R_F + R_{E1})//R_{C2}//R_L}{h_{BE2} + (1 + h_{FE2})R_{E3}}$$

$$R_i = h_{IE1} + (1 + h_{FE1})(R_{E1}//R_F)$$

$$R_{i2} = R_{B3}//R_{B4}//[h_{IE2} + (1 + h_{FE2})R_{E3}]$$

这里计算的输入电阻 R_i 是不包括第 1 级偏置电阻 $R_{B1}//R_{B2}$ 在内的净输入电阻，它等于主网络第 1 级的净输入电阻。

（2）输出电阻 R_o

主网络的输出电阻等于其末级的输出电阻，即

$$R_o = r_o//(R_F + R_{E1})//R_{C2}$$

式中：r_o 为三极管本身的输出电阻。

3）反馈网络计算

反馈网络计算的任务是求反馈系数，在电压串联负反馈放大器中为电压反馈系数。根据定义，电压反馈系数为：

$$F = \frac{U_f}{U_o} = \frac{R_{E1}}{R_{E1} + R_F}$$

F 的确定以满足所要求的反馈深度为依据。

4）闭环分析计算

（1）闭环电压增益 A_{uf}

$$A_{uf} = \frac{U_o}{U_i} = \frac{A_u}{1 + A_u F}$$

式中：$1 + A_u F$ 为反馈深度，反馈深度的大小应根据放大器的用途及其性能指标要求来确定。

（2）闭环输入电阻 R_{if}

$$R_{if} = (1 + A_u F)R_i$$

负反馈提高了输入电阻，因而可减小向信号源索取的功率。

（3）闭环输出电阻 R_{of}

$$R_{of} = \frac{R_o}{1 + A_u F}$$

负反馈降低了输出电阻，但有稳定输出电压的作用。

（4）上限频率 f_{HF}、下限频率 f_{LF}

若单级放大器的上、下限频率分别为 f_H 和 f_L，则反馈放大器的上、下限频率可用以下关系式估算：

$$f_{HF} \approx (1 + A_u F) f_H$$

$$f_{LF} \approx \frac{f_L}{1 + A_u F}$$

负反馈展宽通频带的作用可通过实验测量有、无负反馈 2 种情况下的幅频特性曲线来验证。

（5）增益稳定性

增益稳定性是用增益的相对变化量来衡量的，增益的相对变化量越小，增益的稳定性就越高。负反馈提高了放大器的增益稳定性，可进行简单的定量分析：

对闭环电压增益微分：

$$dA_{uf} = \frac{dA_u}{(1 + A_u F)^2}$$

改用增量形式表示为：

$$\Delta A_{uf} = \frac{\Delta A_u}{(1 + A_u F)^2}$$

等式两边分别除 A_{uf}：

$$\frac{\Delta A_{uf}}{A_{uf}} = \frac{1}{1 + A_u F} \frac{\Delta A_u}{A_u}$$

式中：$\Delta A_{uf}/A_{uf}$、$\Delta A_u/A_u$ 分别为负反馈放大器和主网络的增益相对变化量。可见：$\Delta A_u/A_u$ 与 $\Delta A_{uf}/A_{uf}$ 比较提高了 $1 + A_u F$ 倍，因 $1 + A_u F > 1$，因此可以证明：负反馈放大器的增益稳定性比无负反馈放大器的增益稳定性提高了 $1 + A_u F$ 倍。

本实验中，电压增益稳定性的提高是通过改变电源电压 $+V_{CC}$ 的大小来验证的。当 $+V_{CC}$ 改变时，电压增益随之改变，加入负反馈后电压增益稳定性将大为改善（注：改变负载电阻的大小也可验证）。

综上所述，负反馈虽然使放大器增益下降，但却换取了放大器频带的展宽与增益稳定性的提高，而且随着反馈的加深，这些改善会更加明显。但反馈不能无限加深，否则放大器不仅会失去放大能力，还可能会自激而无法工作。负反馈对输入/输出电阻的影响，依反馈类型而定。

4.5.4 实验内容

按图 4.5.1 连接好实验电路。连线、测试线尽可能短，否则，电路容易产生自激，造成测试波形不稳定，测量结果不准确。

1）静态测量与调整

接通电源电压 $V_{CC} = +12V$，测量 2 个三极管的静态参数，应满足 $U_{BEQ1} = U_{BEQ2} = 0.6 \sim 0.7$ V，调节 R_{W1} 和 R_{W2} 使 2 个三极管的 $U_{CEQ1} = U_{CEQ2} = \left(\frac{1}{4} \sim \frac{1}{2}\right) V_{CC}$，将放大器静态测量数据记入表 4.5.1 中。$I_{CQ1}$ 和 I_{CQ2} 可通过已知发射极对地电压换算求得。

表 4.5.1　三极管静态测量结果

参　数	U_{EQ1} (V)	U_{CEQ1} (V)	U_{EQ2} (V)	U_{CEQ2} (V)	I_{CQ1} (A)	I_{CQ2} (A)
实测值						

2）电压放大倍数及稳定性测量

测量条件为：在负反馈放大器输入端输入正弦信号，频率为 1 kHz，幅度适中，观测到的输出波形不失真。

用示波器在输出端监测，负反馈放大器的输出波形若出现失真，可适当减小输入信号幅度。然后分别使电路处于有（接 R_F）、无（不接 R_F）反馈状态，测出 U_o 并计算 A_u 和 A_{uf}。

保持上述条件不变，将 V_{CC} 降低 3 V，或升高 3 V，即改为 9 V 或 15 V。测出相应的 A_{u1} 和 A_{u2}、A_{uf1} 和 A_{uf2}，然后计算变化量 ΔA_u 和 ΔA_{uf}、相对变化量 $\Delta A_u/A_u$ 和 $\Delta A_{uf}/A_{uf}$。将数据记入表 4.5.2 中。

表 4.5.2　电压放大倍数及稳定性测量结果

参　数	无　反　馈			有　反　馈		
V_{CC}	12 V	9 V	15 V	12 V	9 V	15 V
A_u,A_{uf}	A_u	A_{u1}	A_{u2}	A_{uf}	A_{uF1}	A_{uF2}
ΔA_u	$\Delta A_u=A_{u2}-A_u=$ 或 $\Delta A_u=A_u-A_{u1}=$			$\Delta A_{uf}=A_{uF2}-A_{uf}=$ 或 $\Delta A_{uf}=A_{uf}-A_{uF1}=$		
$\dfrac{\Delta A_u}{A_u}$	$\dfrac{\Delta A_u}{A_u}=$			$\dfrac{\Delta A_{uf}}{A_{uf}}=$		

3）通频带的测量

测量条件为：$V_{CC}=12$ V，输入信号为 $f=1$ kHz、幅度适中的正弦信号，观测到的输出波形不失真。

分别测出无反馈和有反馈时的输出电压 U_o、U_{oF}。保持 U_i 幅度不变，调节信号源频率，用毫伏表测出无反馈时的 $0.707U_o$ 值和有反馈时的 $0.707U_{oF}$ 值（即 3 dB 衰减值），记录 3 dB 衰减所对应的下限频率 f_L 和上限频率 f_H 并算出通频带，绘制幅频特性曲线，将数据记入表 4.5.3 中。

表 4.5.3　通频带测量结果

基本放大器(无反馈)		负反馈放大器	
$f=1$ kHz 时 U_o(mV)		$f=1$ kHz 时 U_{oF}(mV)	
$0.707U_o$(mV)		$0.707U_{oF}$(mV)	
f_{L1}(kHz)		f_{L2}(kHz)	
f_{H1}(kHz)		f_{H2}(kHz)	
$\Delta f=f_{H1}-f_{L1}$(kHz)		$\Delta f_t=f_{H2}-f_{L2}$(kHz)	
在一个坐标内，画出有、无负反馈时的幅频特性曲线，以便分析比较			

4）输入/输出电阻的测量

测量方法与电压放大倍数及稳定性测量相同，采用换算法分别测出无反馈和有反馈时的输入/输出电阻。测量时，输入信号为 $f=1$ kHz、幅度适中的正弦信号，以负载开路时的输出波形不失真为前提。测量结果记于表 4.5.4 中。其中 U'_o 为负载 R_L 断开时的输出电压;U_o 为接上负载 R_L 时的输出电压。

表 4.5.4　输入/输出电阻测量结果

状　态	U_S	U_i	U'_o	U_o	R_i	R_o
无反馈						
有反馈						

5) 观察非线性失真的改善

测试条件为:保持无反馈和有反馈两种状态下的输入信号幅度相同。先使电路处于无反馈状态,在负反馈放大器输入端输入频率 f 为 1 kHz、有效值为 5 mV 的正弦信号,慢慢增大输入信号幅度,使输出电压波形出现明显失真,再接入负反馈,记录输出信号和输出波形。将两次测试结果记入表 4.5.5 中。

表 4.5.5　观察非线性失真改善的结果

电路状态		$U_\mathrm{S}(\mathrm{mV})$	$U_\mathrm{o}(\mathrm{mV})$	输出 U_o 波形
无反馈	调节 U_S,使 U_o 波形出现较明显的失真			
有反馈	输入 U_S 与无反馈时相同			

4.5.5　预习要求

(1) 复习负反馈放大器的工作原理,加深理解负反馈对放大器性能的影响;

(2) 认真阅读实验教材,理解实验内容与测量原理;

(3) 复习 A_u、R_i、R_o、f_L、f_H 的测量方法。

4.5.6　实验报告

(1) 画出实验电路图,标出元器件数值;

(2) 整理实验数据,记入相应表格中;

(3) 分析总结负反馈对放大器性能的影响;

(4) 回答思考题。

4.5.7　思考题

(1) 调静态工作点时是否要加负反馈?

(2) 如何判断电路的静态工作点已经调好?

(3) 测量放大器性能指标时对输入信号的频率和幅度有何要求?

(4) 采用串联电压负反馈时对信号源和负载有何要求?

(5) 若希望精确地测量出电路在有、无反馈两种情况下的输入、输出电阻,在该电路中 R、R_L 应分别取何值?

(6) 对于本实验电路,若要构成越级并联电流负反馈组态,电路应如何改接,试画出相应的原理电路图。

4.6　差分放大器

4.6.1　实验目的

（1）加深对差分放大器原理和性能的理解；

（2）掌握差分放大器基本参数的测量方法。

4.6.2　实验设备

（1）万用表1块；

（2）直流稳压电源1台；

（3）双踪示波器1台；

（4）信号发生器1台；

（5）低频毫伏表1台；

（6）实验箱1台。

4.6.3　实验电路和原理

1）实验电路

本实验所采用的差动放大器电路如图所示。

该实验电路由两个对称共射电路组合而成，理想差分放大器的要求为：三极管 VT_1、VT_2 均为 9018，特性相同（$\beta_1 = \beta_2$，$r_{BE1} = r_{BE2}$），$R_{C1} = R_{C2} = R_C$，$R_{B1} = R_{B2} = R_B$。由于电路对称，静态时两管的集电极电流相等，管压降相等，输出电压 $\Delta U_o = 0$。因此，这种电路对于零点漂移具有很强的抑制作用。

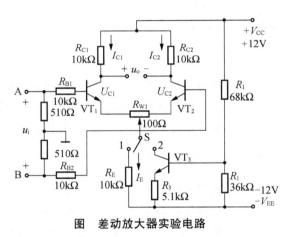

图　差动放大器实验电路

2）实验原理

差分放大器又称差动放大器，是一种能够有效抑制零点漂移的直接耦合放大器，常用于直流放大。差分放大器有多种电路结构形式。差分放大器应用十分广泛，特别是在模拟集成电路中，常作为输入级或中间放大级。

在上图所示电路中，开关 S 拨向 1 时，构成典型的差分放大器。电位器 R_W 用来调节 VT_1、VT_2 的静态工作点，当输入信号 $u_i = 0$ 时，双端输出电压 $u_o = 0$。R_E 的作用是为 VT_1、VT_2 提供合适的静态电流 I_E，它对差模信号无负反馈作用，因而不影响差模电压放大倍数，但对共模信号有较强的负反馈作用，故可以抑制温度漂移。带 R_E 的差分放大电路也称为长尾式差分放大电路。

当开关 S 拨向 2 时，则构成一个恒流偏置差分放大电路。用晶体管恒流源代替电阻

R_E,恒流源对差模信号没有影响,但抑制共模信号的能力增强。

4.6.4　实验内容

1) 典型差分放大器电路性能测试

（1）测试静态工作点

将图 4.6.1 中的开关 S 拨向 1,构成典型的差分放大器。先不接入信号源,而将放大器输入端 A、B 与地短接,接通 ±12 V 直流电源,用万用表测量输出电压 u_o,调节电位器 R_E,使 $u_o=0$。

调零后,用万用表测量 VT_1、VT_2 各极电位及射极电阻 R_E 两端电压 U_{EE},将数据记入表 4.6.1 中。

表 4.6.1　静态工作点测量结果

参　数	U_{C1}(V)	U_{B1}(V)	U_{E1}(V)	U_{C2}(V)	U_{B2}(V)	U_{E2}(V)	U_{EE}(V)
计算值	I_C(mA)			I_B(mA)		I_{CE}(mA)	

典型差分放大电路的静态工作点电流用下式估算:

$$I_E \approx \frac{|U_{EE}|-U_{BE}}{R_E} \qquad （认为 U_{B1}=U_{B2}\approx0）$$

$$I_{C1}=I_{C2}=\frac{1}{2}I_E$$

（2）测量差模信号的放大倍数

当 A 端与 B 端所加信号为大小相等且极性相反的输入信号时,称为差模信号。单端输入时,则 u_{i1}（A 端对地）$=u_i/2$;u_{i2}（B 端对地）$=-u_i/2$,双端输入时,输入信号 u_i 加于 A、B 两端。

当差分放大器的射极电阻 R_E 足够大,或者采用恒流偏置电路时,差模电压放大倍数 A_{ud} 由输出方式决定,而与输入方式无关,故本次实验中,测量差模信号的放大倍数时使用单端输入。输出方式分为双端输出和单端输出。

双端输出（当 $R_E=\infty$,R_W 在中心位置）时,放大倍数为:

$$A_{ud}=\frac{\Delta u_o}{\Delta u_i}=-\frac{\beta R_C}{R_B+r_{BE}+(1+\beta)\dfrac{R_W}{2}}$$

若在双端输出端接有负载 R_L,则放大倍数为:

$$A'_{ud}=\frac{\Delta u_o}{\Delta u_i}=-\beta\frac{R'_L}{R_B+r_{BE}+(1+\beta)\dfrac{R_W}{2}}$$

式中:

$$R'_L=\frac{R_L}{2}//R_{C1}$$

单端输出（分别为 VT_1、VT_2 集电极对地输出）时,放大倍数为:

$$A_{ud1} = \frac{\Delta u_{c1}}{\Delta u_i} = \frac{A_{ud}}{2}$$

$$A_{ud2} = \frac{\Delta u_{c2}}{\Delta u_i} = -\frac{A_{ud}}{2}$$

将输入端 A 接函数信号发生器,输入端 B 对地短接,即可构成单端输入方式,调节输入信号为频率 $f = 1\text{ kHz}$ 的正弦信号,逐渐增大输入电压 u_i 到 100 mV 时,在输出波形无失真情况下,用交流毫伏表测 u_{c1}、u_{c2},将测量数据记入表 4.6.2 中,并观察 u_i、u_{c1}、u_{c2} 之间的相位关系。

表 4.6.2　差分放大器差模和共模信号输出参数及放大倍数测量结果

参　数	典型差分放大电路		具有恒流源差分放大电路	
	单端输入	共模输入	单端输入	共模输入
$u_{c1}(\text{V})$	0.1	1	0.1	1
$u_{c1}(\text{V})$				
$u_{c2}(\text{V})$				
$A_{ud1} = \dfrac{u_{c1}}{u_i}$		$\times$		$\times$
$A_{ud} = \dfrac{u_o}{u_i}$		$\times$		$\times$
$A_{uc1} = \dfrac{u_{c1}}{u_i}$	$\times$		$\times$	
$A_{uc} = \dfrac{u_o}{u_i}$	$\times$		$\times$	
$K_{CMR} = \left\vert \dfrac{A_{ud}}{A_{uc}} \right\vert$				

（3）测量共模信号的放大倍数

当 A 端与 B 端所加信号为大小相等且极性相同的输入信号时,称为共模信号。

当输入共模信号时,若为单端输出,则共模放大倍数为:

$$A_{uc1} = A_{uc2} = \frac{\Delta u_{c1}}{\Delta u_i} = \frac{-\beta R_C}{R_B + r_{be} + (1+\beta)\left(\dfrac{R_W}{2} + 2R_E\right)} \approx -\frac{R_C}{2R_E}$$

若为双端输出,在理想情况下,共模放大倍数为:

$$A_{uc} = \frac{\Delta u_o}{\Delta u_i} = 0$$

为了表征差分放大器对差模信号的放大作用和对共模信号的抑制作用,通常用一个综合指标即共模抑制比来衡量:

$$K_{CMR} = \left\vert \frac{A_{ud}}{A_{uc}} \right\vert$$

调节信号源,使输入信号频率 $f = 1\text{ kHz}$,幅度 $u_i = 1\text{ V}$,同时加到 A 端和 B 端上,就构成共模信号输入。用交流毫伏表测量 u_{c1} 和 u_{c2},记入表 4.6.2 中,并观察 u_i、u_{c1}、u_{c2} 之间的相位关系。

2）恒流偏置差分放大器电路性能测试

将图 4.6.1 中的开关 S 拨到 2,构成恒流偏置差分放大器电路。

根据典型差分放大器电路中测量差模信号的放大倍数和测量共模信号的放大倍数的

操作步骤,完成相应实验,将测量数据记入表 4.6.2 中。

4.6.5　预习要求

（1）复习差动放大器的工作原理和调试步骤;

（2）按本次实验电路参数计算静态工作点及差模电压放大倍数、单端输出时共模电压放大倍数、共模抑制比（可设 R_W 的中间位置,VT_1 和 VT_2 的 β 值均为 60 左右）;

（3）自拟好实验数据测试表格。

4.6.6　实验报告

（1）实验目的以及标有元件值的电路原理图;

（2）各项指标参数的测量步骤;

（3）实验数据处理与实验结果分析说明;

（4）简要说明 R_E 和恒流源的作用;

（5）总结恒流源差动放大器对共模抑制比性能的改善。

4.6.7　思考题

（1）差分放大器是否可以放大直流信号?

（2）为什么要对差分放大器进行调零?

（3）增大或者减小 R_E 的阻值,对输出有什么影响?

4.7　集成运算放大器在信号运算方面的应用

4.7.1　实验目的

（1）了解集成运算放大器（集成运放）$\mu A741$ 各引脚的作用;

（2）学习集成运放的正确使用方法,测试集成运放的传输特性;

（3）熟悉集成运放反相和同相两种基本输入方式,以及虚地、虚短和虚断的概念;

（4）学习用集成运放和外接反馈电路构成反相、同相比例放大器、加法器、减法器和积分器的方法,以及对这些运算电路进行测试的方法。

4.7.2　实验设备

（1）万用表 1 块;

（2）直流稳压电源 1 台;

（3）双踪示波器 1 台;

（4）信号发生器 1 台;

（5）低频毫伏表 1 台;

（6）实验箱 1 台。

4.7.3　实验电路和原理

集成运放是一种高增益的直接耦合放大器,具有高增益($10^3 \sim 10^6$)、高输入电阻($10\ \text{k}\Omega \sim 3\ \text{M}\Omega$)、低输出电阻(几十欧~几百欧)的特点。若在它的输出端与输入端之间接入负反馈网络,可以实现不同的电路功能。例如接入线性负反馈,可以实现放大功能以及加、减、微分、积分等模拟运算功能;接入非线性负反馈,可以实现对数、反对数、乘、除等模拟运算功能。

1) 实验所用集成运放的特点

(1) 外引线排列及符号

实验电路采用 μA741 集成运放,图 4.7.1 为外引线排列及符号。

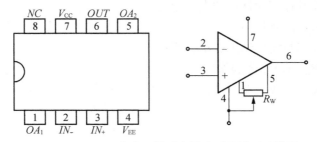

图 4.7.1　μA741 集成运算放大器外引线排列及符号

(2) 运放的"调零"(失调调整)

理想集成运放如果输入信号为 0,则输出电压应为 0,但由于内部电路参数不可能完全对称,运放又具有很高的增益,输出电压往往不为 0,即产生失调,特别是早期生产的运放器件,失调更为严重。因此,对于性能较差的器件或者在特别精密的电路中,需要设置调零电路,以保证零输入时零输出的要求。图 4.7.2 为两个典型的调零电路。

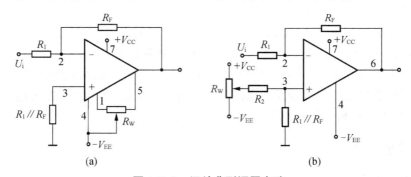

图 4.7.2　运放典型调零电路

图 4.7.2(a)为有调零专用端的集成运放(μA741 的引脚 1、5 是外接调零电位器的专用端);图 4.7.2(b)为无调零专用端的集成运放。

调零电路的具体操作方法有两种:一种为静态调零,方法为去掉输入信号源,将输入端接地,然后调整调零电位器,使输出电压为 0,这种调零方法简便,一般用于信号源为电压信号,以及输出零点精度要求不高的电路;另一种为动态调零,精度较高,方法为输入接交流正负等幅信号,用数字万用表或示波器监测输出,调整调零电位器,使正负输出值相等。

（3）运放的供电方式

① 双电源供电

集成运放常用正负电源供电,正负双电源供电的接线方法如图 4.7.3 所示。看电路原理图时要注意,原理图中集成运放的直流供电电路一般不画出来,这是一种约定俗成的习惯画法,但运放工作时一定要加直流电源。

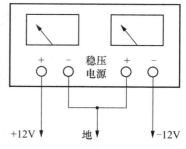

② 单电源供电

集成运放也可以采用单电源供电,但是必须正确连接电路。双电源集成运放由单电源供电时,该集成运放内部各点对地的电位都将相应提高,因而输入为 0 时,输出不再为 0,这是通过调零电路无法解决的。

图 4.7.3 双电源供电接线

为使双电源集成运放在单电源供电下能正常工作,必须将输入端的电位提升。例如:在交流运放电路中,为了简化电路,可以采用单电源供电方式,为获得最大动态范围,通常使同相端的静态(即输入电压为 0 时)工作点 $U_+ = V_{CC}/2$。交流运放只放大交流信号,输出信号受运放本身的失调影响很小,因此,不需要调零。此时集成运放输出端直流电平近似为电源电压的一半,使用时输入、输出都必须加隔直流电容。运放 μA741 单电源供电的两种接法如图 4.7.4 所示。

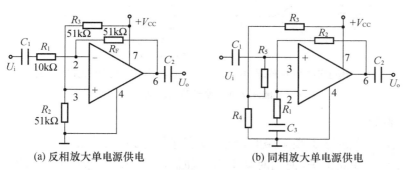

(a) 反相放大单电源供电　　　　　(b) 同相放大单电源供电

图 4.7.4 μA741 单电源供电电路

对于图 4.7.4(a),

$$U_+ = \frac{R_2}{R_2 + R_3} V_{CC}$$

对于图 4.7.4(b),

$$U_+ = \frac{R_4}{R_3 + R_4} V_{CC}$$

如要满足工作点 $U_+ = V_{CC}/2$ 的条件,则需满足 $R_2 = R_3$;$R_3 = R_4$。

（4）运放的保护电路

集成运放使用不当,容易造成损坏。实际使用时常采用以下保护措施:

① 电源保护措施

电源的常见故障是电源极性接反和电压跳变。电源反接保护电路和电源电压突变保护电路如图 4.7.5(a)、(b)所示。

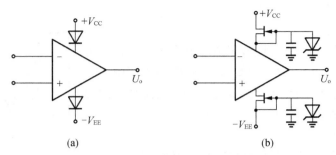

(a) (b)

图 4.7.5　运放电源保护电路

性能较差的稳压电源,在接通和断开瞬间会出现电压过冲,可能会比正常的稳压电源电压高几倍。

通常双电源供电时,两路电源应同时接通或断开,不允许长时间单电源供电,不允许电源接反。

② 输入保护措施

运放的输入差模电压或输入共模电压过高(超出极限参数范围),运放也会损坏。图 4.7.6 是典型的输入保护电路。

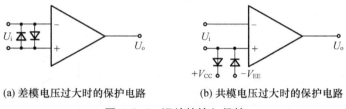

(a) 差模电压过大时的保护电路　　　(b) 共模电压过大时的保护电路

图 4.7.6　运放的输入保护

③ 输出保护措施

当集成运放过载或输出端短路时,如果没有保护电路,运放就会损坏。有的集成运放内部设置了限流或短路保护,使用时就不需再加输出保护。普通运放的输出电流很小,仅允许几毫安,因此,运放的输出负荷不能太重,使用时严禁过载,特别要注意,运放的输出端严禁对地短路或接到电源端,运放的负载一般要大于 $2\ \mathrm{k\Omega}$。

④ 运放自激的消除

集成运放在实际应用中遇到的最棘手问题就是电路的自激。由于集成运放内部由多级直流放大器组成,引起自激的主要原因为:集成运放内部级间耦合电路产生附加相移,形成多折点幅频特性;集成运放外接反馈网络产生相移;集成运放输入电容和等效输入电阻产生附加相移;集成运放输出电阻和电抗性负载产生相移;多个集成运放级联时通过供电电源耦合产生附加相移。

运放在零输入或放大信号时,当输出波形有高频寄生杂波,说明运放电路有自激现象。为使运放稳定工作,要加强电源滤波、合理安排印制板布局、选择合适的接地点;通常还采取破坏自激的相位条件即用 RC 相位补偿网络来消除自激(可查阅有关资料)。有的运放内部已有防自激的相位补偿网络,使用时可不外接补偿电路。

2) 实验电路分析、计算

（1）理想运放的特性

在大多数情况下，将运放视作理想运放，就是将运放的各项技术指标理想化。满足下列条件的运放称为理想运放：开环电压增益 $A_{ud}=\infty$；差模输入电阻 $r_i=\infty$；输出电阻 $r_o=0$；开环带宽 $f_{BW}=\infty$；失调和漂移电压=0；共模抑制比=∞等。

理想运放在线性应用时的两个重要特性是：

① 输出电压 U_o 与输入电压 U_i（$U_i=U_+-U_-$）之间满足关系式：

$$U_o=A_{ud}(U_+-U_-)$$

由于 $A_{ud}=\infty$，而 U_o 为有限值，因此，$(U_+-U_-)\approx0$，即 $U_+=U_-$ 称为"虚短路"。

② 由于差模输入电阻 $r_i=\infty$，故流入运放两个输入端的电流可视为 0，即：$I_+=I_-=0$，称为"虚断路"。这说明运放对其前级吸取的电流极小。

上述两个特性是分析理想运放应用电路的基本原则，可简化运放电路的计算。

集成运放选择应注意两点：一是要尽可能选用通用器件，以减少维修更换的麻烦；二是要考虑性价比。

运放的应用电路确定后，需考虑消除自激及输出调零的措施，还要注意单电源供电时的偏置及安全保护等问题。

（2）同相交流放大器

图 4.7.7 为同相交流放大器实验电路。

输入信号 U_i 经过电容耦合到运放的同相输入端 U_+，输出信号 U_o 的相位与 U_i 相同。运放构成线性放大电路时都要引入深度负反馈，即通过反馈网络将输出信号的一部分引回到运放的反相输入端 U_-，构成串联电压负反馈。

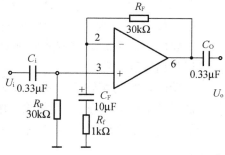

图 4.7.7 同相交流放大器实验电路

电压放大倍数 A_{uf} 的计算：根据理想运放的两个重要特性（$U_+\approx U_-$，$I_\Sigma\to0$）可得：

$$U_i=U_+\approx U_-=\frac{R_f}{R_F+R_f}U_o$$

因此

$$A_{uf}=\frac{U_o}{U_i}=1+\frac{R_F}{R_f}$$

上式说明：闭环电压放大倍数 A_{uf} 仅由反馈网络元件的参数决定，几乎与放大器本身的特性无关。选用不同的电阻比值，就能得到不同的 A_{uf}，因此，电路的增益和稳定性都很高。这是运放工作在深度负反馈状态下的一个重要优点。

电阻 R_P 是用来保证外部电路平衡对称，即让运放的同相端与反相端的外接电阻相等，以便补偿偏置电流及其漂移的影响。

（3）反相直流放大器

图 4.7.8 为反相直流放大器实验电路。

输入信号 U_i 直接耦合到运放的反相输入端 U_-，输出信号 U_o 的相位与 U_i 相反，构成并联电压负反馈放大器。电压放大倍数 A_{uf} 的计算如下。

因为反相端与同相端不取电流,可得:$U_+ = 0$,$I_f = I_F$;又因为同相端电位等于反相端电位,可知:$U_- = 0$,即反相端电位为"0",这时可以把"2"端看成是地电位,通常称为"虚地"。

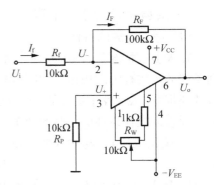

图 4.7.8　反相直流放大器实验电路

"虚地"是因为并非真正接地,若是真地,则所有输入信号电流都被短路了,事实上,信号电流并不流入虚地,而是直接流入 R_F。R_F 和 R_f 可分别作为两个独立单元对待。由此可求得:

$$I_f = \frac{U_i}{R_f}$$

$$I_F = -\frac{U_o}{R_F}$$

$$A_{uf} = \frac{U_o}{U_i} = -\frac{R_F}{R_f}$$

(4) 两路输入加、减法器

图 4.7.9 为两路输入加、减法器实验电路。

电压相加、相减运算是运放在模拟计算机中的一种主要应用。集成运放构成的加、减法器具有很高的运算精度和稳定性。

实验电路在同相输入端送 U_3、U_4 两路相加后作为被减数的输入电压,在反相输入端送 U_1、U_2 两路相加后作为减数的输入电压,同时进行加减运算。

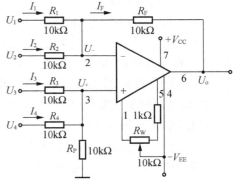

图 4.7.9　两路输入加、减法器实验电路

总输出电压 U_o 可利用叠加原理求解:

① 计算反相求和运算电路的输出电压 u_{o1}(此时输入端的 U_3、U_4 短路接地),则:

$$u_{o1} = -(U_1 + U_2)$$

② 计算同相求和运算电路的输出电压 u_{o2}(此时输入端 U_1、U_2 短路接地),则:

$$u_{o2} = U_3 + U_4$$

因此,所有输入信号同时作用时的输出电压 u_o 为:

$$u_o = u_{o1} + u_{o2} = U_3 + U_4 - U_1 - U_2$$

4.7.4　实验内容

1) 同相交流放大器

按图 4.7.7 连接同相交流放大器电路。正确连接直流双电源供电线路。$+V_{CC} = +12$ V 接 μA741 的引脚 7,$-V_{EE} = -12$V 接 μA741 的引脚 4。

对于双电源供电的运放电路,能否正常工作,除要正确接入正负电源电压外,还要检查

运放的输出端引脚6,在交流输入信号为0时,引脚6的直流电压应为0 V,若不为0,应排除故障后再进行下一步实验。

运放作为放大器使用时的常见故障有:引脚6直流电压$\neq 0$,可能原因是:电路中的连线或元件接错、连线不通、集成电路μA741损坏;放大器无放大,可能原因是:μA741外电路的电阻或连接线开路。

(1)静态测量集成运放各引脚电压值

将测量数据记入表4.7.1中。

表 4.7.1　静态测量结果

引　脚	1	2	3	4	5	6	7
电压值(V)							

(2)动态测量

将测量结果记入4.7.2中。

表 4.7.2　动态测量结果

U_i	U_o	A_u	f_L	f_H	$\Delta f = f_H - f_L$

(3)画出幅频特性曲线

根据测量结果画出幅频特性曲线。

2)反相直流放大器

按图4.7.8连接直流放大器电路,正确接入正负直流电源。

注意:当输入信号为可调直流电压时,用万用表直流电压挡测量,并计算放大倍数;当输入为交流信号时,用毫伏表测量,计算放大倍数,并注意观察输出与输入波形是否倒相。

(1)静态测量集成运放各引脚电压值

将测量数据记入表4.7.3中。

表 4.7.3　静态测量结果

引　脚	1	2	3	4	5	6	7
电压(V)							

(2)动态测量

将测量数据记入表4.7.4中。

表 4.7.4　动态测量结果

U_i	U_o	A_u	f_L	f_H	$\Delta f = f_H - f_L$

(3)画出幅频特性曲线

根据测量结果画出幅频特性曲线。

3) 两路输入加、减法器

按图 4.7.9 连接实验电路,正确接入正负直流电源。

将测量数据记入表 4.7.5 中。

为使实验简化,可取各路输入信号相等,"＋"、"－"端输入信号分别并联输入。注意:相加或相减总输出 U_o 应小于电源电压。

表 4.7.5 加减法器测量结果

输入信号 $U_i = 0.1\ V$、$f = 1\ kHz$		U_o		电路状态
		实测值	计算值	
$U_3 = U_4 = U_i$	$U_1 = U_2 = 0$			加法器 U_o、U_i 同相
$U_1 = U_2 = U_i$	$U_3 = U_4 = 0$			加法器 U_o、U_i 反相
$U_1 \neq U_3 = U_i$	$U_2 = U_4 = 0$			减法器
$U_1 = U_2 = U_3 = U_4 = U_i$				加、减法器

4.7.5 预习要求

(1) 复习教材中集成运放应用相关的内容,加深理解与实验有关的应用电路的工作原理;

(2) 复习运放主要参数的定义,了解通用运放 $\mu A741$ 的主要参数数值范围;

(3) 预习实验电路原理和指标测量方法。

4.7.6 实验报告

(1) 画出各个运放的完整电路,标出各元件值;

(2) 整理实验数据,记入相应表格中并与理论值比较;

(3) 用实验测试数据说明"虚地"、"虚短"的概念,以及何时用"虚地"概念,何时用"虚短"概念来处理问题;

(4) 回答思考题。

4.7.7 思考题

(1) 测量失调电压时,观察电压表读数是否始终是一个定值? 为什么?

(2) 在实际使用运放时为防止操作错误造成损坏,要注意哪些问题?

(3) 运放有单电源供电和双电源供电两种供电方式。请从运放设计原理的角度思考为什么采用单电源供电时,运放的输入端需要加偏置电路?

(4) 运放用做精密放大时,同相输入端对地的直流电阻要与反相输入端对地的直流电阻相等,如果不相等,会引起什么现象?

4.8 集成运算放大器在信号处理方面的应用

4.8.1 实验目的

（1）学习电压比较电路、采样保持电路、有源滤波器电路的基本原理与电路形式，深入理解电路的分析方法；

（2）掌握以上各种应用电路的组成及其测量方法。

4.8.2 实验设备

（1）万用表 1 块；

（2）直流稳压电源 1 台；

（3）双踪示波器 1 台；

（4）信号发生器 1 台；

（5）低频毫伏表 1 台；

（6）实验箱 1 台。

4.8.3 实验电路和原理

在测量和自动控制系统中，经常用到信号处理电路，例如电压比较电路、采样保持电路、有源滤波器电路等。

1）过零（无滞后）电压比较器

电压比较器是一种能进行电压幅度比较和幅度鉴别的电路，能够根据输入信号是大于还是小于参考电压而改变电路的输出状态。这种电路能把输入的模拟信号转换为输出的脉冲信号。它是一种模拟量到数字量的接口电路，广泛用于 A/D 转换、自动控制和自动检测等领域，以及波形产生和变换等场合。

用运放构成的电压比较器有多种类型，最简单的是过零电压比较器。在这种电压比较器中，运放应用在开环状态，只要两个输入端的电压稍有不同，则输出或为高电平或为低电平。常规应用中是在一个输入端加上门限电压（比较电平）作为基准，在另一个输入端加入被比较信号 U_i。

图 4.8.1 是电压比较器原理电路。参考电压 U_R 加于运放 A 的反相输入端，U_R 可以是正值，也可以是负值。而输入电压加于运放 A 的同相输入端，这时运放 A 处于开环状态，具有很高的电压增益。其传输特性如图 4.8.2 所示。

当输入电压 U_i 略小于参考电压 U_R 时，输出电压为负饱和电压值 $-U_{om}$；当输入电压 U_i 略大于参考电压 U_R 时，输出电压为正饱和电压值 $+U_{om}$，它表明输入电压 U_i 在参考电压 U_R 附近有微小变化时，输出电压 U_o 将在正饱和电压值与负饱和电压值之间变化。

如果将参考电压和输入信号的输入端互换，则可得到比较器的另一条传输特性，如图 4.8.2 中虚线所示。

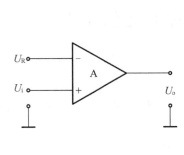

图 4.8.1 电压比较器原理

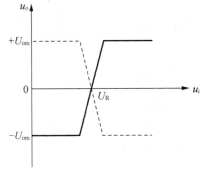

图 4.8.2　电压比较器传输特性

2) 迟滞电压比较器

图 4.8.3 是一种迟滞电压比较器。R_F 与 R_2 组成正反馈电路，VD 为双向稳压管，用来限定输出电压幅度(也可不接 VD，输出端接电阻分压电路)。

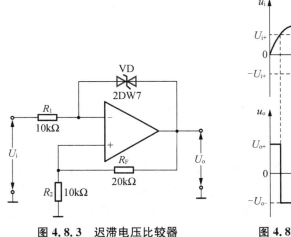

图 4.8.3　迟滞电压比较器

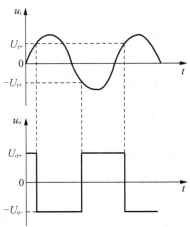

图 4.8.4　迟滞电压比较器波形

图 4.8.4 为迟滞电压比较器波形图。当 U_i 超过或低于门限电压时，比较器的输出电位就发生转换。因此，输出电压的状态可标志其输入信号是否达到门限电压。

同相输入端 $\pm U_{i+}$ 电压为门限电压，当 $U_i > U_{i+}$，则 $U_{i+} = \dfrac{R_2}{R_F + R_2} U_{o-}$；而当 $U_i < U_{i+}$ 时，$-U_{i+} = \dfrac{R_2}{R_F + R_2} U_{o+}$。

$\pm U_{i+}$ 之间的差值电压为该电压比较器的滞后范围，当输入信号大于 U_{i+} 或小于 $-U_{i+}$ 时都将引起输出电压翻转。

由图可知：$U_{o+} \approx U_Z + \dfrac{R_2}{R_F + R_2} U_{o+}$($U_Z$ 为稳压管 2DW7 的稳定电压)，经整理可得：$U_{o+} \approx U_Z\left(1 + \dfrac{R_2}{R_F}\right)$，同理可得：$U_{o-} \approx -U_Z\left(1 + \dfrac{R_2}{R_F}\right)$。上述关系式说明电压比较器具有比较、鉴别电压的特点。利用这一特点可使电压比较器具有整形功能。例如：将一正弦信号送入电压比较器，其输出便成为矩形波，如图 4.8.4 所示。

3) 双向限幅器

图 4.8.5 为双向限幅器实验电路，R_1、R_2、R_F 组成反向比例放大电路，VD 为双向稳压管，起限幅作用。图 4.8.6 为限幅器的传输特性。信号从运放的反相输入端输入，参考电压为零，从同相端输入。

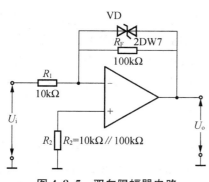

图 4.8.5　双向限幅器电路

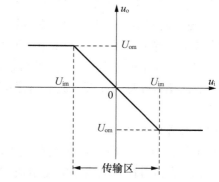

图 4.8.6　限幅器传输特性

当输入信号 U_i 较小，U_o 未达到稳压管 VD 击穿电压时，VD 呈现高反向电阻，故该电路处于反相比例放大状态，此时传输系数为：

$$A_{uf} = -\frac{R_F}{R_1}$$

U_o 与 U_i 为线性比例关系，传输特性如图 4.8.6 斜线所示，该区域称为传输区。

当 U_i 正向增大，U_o 达到稳压管 VD 的击穿电压时，VD 击穿，这时输出电压为 U_{om}，$U_{om} = U_Z$。与 U_{om} 对应的输入电压为 U_{im}。U_{im} 定义为上限幅门限电压，

$$U_{im} = \frac{R_1}{R_F}U_Z$$

$U_i > U_{im}$ 后，输出电压始终近似为 U_{om} 值，图 4.8.6 中 $U_i > U_{im}$ 的区域称上限幅区。实际上，在上限幅区内 U_i 增大时，U_o 将会略有增大。上限幅区的传输系数为 A_{uF+}，

$$A_{uF+} = -\frac{r_Z}{R_1}$$

式中：r_Z 为 VD 击穿区的动态等效内阻，因 $R_F \gg r_Z$，故 $A_{uf+} \ll A_{uf}$。

当 U_i 负向增大时，用类似的方法可求得下限幅门限电压为：

$$U_{im} = \frac{R_1}{R_F}U_Z$$

相应的输出电压为 $U_{om} = U_Z$。在下限幅区内传输系数为：

$$A_{uf-} = -\frac{r_Z}{R_1}$$

同理，$A_{uf-} \ll A_{uf}$。限幅器的限幅特性可用限幅系数来衡量，它定义为传输区与限幅区的传输系数之比，记为 A。上、下限幅区的限幅系数分别为：

$$A_+ = \frac{A_{uf}}{A_{uf+}} = \frac{R_F}{r_Z}$$

$$A_- = \frac{A_{uf}}{A_{uf-}} = \frac{R_F}{r_Z}$$

显然，A_+、A_- 越大，相应的限幅性能越好。

4) 有源滤波器

由 RC 元件与运放组成的滤波器称为 RC 有源滤波器，其功能是让一定频率范围内的信号通过，抑制或急剧衰减此频率范围以外的信号。

RC 有源滤波器可用于信号处理、数据传输、干扰抑制等方面。因受运算放大器频带宽度限制，这类滤波器主要用于低频范围，最高工作频率只能达到 1 MHz 左右。根据滤波器对信号频率范围选择的不同，可分为低通滤波器（LPF）、高通滤波器（HPF）、带通滤波器（BPF）和带阻滤波器（BEF）等四种类型。一般滤波器可分为无源和有源两种。由简单的 RC、LC 或 RLC 元件构成的滤波器称为无源滤波器；有源滤波器除有上述元件外，还包含有晶体管或集成运放等有源器件。

（1）有源低通滤波器

低通滤波器用来通过低频信号、抑制或衰减高频信号。典型二阶低通滤波器由两级 RC 滤波环节和同相比例运放电路组成，其中第 1 级电容 C_1 接至输出端，引入适量的正反馈，以改善幅频特性。图 4.8.7 为典型的二阶有源低通滤波器实验电路和幅频特性曲线。

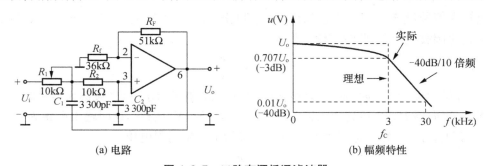

(a) 电路　　　　　　　　　　　(b) 幅频特性

图 4.8.7　二阶有源低通滤波器

图中，C_1 的下端接至电路的输出端，其作用是改善在 $\omega/\omega_C = 1$ 附近的滤波特性，这是因为在 $\omega/\omega_C \leqslant 1$ 且接近 1 的范围内，U_o 与 U_i 的相位差在 90°以内，C_1 起正反馈作用，因而有利于提高这段范围内的输出幅度。

该电路传输函数为：

$$A_u(j\omega) = \frac{U_o(j\omega)}{U_i(j\omega)} = \frac{A_{uo}}{\left(\dfrac{j\omega}{\omega_C}\right)^2 + \dfrac{j\omega}{Q\omega_C} + 1}$$

式中：A_{uo} 为通带增益；Q 为品质因数；ω_C 为截止角频率。

当 $R_1 = R_2 = R$、$C_1 = C_2 = C$、$Q = 0.707$ 时，可得到：

$$A_{uo} = 1 + \frac{R_F}{R_f}$$

$$\omega_C = \frac{1}{\sqrt{R_1 R_2 C_1 C_2}} = \frac{1}{RC}$$

$$Q = \frac{1}{3 - A_{uo}}$$

$$f_C = \frac{1}{2\pi \sqrt{R_1 R_2 C_1 C_2}} = \frac{1}{2\pi RC}$$

式中：f_C 为截止频率。

不同 Q 值的滤波器，其幅频特性曲线不同，如图 4.8.8 所示。

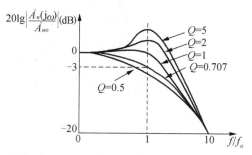

若电路设计使 $Q=0.707$，即 $A_{uo}=3-\sqrt{2}$，则该滤波电路的幅频特性在通带内有最大平坦度，称为巴特沃兹（Botterworth）型滤波器。二阶有源低通滤波器通带外的幅频特性曲线以 -40 dB/10 倍频程衰减。

若电路的幅频特性曲线在截止频率附近一定范围内有起伏，但在过渡带幅频特性衰减较快，称为切比雪夫（Chebyshev）型滤波器。

图 4.8.8　二阶有源低通滤波器幅频特性

（2）有源高通滤波器

高通滤波器用来通过高频信号、抑制或衰减低频信号。只要将图 4.8.7 低通滤波器电路中起滤波作用的电阻、电容互换，即可变成有源高通滤波器，如图 4.8.9 所示。

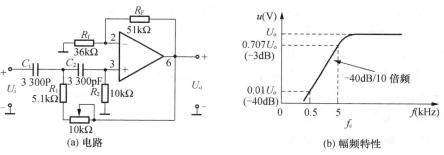

（a）电路　　　　　　　　　　　　　　　　（b）幅频特性

图 4.8.9　二阶高通滤波器

高通滤波器的性能与低通滤波器相反，其频率响应和低通滤波器是"镜像"关系。高通滤波器的下限截止频率 f_C 和通带内增益 A_u 的计算公式与低通滤波器的计算公式相同。当需要设计衰减特性更好的高（低）通滤波器时，可串联两个以上的二阶高（低）通滤波器，组成四阶以上的高（低）通滤波器，以满足设计要求。

在测量高通滤波器幅频特性时需要注意的是：随着频率的升高，信号发生器的输出幅度可能下降，从而出现滤波器的输入信号 U_i 和输出信号 U_o 同时下降的现象。这时应调整输入信号 U_i 使其保持不变。测量高频端电压增益时也可能出现增益下降的现象，这主要是由于集成运放高频响应或截止频率受到限制而引起的。

（3）有源带通滤波器

带通滤波器用来通过某一频段的信号，并将此频段以外的信号加以抑制或衰减。含有集成运放的有源带通滤波器实验电路如图 4.8.10 所示。

带通滤波器主要指标的计算公式如下：

$$A_u=\frac{R_3}{2R_1}$$

$$f_0=\frac{1}{2\pi C}\sqrt{\frac{1}{R_3}\left(\frac{1}{R_1}+\frac{1}{R_2}\right)}\qquad(C_1=C_2=C)$$

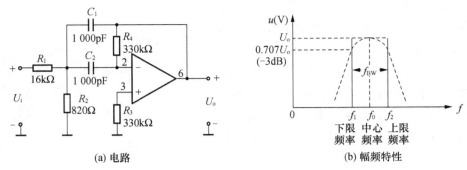

(a) 电路　　　　　　　　　　　　(b) 幅频特性

图 4.8.10　二阶带通滤波器

$$Q = \frac{2\pi f_0}{B} = \frac{1}{2}\sqrt{R_3\left(\frac{1}{R_1} + \frac{1}{R_2}\right)}$$

式中：f_0 为通带中心频率。

4.8.4　实验内容

按实验内容要求连接实验电路，各实验电路的电源电压选择均为±12 V。

1）测量迟滞电压比较器

实验电路如图 4.8.3 所示。接通电路后，输入频率为 1 kHz 正弦波，用示波器观察并记录输入与输出波形。逐渐增大输入信号 U_i 的幅度，以得到输出电压 U_o 为整形后的矩形波；改变输入信号的频率，再用示波器观察输出电压波形，记录并分析两者间的关系。

2）测量限幅器传输特性

（1）双向限幅器实验电路如图 4.8.5 所示，使 U_i 在 0～±2 V 间变化，逐点测量 U_o 值，绘制传输特性曲线。

（2）使输入信号 U_i 为 1 kHz 正弦波，并逐步增大幅度，其有效值从 0 V 增加到 1 V；观察和记录 U_i 和限幅后的 U_o 波形。

3）测量滤波器幅频特性

（1）连接相应的低通、高通或带通滤波器实验电路，实验电路采用直流双电源±12 V供电。

（2）输入频率为 200 Hz 左右的正弦信号，输入信号幅度只要不使输出波形失真即可。

（3）改变输入信号频率，同时用低频毫伏表测量输出信号有效值，记录测出的与输出幅度对应的截止频率 f_C 和 10f_C，要求满足－40dB/10 倍频程衰减特性。

（4）绘制滤波器的幅频特性曲线，标出对应的频率和幅度。

4.8.5　预习要求

（1）阅读实验教材，理解各实验电路的工作原理；

（2）复习有关集成运放在信号处理方面应用的内容，弄清与本次实验有关的各种应用电路及工作原理。

4.8.6　实验报告

（1）实验报告中应有完整的实验电路，并标注各元件数值和器件型号；整理实验数据，画出对应的波形，画出所测电路的幅频特性曲线，计算截止频率、中心频率和带宽，并对实验结果进行分析；

（2）小结实验中的问题和体会；

（3）回答思考题。

4.8.7　思考题

（1）如何区别低通滤波器的一阶、二阶电路？它们有什么相同点和不同点？它们的幅频特性曲线有什么区别？

（2）总结有源滤波器电路的特性；总结运放使用注意事项。

（3）对实验中遇到的问题进行分析研究。

4.9　集成运算放大器在波形产生中的应用

4.9.1　实验目的

（1）学习用集成运放构成正弦波、方波、三角波发生器的方法；

（2）观测正弦波、方波、三角波发生器的波形、幅度和频率；

（3）通过设计将方波变换成三角波的电路，进一步熟悉波形变换电路的工作原理及参数计算和测试方法。

4.9.2　实验设备

（1）万用表 1 块；

（2）直流稳压电源 1 台；

（3）双踪示波器 1 台；

（4）低频毫伏表 1 台；

（5）实验箱 1 台。

4.9.3　实验电路和原理

波形产生电路，广泛应用于各种电子电路系统中，设计波形产生电路时在元器件的参数选择上必须保证电路能自激振荡。

　1）正弦波发生器

正弦波发生器又称正弦波振荡电路。产生正弦波振荡的电路形式一般有 LC、RC 和石英晶体振荡器三类。LC 振荡器适宜于几千赫～几百兆赫的高频信号；石英晶体振荡器能产生几百千赫～几十兆赫的高频信号且稳定度高；RC 振荡器适用于产生几百赫的信号。RC 振荡电路又分为文氏桥振荡电路、双 T 网络式和移相式振荡电路等类型。

本实验只讨论文氏振荡电路,它是正弦波振荡电路中最简单的一种。其原理电路如图 4.9.1所示。该电路由两部分组成,即放大电路 A_u 和选频网络 F_u(也是正反馈网络,如图 4.9.2 所示)。F_u 由 Z_1、Z_2 组成。电阻 R_F 和 R_f 组成负反馈电路,当运放具有理想特性时,振荡条件主要由这两个反馈回路的参数决定。

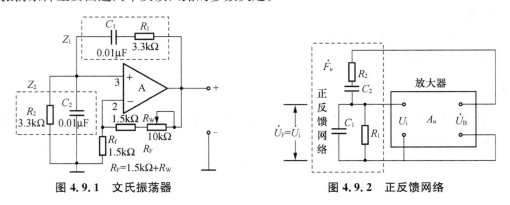

图 4.9.1 文氏振荡器　　　　　　图 4.9.2 正反馈网络

图 4.9.1 中去掉正反馈网络后,运放 A 组成一个同相比例放大器,其增益和相位分别为:

$$A(\omega)=1+\frac{R_F}{R_f}$$

$$\varphi_A(\omega)=0°$$

图 4.9.1 中用虚线框所表示的 RC 串并联网络具有选频作用,它的频率响应是不均匀的。其中,$R_1=R_2=R$,$C_1=C_2=C$。由图 4.9.1 可知:

$$Z_2=R//\frac{1}{\mathrm{j}\omega C}$$

$$Z_1=R+\frac{1}{\mathrm{j}\omega C}$$

反馈网络的频率特性为:

$$\dot{F}_u(\omega)=\frac{\dot{U}_i}{\dot{U}_o}=\frac{Z_2}{Z_1+Z_2}=\frac{1}{3+\mathrm{j}\left(\omega CR-\dfrac{1}{\omega CR}\right)}$$

如令 $\omega_0=1/(RC)$,则上式可表示为:

$$\dot{F}_u(\omega)==\frac{1}{3+\mathrm{j}\left(\dfrac{\omega}{\omega_0}-\dfrac{\omega_0}{\omega}\right)}$$

当 $\omega=\omega_0=1/(RC)$ 或 $f=f_0=1/(2\pi RC)$(电路的振荡频率)时,正反馈系数和正反馈网络相移分别为:

$$F_u=\frac{1}{3}$$

$$\varphi_F=0°$$

其幅频特性和相频特性如图 4.9.3 所示。

若能使运放的 A_u 值略大于3,即满足起振的振幅值条件和相位条件分别为:

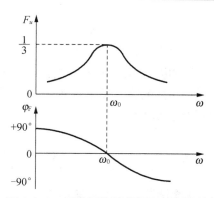

图 4.9.3　反馈网络的幅频和相频特性

$$A_u F_u > 1$$
$$\varphi_A + \varphi_F = 0°$$

还可以写成：

$$f = f_0 = \frac{1}{2\pi RC}$$

$$R_F > 2R_f \quad (R_F = R_W + 1.5 \text{ k}\Omega)$$

起振条件为：放大器需有大于 3 倍的增益，$\omega = \omega_0 = 1/(RC)$，输入阻抗足够高，输出阻抗足够低，以免放大器对网络选频特性有影响，运放容易满足这个要求。

2）方波发生器

图 4.9.4 为方波信号发生器实验电路，R_1、R_F 组成正反馈电路，R、C 为充放电元件，R_2、R_3 为输出分压电路。

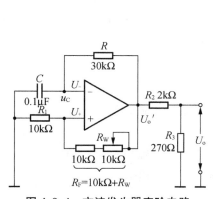

图 4.9.4　方波发生器实验电路

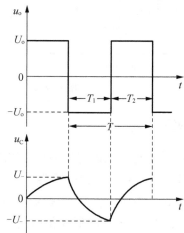

图 4.9.5　方波发生器波形

图 4.9.5 为方波发生器工作波形，输出电压为 U_o 时，同相输入端电压为：

$$U_+ = \frac{R_1}{R_1 + R_F} U_o'$$

反相端的电压与同相端的电压进行比较，输出电压 U_o 通过 R 向 C 充电，使反相输入端电位 U_- 逐渐升高，当 C 上充电的电压使 $U_- \geq U_+$ 时，运放输出电压迅速翻转为 $-U_o$ 值，同时同相输入端电位为：

$$U_+ = -\frac{R_1}{R_1 + R_F} U'_。$$

电路翻转后，电容 C 通过 R 放电，使反向输入端电位 U_- 逐渐下降，反相端的电压与同相端的电压进行比较，当 $U_- \leqslant U_+$ 时，电路又发生翻转，运放输出电压又变为 $U_。$。如此循环，电路形成振荡，输出便产生连续的方波信号。

方波输出信号周期为：

$$T = T_1 + T_2 = 2RC\ln\left(1 + \frac{2R_1}{R_F}\right) \approx 2RC$$

改变 R 或 R_1/R_F 的大小，就能调节方波信号周期 T。

3）方波–三角波发生器

实验电路为图 4.9.6(a)。运放 A_1 接成同相输入迟滞电压比较器形式，输出方波；运放 A_2 为积分器，输出三角波。在第 2 级输入信号不变的情况下，积分电容 C 是恒流充（放）电。图中 2 级电路连成正反馈，两者首尾相连构成一个闭环，使整个电路自激振荡。电路的工作波形如图 4.9.6(b)所示。由此可计算出振荡周期为：

$$T = 4RC\frac{R_1}{R_F} \qquad (R_F = R_W + R_2)$$

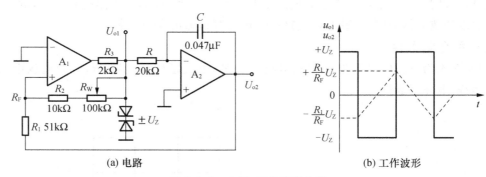

(a) 电路   (b) 工作波形

图 4.9.6　方波–三角波发生器

4.9.4　实验内容

按实验内容要求连接实验电路，各实验电路的电源电压均为 ± 12 V。

1）正弦波发生器（文氏振荡器）

（1）按图 4.9.1 连接实验电路，接通电源后，用示波器观察输出 $U_。$ 波形；

（2）改变 R_W 阻值，观察波形变化情况，用示波器测出振荡频率。

2）方波信号发生器

（1）按图 4.9.4 连接实验电路，接通电源后，用示波器测量电容两端电压的波形和输出 $U_。$ 的波形；

（2）改变 R_W 的阻值，观察波形变化并测量其频率变化范围。

3）方波–三角波发生器

按图 4.9.6(a)连接实验电路，接通电源后，调节 R_W 的阻值，用示波器观察运放 A_1 输

出 U_{o1} 的方波和运放 A_2 输出 U_{o2} 的三角波。

4.9.5　预习要求

（1）复习教材中有关集成运放在波形产生方面应用的内容；
（2）参阅理论教材中有关"振荡器起振条件"的内容；
（3）根据实验电路所选参数，估算输出波形的幅值和频率。

4.9.6　实验报告

（1）画出实验电路图；
（2）整理实验数据，画出波形图；
（3）小结实验中的问题和体会；
（4）回答思考题。

4.9.7　思考题

（1）文氏振荡器最高频率受哪些因素限制？调节 R_W 对振荡器频率有无影响？
（2）如何将方波、三角波发生器电路进行改进，产生占空比可调的矩形波和锯齿波信号？

4.10　集成功率放大电路

4.10.1　实验目的

（1）了解集成功率放大器 TDA2822 应用电路、特性、调整和使用方法；
（2）掌握集成功放的性能指标和主要参数的测量方法。

4.10.2　实验设备

（1）万用表 1 块；
（2）直流稳压电源 1 台；
（3）双踪示波器 1 台；
（4）信号发生器 1 台；
（5）低频毫伏表 1 台；
（6）实验箱 1 台。

4.10.3　实验电路和原理

1）集成功放的调整和测试

集成功放在调整、测试和使用时，要采取必要的保护措施。常见的保护措施有：
（1）集成功放在输出功率较大时，要接良好的散热片，以免过热造成损坏；
（2）扬声器两端接 RC 相移网络，可破坏自激振荡的相位条件，消除自激振荡；
（3）刚开始调试时，可先将电源电压调低一点，输入信号幅度小一点，以免电流过大损

坏电路;

（4）安装时,引线要尽量短,元件排列整齐,以消除由分布参数引起的自激振荡。

2）集成功放 TDA2822 的应用

集成功放种类很多。集成功放的作用是向负载提供足够大的信号功率。本实验采用的集成功放型号是 TDA2822（国产型号为 D2822）,它是一种低电压供电的双通道小功率集成音频功率放大器,静态电流和交越失真都很小,适用于便携式收音机和微型收录机中作音频功放。

TDA2822 外引线排列和引脚说明如图 4.10.1(a)所示;集成功放实验电路如图 4.10.1 所示。

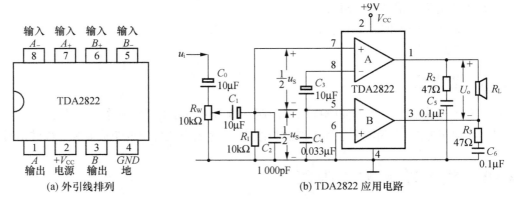

图 4.10.1　TDA2822 集成功放实验电路

图 4.10.1(b)中的 C_1 为输入耦合电容,R_W 为输入音量调节电位器,R_1 和 C_2 构成高通滤波器,R_2、C_5 与 R_3、C_6 构成正半周和负半周工作时的相位补偿电路,用来消除电路产生的自激,C_3 和 C_4 分别为耦合电容和高频旁路电容。

这种电路连接方式称为 BTL(Bridge-Tied-Load)桥接式连接。负载的两端分别接在两个放大器的输出端,其中一个放大器的输出是另外一个放大器的镜像输出,即加在负载两端的信号仅在相位上相差 $180°$,负载上将得到相当于单端输出时 2 倍的电压,所以从理论上讲,电路的输出功率将为单端输出时的 4 倍。

TDA2822 构成的双声道应用电路如图 4.10.2 所示。

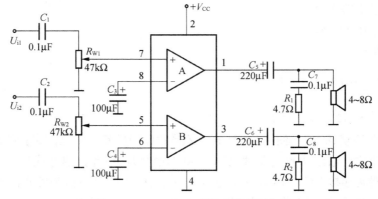

图 4.10.2　TDA2822 双声道应用电路

3) 集成功放 TDA2822 主要技术参数

TDA2822 集成功放主要技术参数如表 4.10.1 所示。

表 4.10.1　TDA2822 集成功放主要技术参数

参数名称	符　号	最小值	典型值	最大值	极限值
静态电流	I_{CQ}(mA)		6	12	
电源电压	V_{CC}(V)	3		15	15
峰值电流	I_{0M}(A)				1.5
电压增益	G_u(dB)		40		
输出功率	P_o(W)	0.4	1		允许功耗 1.25
谐波失真	THD(%)		0.3		
输入阻抗	R_i(kΩ)		100		

4.10.4　实验内容

（1）按图 4.10.1(b) 连接实验电路。

（2）认真检查，防止输出端对地短路，确认连线无误后方可加电测试。

（3）测试电路的性能指标，将测试结果记入表 4.10.2 中。

表 4.10.2　TDA2822 主要指标测量结果

（$f=1$ kHz，$V_{CC}=5$ V，$R_L=8$ Ω；正常的芯片 $U_i=0$ 时，$I_{CQ}\approx12$ mA）

名　称	符　号	测试条件、公式及说明	测试结果
静态电流	I_{CQ}(mA)	$U_i=0$，电源提供的电流	
噪声电压	U_N(mV)	$U_i=0$，测量输出 U_o 交流电压有效值	
最大不失真输出电压	U_{omax}(V)	增加 U_i，使输出波形最大，但不失真，再测输出电压有效值。	
电压增益	G_u(dB)	$G_u=20\lg\dfrac{U_{omax}}{U_i}$	
最大不失真输出功率	P_{omax}(W)	$P_{omax}=\dfrac{U_{omax}^2}{R_L}$，$P_o=\dfrac{U_o^2}{R_L}$	
功放效率	η	$\eta=\dfrac{P_o}{P_E}$，$P_E=I_{CC}V_{CC}$ P_E 为电源提供的直流功率	
损耗功率	P_C(W)	$P_C=P_E-P_o$，P_C 越小则 η 越高	
频带宽度	f_{BW}(kHz)	$f_{BW}=f_H-f_L$，即 3 dB 带宽	
输出电阻	R_o(Ω)	$R_o=\left(\dfrac{U_o'}{U_o}-1\right)R_L$	
通道间功率增益差	ΔP_o(dB)	$\Delta P_o=10\lg\dfrac{P_L}{P_R}$ P_L 和 P_R 分别为左右声道输出功率	
通道分离度	S_{rp}(dB)	$S_{rp}=20\lg\dfrac{U_{oL}}{\Delta U_{oR}}$	

注：通道分离度是指某一通道的输出电压 U_{oL} 与另一通道串到该通道输出电压 ΔU_{oR} 的比值，测量时，在左通道加 $f=1$ kHz 的信号，右通道输入接地，测量左通道输出电压 U_{oL}，然后左通道输入接地，右通道加 $f=1$ kHz 的信号，测量左通道输出电压 ΔU_{oR}，求出 S_{rp}。

（4）加音乐信号进行试听。去掉假负载 R_L，接上扬声器，U_i 信号改为收音机耳机输出的音乐信号。要求音量大小可调，不失真，音质好。

(5) 选做内容：

① 测量 3 V、8 Ω 时的输出功率；测量 10 V、8 Ω 时的输出功率。

② 用 TDA2822 组装双通道集成功率放大器。

4.10.5　预习要求

(1) 复习 OTL 和 OCL 低频功率放大器的工作原理；

(2) 掌握功率、效率的计算和估算方法以及最佳负载的概念；

(3) 预习实验教材，了解集成功放使用注意事项及主要技术指标的测试方法。

4.10.6　实验报告

(1) 实验报告中应有完整的实验电路，并标注各元件数值和器件型号；

(2) 将测试和计算数据记入表 4.10.2 中；

(3) 总结实验中的问题和体会；

(4) 回答思考题。

4.10.7　思考题

(1) 为了提高电路的效率，可以采取哪些措施？

(2) 电源电压改变时输出功率和效率如何变化？

(3) 负载改变时输出功率和效率如何变化？

4.11　OTL 功率放大电路

4.11.1　实验目的

(1) 了解由分立元件组成的 OTL 功率放大器的工作原理、静态工作点的调整和测试方法；

(2) 学会测量功放电路的主要性能指标；

(3) 观察自举电容的作用。

4.11.2　实验设备

(1) 万用表 1 块；

(2) 直流稳压电源 1 台；

(3) 双踪示波器 1 台；

(4) 信号发生器 1 台；

(5) 低频毫伏表 1 台；

(6) 实验箱 1 台。

4.11.3　实验电路和原理

1）分立元件功率放大器概述

多级放大器的最后一级一般总是带有一定的负载,如扬声器、继电器、电动机等,这就需要多级放大器的最后一级输出有一定的功率,所以,功率放大器需对前面电压放大的信号进行功率放大,使负载能正常工作,这种以输出功率为主要目的的放大电路称为功率放大器。

功率放大器按输出级静态工作点位置的不同,可分为甲类、乙类和甲乙类三种。甲类功放的静态工作点在交流负载线的中点,其最大工作效率只有 50%;乙类功放的静态工作点设在交流负载线与横坐标轴的交点上,最大工作效率可达 78.5%;甲乙类功放的静态工作点设在截止区以上,静态时有不大的电流流过输出管,可克服输出管死区电压的影响,消除交越失真。

按照输出级与负载之间耦合方式的不同,甲乙类功放又可分为:电容耦合（OTL 电路）、直接耦合（OCL 电路）和变压器耦合三种。

传统功率放大器的输出级常采用变压器耦合方式,其优点是便于实现阻抗匹配,但由于变压器体积庞大,比较笨重,而且在低频和高频部分产生相移,使放大电路在引入负反馈时容易产生自激振荡,所以目前的发展趋势倾向于采用无输出变压器的 OCL 或 OTL 功放电路。

本实验采用 OTL 功率放大器进行功放电路的实验。

2）OTL 功率放大器电路

图 4.11.1 为 OTL 功放实验电路。VT_1 为前置兼电压放大,VT_2、VT_3 是用锗材料做成的 NPN 和 PNP 三极管,组成输出级,R_{W1} 是级间反馈电阻,形成直、交流电压并联负反馈。

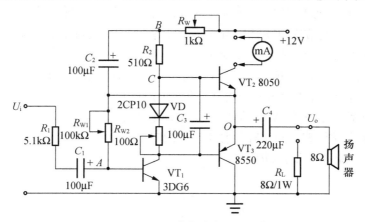

图 4.11.1　OTL 功率放大器实验电路

图 4.11.2 为 OTL 功放电路工作波形图。

静态时,调节 R_{W1} 使输出端 VT_2、VT_3 发射极电位为 $E_C/2$,并且由负反馈的作用使 VT_2、VT_3 的发射极电位稳定在这个数值上,此时,耦合电容 C_4 和自举电容 C_2 上的电压都将充电到接近 $E_C/2$。

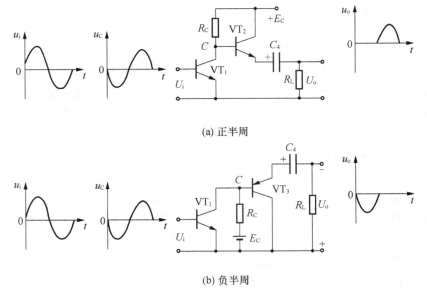

(a) 正半周

(b) 负半周

图 4.11.2　OTL 功率放大电路工作波形图

VT_1 通过 R_{W1} 取得直流偏置,其静态工作点电流 I_{C1} 流经 R_{W2} 所形成的压降 $U_{RW2} \approx$ 0.2 V,作为 VT_2 和 VT_3 的偏置电压,使输出级工作在甲乙类。

C_2 和 R_{W1} 组成自举电路,目的是在输出正半波时,利用 C_2 上电压不能突变的原理,使 C_2 正极的电位始终比 VT_2、VT_3 的发射极电位高 $E_C/2$,以保证 VT_2、VT_3 的发射极电位上升时仍能充分导通。

R_2 是 VT_1 的负载电阻,它的大小将影响电压放大倍数。当有输入信号时,VT_1 集电极输出放大了的电压信号,其正半周使 VT_2 趋向导通,VT_3 趋向截止,电流由 $+E_C$ 经 VT_2 的集、射极通过 C_4(自上而下)流向负载电阻 R_L,并给 C_4 充电。在负半周时,VT_3 趋向导通,C_4 放电,电流通过 VT_3 的发射极和集电极反向(自下而上)流过负载电阻 R_L。因此,在 R_L 上形成完整的正弦波形,如图 4.11.2 所示。

图 4.11.2 中,$R_C = R_2 + R_{W2}$,R_2 与 R_{W2} 相比阻值不应该太大,否则将造成 VT_2 和 VT_3 交流激励电压大小不一,使输出波形失真。解决的办法是在 VT_2 和 VT_3 的基极上并一电容 C_3,造成交流短路,以便使 VT_2 和 VT_3 的交流电压完全对称。

如果忽略输出晶体管饱和压降的影响,当交流信号足够大时,负载 R_L 上最大输出电压的幅值为 $E_C/2$,因此最大输出功率为:

$$P_{omax} = \frac{\left(\dfrac{E_C}{2\sqrt{2}}\right)^2}{R_L} = \frac{E_C^2}{8R_L}$$

每个三极管的最大管耗为:

$$P_{VTmax} \approx 0.2 P_{omax}$$

电源供给功率为:

$$P_E = \frac{2}{\pi} \frac{\left(\dfrac{1}{2}E_C\right)^2}{R_L}$$

该电路的最大效率为：

$$\eta = \frac{P_{omax}}{P_E} = 78.5\%$$

由上述公式可知：输出管的管耗正比于输出功率。当要求输出功率很大时，管耗也必然很大，这时必须选择大功率管作为输出管，但选择特性完全一样的大功率配对管较困难，所以常常选用复合管作为输出管来达到一定输出功率的要求。

4.11.4 实验内容

1）连接电路

按 OTL 功率放大器实验电路图 4.11.1 正确接线。

2）调整静态工作点

R_{W2} 调至最小值，调整 R_{W1}（100 kΩ）和 R_W（1 kΩ），使 O 点电压等于 $E_C/2$，即 6 V 左右。应注意以下几点：

（1）若电源电压正常，O 点无电压，说明 R_2 和 R_W 开路或 VT$_2$ 断路或 VT$_3$ 击穿。

（2）若 O 点电压过低调不上去，说明 VT$_1$ 的 I_{CEO} 太大，R_2、R_{W2} 和 R_W 阻值太大；VT$_3$ 击穿；其 I_{CEO} 过大，C_4 漏电流大，VT$_1$ 基极上偏置电阻太小。

（3）若 O 点电压过高调不下来，说明 VT$_1$ 质量差，β 太小，VT$_3$ 开路，VT$_2$ 击穿。

（4）输出波形若严重失真，说明 O 点电压偏离 $E_C/2$ 过大，VT$_2$、VT$_3$ 的 β 值相差太大或输入信号太大。

3）观察并消除交越失真

（1）O 点电压调整后，关断电源，将 mA 表（可用万用表代替）串入电路中，接通电源记下电流表读数。

（2）在电路输入端送入 500 Hz～1 kHz 正弦波信号，用示波器观察负载 R_L 两端的波形，逐步加大输入信号的幅度，直至示波器荧屏上出现交越失真，记下此时的电流表读数。调节 R_{W2} 使交越失真消失。此时，O 点电压可能有些变化，重新调整 R_{W1} 使 O 点电压为 $E_C/2$，记下电流表读数。将所测数据记入表 4.11.1 中。

表 4.11.1 交越失真现象测量结果

交越失真情况	I_{C2}(mA)
有	
无	

（3）交越失真排除后，断开输入端信号源，按表 4.11.2 的要求，用万用表测量各工作点电压，并把数据记入表 4.11.2 中。

表 4.11.2 正常的静态工作点测量结果

中点(O点)电压	VT$_2$ 集电极电流 I_{C2}(mA)	VT$_1$		R_{W2} 两端电压
		U_{BE}	U_{CE}	

4）测量最大输出功率和效率

（1）加大输入信号，测出输出波形产生限幅失真前的最大不失真输出电压 U_{CM} 和相应

的电源电流 I_{ECM},求出最大输出功率:

$$P_{omax}=U_{OM}I_{ECM}$$

(2) 计算电源供给的功率:

$$P_E=E_CI_{ECM}$$

(3) 计算效率:

$$\eta=\frac{P_{omax}}{P_E}$$

(4) 计算最大输出功率时晶体管的管耗:

$$P_T=P_E-P_{CM}$$

5) 观察自举电容 C_2 的作用

将电路中自举电容 C_2 去掉,重新进行步骤(2)、(3)、(4),观察输出波形的变化,分析自举电容 C_2 的作用。

4.11.5　预习要求

(1) 复习 OTL 功率放大器的工作原理以及功放电路各参数的含义;
(2) 熟悉本实验电路图、实验用表格;
(3) 了解 OTL 功率放大器与 OCL 功率放大器及变压器推挽功率放大器的区别;
(4) 了解 OTL 功率放大器自举电容的作用;
(5) 回答思考题。

4.11.6　实验报告

(1) 画出实验电路图,标明各元件参数值;
(2) 将实验测试数据与理论计算值进行比较,分析产生误差的原因;
(3) 总结功率放大电路的特点及测量方法。

4.11.7　思考题

(1) 说明交越失真产生的原因,如何克服交越失真?
(2) 如电路发生自激现象,应如何消除?

4.12　整流、滤波和集成稳压电路

4.12.1　实验目的

(1) 观察分析单相半波和桥式整流电路的输出波形,并验证这两种整流电路输出电压与输入电压的数量关系;
(2) 了解滤波电路的作用,观察半波和桥式整流电路加上电容滤波后的输出波形,研究滤波电容的大小对输出波形的影响;
(3) 了解三端集成稳压器件的稳压原理及其使用方法;

（4）学习三端集成稳压电路主要指标的测试方法。

4.12.2 实验设备

（1）万用表1块；
（2）双踪示波器1台；
（3）低频毫伏表1台；
（4）实验箱1台。

4.12.3 实验电路和原理

电子设备一般都需要稳定的直流电源。除少数直接利用电池或直流发电机作电源外，大多数电子设备采用由交流电(市电)转变为直流电的直流稳压电源作为其直流电源。直流稳压电源原理框图如图 4.12.1 所示，由电源变压器、整流、滤波、稳压电路四部分组成。

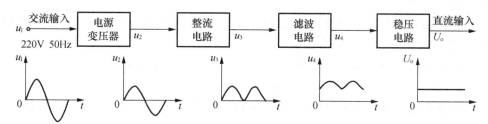

图 4.12.1　直流稳压电源组成框图

电网供给的交流电压 u_i(220 V,50 Hz)经电源变压器降压后，得到符合电路需要的交流电压 u_2，然后由整流电路变换成方向不变、大小随时间变化的脉动电压 u_3，再用滤波器滤除其交流分量，就可得到比较平直的直流电压 u_4，但这样的直流输出电压，还会随交流电网电压的波动或负载的变动而变化。在对直流供电要求较高的场合，还需要用稳压电路来保证输出的直流电压更加稳定。

1）整流电路

整流电路的作用是利用二极管的单向导电性能，把交流电变换成单向的脉动电流或电压。

（1）单相半波整流电路

整流电路的形式较多，图 4.12.2 所示电路为单相半波整流电路，是最简单的整流电路。其中变压器的作用是将 220 V 交流市电(或其他数值的交流电源)变换成所需的交流电压值。

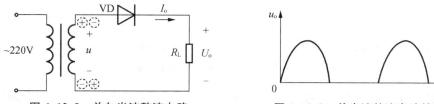

图 4.12.2　单向半波整流电路　　　**图 4.12.3　单半波整流电路的电压波形**

二极管的作用是整流。由于二极管 VD 具有单向导电性，因此，在负载 R_L 上得到的是单相半波整流电压 U_o，其整流波形如图 4.12.3 所示。单相半波整流电路的整流电压平均值为:$U_o = 0.45U$。单相半波整流的缺点是只利用了电源的半个周期,同时整流输出电压的脉动较大。

(2) 单相全波整流电路

为克服单相半波整流电路的缺点,常采用单相全波整流电路。在小功率整流电路中使用较多的是单向桥式整流电路,如图 4.12.4 所示。

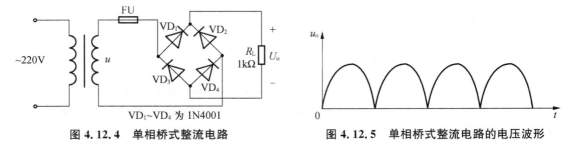

图 4.12.4 单相桥式整流电路   图 4.12.5 单相桥式整流电路的电压波形

该电路是由 4 个整流二极管接成电桥的形式构成。经过整流后在负载上得到的是单向脉动电压,其波形如图 4.12.5 所示。

全波整流电路的整流电压平均值 U_o 比半波时增加了 1 倍。即

$$U_o = 0.9U$$

式中:U_o 为整流输出端的直流分量(用万用表直流挡测量);U 为变压器次级的有效值(用毫伏表测量)。

根据信号分析理论,这种脉动很大的波形既包含直流成分,也包含基波、各次谐波等交流成分,但我们所需要的是直流成分。因此,一般都要加低通滤波电路将交流成分滤除。

2) 滤波电路

单相半波和全波整流电路虽然都可以把交流电转换为直流电,但是所得到的输出电压是单向脉动电压。在某些设备(如电镀、蓄电池充电)中,脉动电压是允许的。但在大多数电子设备中,整流电路之后都要加接滤波电路,以改善输出电压的脉动程度。

滤波电路主要是利用电感和电容的储能作用,使输出电压及电流的脉动趋于平滑。因电容比电感体积小、成本低,故在小功率直流电源中多采用电容滤波电路,如图 4.12.6 所示。

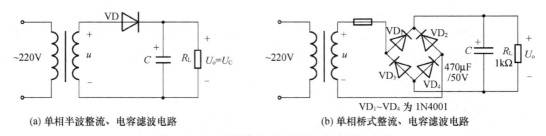

(a) 单相半波整流、电容滤波电路   (b) 单相桥式整流、电容滤波电路

图 4.12.6 单相半波、桥式整流电容滤波电路

当电容 C 的容量足够大时,它对交流所呈现的阻抗很小,从而使输出趋于一个理想的直流。根据理论分析,采用电容滤波方式,有负载 R_L 时,输出直流电压可由下式估算:

$$U_o = \begin{cases} U & \text{(半波)} \\ 1.2U & \text{(全波)} \end{cases}$$

采用电容滤波时,输出电压的脉动程度与电容的放电时间常数 $R_L C$ 有关,$R_L C$ 大,脉动就小。为了得到较平直的输出电压,通常要求:

$$R_L C \geqslant (3 \sim 5) \frac{T}{2}$$

式中:T 为交流电源电压的周期。

3) 集成稳压电源电路

集成稳压器件的种类很多,应根据设备对直流电源的要求进行选择。对于大多数电子仪器、设备和电子电路来说,通常是选用串联线性集成稳压器,而在这种类型的器件中,又以三端式稳压器应用最为广泛。目前常用的三端集成稳压器是一种固定或可调输出电压的稳压器件,并有过流和过热保护。

固定输出电压的集成稳压器件有 W78×× 系列和 W79×× 系列。其中 W78 系列为正电压输出,W79 系列为负电压输出,×× 表示输出电压值。

本实验所用集成稳压器为三端固定正稳压器 W7812。图 4.12.7 为实验电路,也是实际应用电路。

电路特点如下:

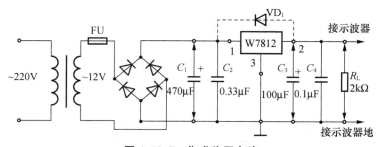

图 4.12.7 集成稳压电路

(1) 整流部分采用由 4 个整流二极管组成的桥式整流电路(即整流桥堆)。

(2) 输入、输出端需接容量较大的滤波电容,通常取几百微法～几千微法。

(3) 当集成稳压器距离整流滤波电路较远时,在输入端必须接入 0.33 μF 电容,以抵消电路的电感效应,防止产生自激。

(4) 输出端电容 0.1 μF,用于滤除输出端的高频谐波,改善电路的暂态响应。

(5) 跨接的二极管 VD_1 是为输出端电容提供放电回路,能对稳压器起保护作用,因为输入端一旦短路,输出端电容上的电压将反向作用于调整管,易损坏调整管。

(6) 集成稳压器输入电压 U_i 的选择原则是:

$$U_o + (U_i - U_o)_{min} \leqslant U_i \leqslant U_o + (U_i - U_o)_{max}$$

式中:$(U_i - U_o)_{min}$ 为最小输入输出电压差,如果达不到最小输入输出电压差,则不能稳压;$(U_i - U_o)_{max}$ 为最大输入输出电压差,如大于该值,则会造成集成稳压器功耗过大而损坏,即 $(U_i - U_o)_{max} I_{omax} > P_{omax}$。

4) 整流、稳压电源常用电路

(1) 可调式三端集成稳压器

正压系列典型电路如图 4.12.8(a)所示。

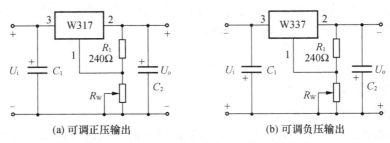

(a) 可调正压输出　　　　　　　　　　(b) 可调负压输出

图 4.12.8　可调式三端稳压器的典型应用

W317 系列稳压器能在输出电压为 1.25～37 V 范围内连续可调,外接元件只需一个固定电阻和一个电位器,其芯片内有过流、过热和安全工作区保护,最大输出电流为 1.5 A。

负压系列典型电路如图 4.12.8(b)所示。

W337 系列与 W317 系列相比,除了输出电压极性、引脚定义不同外,其他特点都相同,

图 4.12.9 为可调式三端稳压器实际应用电路,图中 R_1 与电位器 R_W 组成电压输出调节器,输出电压 U_o 的表达式为:

$$U_o \approx 1.25\left(1+\frac{R_W}{R_1}\right)$$

式中: R_1 一般取 120～240 Ω,输出端与调整端之间的压差为稳压器的基准电压(典型值为 1.25 V),即流过 R_1 的泄放电流为 5～10 mA。

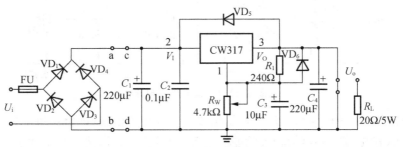

VD$_1$~VD$_4$ 为 1N4001, VD$_5$ 和 VD$_6$ 为 1N4001

图 4.12.9　可调式三端稳压器实际应用电路

可调直流稳压电源安装调试注意事项如下:

① 为防止电路短路而损坏变压器等器件,应在电源变压器次级(副边)接入可恢复熔断器 FU,其额定电流要略大于三端稳压器的电流 I_{omax}。

② CW317 型三端可调式集成稳压器要加适当大小的散热片。

③ 稳压电路部分主要测试 CW317 型三端可调集成稳压器是否正常工作,可在其输入端(c、d 端)加大于 12 V、小于 43 V 的直流电压,调节 R_W,若输出电压随之变化,说明稳压电路工作正常。

④ 整流滤波电路主要检查整流二极管是否接反,在接入整流二极管和电解电容器之前,要注意对其进行特性优劣检测,电解电容器要注意接对正负极性(正极接直流高电位端),如果极性接反,电容器有可能会因反向击穿而"爆炸"。

（2）固定三端集成稳压器

图 4.12.10 为采用正负对称电压整流、固定稳压器正负电压输出的应用电路。

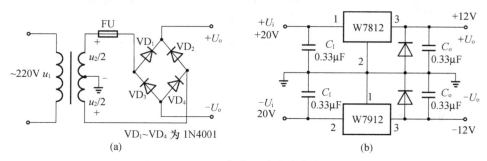

图 4.12.10　正负电压输出的典型应用

4.12.4　实验内容

1）单相半波整流及滤波电路

实验步骤如下：

（1）连接图 4.12.11 所示的半波整流、滤波实验电路，无电容滤波时，接通电源，用万用表的直流挡测量负载两端的电压，用示波器观察负载两端的波形，将测试结果记入表 4.12.1 中。

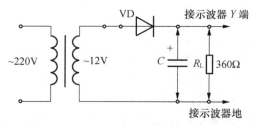

图 4.12.11　单相半波整流及滤波实验电路

（2）在单相半波整流及滤波实验电路中，保持滤波电容数值不变（470 μF），改变负载电阻，用万用表的直流挡测量负载两端的电压，用示波器观察负载两端的波形，将测试结果记入表 4.12.1 中。

（3）在单相半波整流及滤波实验电路中加上滤波电容，在负载不变（360 Ω）的情况下，改变电容值，用万用表的直流电压挡测量负载两端的电压，用示波器观察负载两端的波形，将测试结果记入表 4.12.1 中。

2）单相全波（桥式）整流及滤波电路

实验步骤如下：

（1）连接图 4.12.12 所示的全波桥式整流、滤波实验电路，无电容滤波时，用万用表的直流电压挡测量负载两端的电压，用示波器观察负载两端的波形，将测试结果记入表 4.12.1 中。

表 4.12.1　单相整流及滤波电路测量结果(1)

滤波电容 $C=470~\mu F$		改 变 负 载 电 阻		
		$R_L=2~k\Omega$	$R_L=360~\Omega$	$R_L=120~\Omega$
单相半波整流及滤波电路	U_o			
	输出 U_o 波形图			
单相全波整流及滤波电路	U_o			
	输出 U_o 波形图			

　　(2)在如图 4.12.12 所示的单相全波整流及滤波实验电路中,保持滤波电容数值不变(470 μF),改变负载电阻,用万用表直流电压挡测量负载两端的电压,用示波器观察负载两端的波形,将测试结果记入表 4.12.1 中。

　　(3)在单相全波整流及滤波实验电路中,如图 4.12.12 所示,加上电容滤波,在负载不变情况下(360 Ω),改变电容值,用万用表的直流电压挡测量负载两端的电压,用示波器观察负载两端的波形,将测试结果记入表 4.12.2 中。

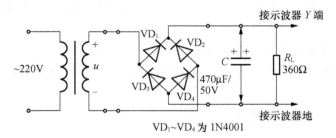

图 4.12.12　单相全波桥式整流及滤波实验电路

表 4.12.2　单相整流及滤波电路测量结果(2)

负载电阻 $R=360\ \Omega$		无 滤 波	改 变 滤 波 电 容		
			$C=4.7\ \mu F$	$C=47\ \mu F$	$C=470\ \mu F$
单相半波整流及滤波电路	U_0				
	输出 U_0 波形图				
单相桥式整流及滤波电路	U_0				
	输出 U_0 波形图				

3) 用集成稳压器组成的简单稳压电路

实验步骤如下:按图 4.12.7 连接集成稳压电路,保持负载电容不变,改变负载电阻,用万用表的直流电压挡测量负载两端的电压,用毫伏表测量负载两端的纹波电压,用示波器观察负载两端的波形,将测试结果记入表 4.12.3 中。

表 4.12.3　直流电压测量结果

负载电阻值	$R_L=2\ k\Omega$	$R_L=360\ \Omega$	$R_L=120\ \Omega$
负载两端直流电压			
负载两端的纹波电压			

4.12.5　预习要求

(1) 复习教材中有关二极管整流、滤波及稳压电路部分的内容;

(2) 阅读实验教材,了解实验目的、内容、步骤及要求;

(3) 学习有关集成三端稳压器的使用方法和使用注意事项。

4.12.6　实验报告

(1) 将测量的数据和观察的波形填于表格内;

(2) 分析负载一定时滤波电容 C 的大小对输出电压、输出波形的影响及原因;

(3) 分析电容滤波电路中负载电阻 R 的变化对输出电压、输出波形的影响和原因;

(4) 观察和分析当负载变化时三端集成稳压器电路所起的作用。

4.12.7　思考题

（1）当负载电流 I_L 超过额定值时，该实验电路的输出电压 U_o 会有什么变化？

（2）调整管（三端集成稳压器电路）在什么情况下功耗最大？

（3）稳压电源输出电压纹波较大，原因可能是什么？

（4）如何测量并判断整流二极管和电源滤波电容的正负极性，防止因整流二极管极性接反而烧变压器、滤波电容极性接反而引起击穿"爆炸"？

4.13　555 定时器及其应用

4.13.1　实验目的

（1）了解 555 定时器的结构和工作原理；

（2）学习用 555 定时器组成几种常用的脉冲发生器；

（3）熟悉用示波器测量 555 定时器电路的脉冲幅度、周期和脉宽的方法。

4.13.2　实验设备

（1）万用表 1 块；

（2）双踪示波器 1 台；

（3）低频毫伏表 1 台；

（4）直流稳压电源 1 台；

（5）实验箱 1 台。

4.13.3　实验电路和原理

555 定时器是一种模拟和数字电路相混合的集成电路，广泛应用于模拟和数字电路中。它的结构简单、性能可靠、使用灵活，外接少量阻容元件，即可组成多种波形发生器、多谐振荡器、定时延迟电路、报警、检测、自控及家用电器电路。

1）555 定时器的方框图及封装形式

表 4.13.1 为 555 定时器引脚功能说明。

表 4.13.1　555 定时器引脚功能

引脚 1	引脚 2	引脚 3	引脚 4	引脚 5	引脚 6	引脚 7	引脚 8
GND	$\overline{TR}$	OUT	$\overline{R_d}$	CO	TH	D	V_{CC}
地	低触发端	输出端	清零端	控制电压	高触发端	放电端	电源

图 4.13.1 为 555 定时器内部原理框图。

2）555 定时器的工作原理

如图 4.13.1 所示，555 定时器内部有 2 个电压比较器 A_1、A_2，1 个基本 RS 触发器，1 个放电三极管 VT 和 1 个非门输出。3 个 5 kΩ 电阻组成的分压器使 2 个电压比较器构成一个电平触发器，高电平触发值为 $2V_{CC}/3$（即比较器 A_1 的参考电压为 $2V_{CC}/3$），低电平触发

值为 $V_{CC}/3$(即比较器 A_2 的参考电压为 $V_{CC}/3$)。

引脚 5 控制端外接一个控制电压,可以改变高、低电平触发电平值。

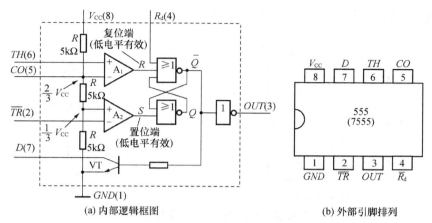

(a) 内部逻辑框图　　　　　　　　(b) 外部引脚排列

图 4.13.1　555 定时器原理框图

由 2 个或非门组成的 RS 触发器需用负极性信号触发,因此,加到比较器 A_1 同相端引脚 6 的触发信号,只有当电位高于反相端引脚 5 的电位 $2V_{CC}/3$ 时,RS 触发器才能翻转;而加到比较器 A_2 反相端引脚 2 的触发信号,只有当电位低于 A_2 同相端的电位 $V_{CC}/3$ 时,RS触发器才能翻转。通过分析,可得出表 4.13.2 所示的功能表。

表 4.13.2　555 定时器各输入、输出功能(真值)表

引脚 2	引脚 6	引脚 4	引脚 3	引脚 7
$\overline{TR}$	TH	$\overline{R_d}$	OUT	D
低电平触发端	高电平触发端	清零(复位)端	输出端	放电端
$\leqslant \frac{1}{3}V_{CC}$	*	1	1	截止
$\geqslant \frac{1}{3}V_{CC}$	$\geqslant \frac{2}{3}V_{CC}$	1	0	导通
$\geqslant \frac{1}{3}V_{CC}$	$\leqslant \frac{2}{3}V_{CC}$	1	保持(原态)	保持(原态)
*	*	0	0	导通

注:*表示任意电平。

3) 555 定时器主要参数

555 定时器主要参数如表 4.13.3 所示。

表 4.13.3　555 定时器主要参数

参数名称	符　号	参数值
电源电压	$V_{CC}(V)$	5~18
静态电流	$I_Q(mA)$	10
定时精度		1%
触发电流	$I_{TR}(\mu A)$	1
复位电流	$I_{Rd}(\mu A)$	100
阀值电流	$I_{TH}(\mu A)$	0.25
放电电流	$I_D(mA)$	200
输出电流	$I_0(mA)$	200
最高工作频率	$f_{max}(kHz)$	500

4）555 定时器构成的三类基本电路

（1）555 型多谐振荡器

555 定时器构成的多谐振荡器基本电路和波形如图 4.13.2 所示。

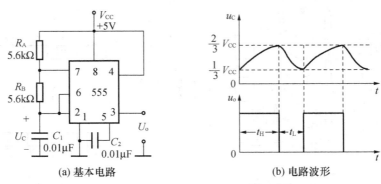

图 4.13.2　555 型多谐振荡器电路和波形

① 工作原理

接通电源后，V_{CC} 经 R_A、R_B 向电容 C 充电；当充电到 $\geqslant 2V_{CC}/3$ 时，由输入、输出功能表 4.13.2 可知，555 定时器输出端为低电平，同时放电管导通，电容 C 经电阻 R_B 和 555 定时器的引脚 7 到地放电。当电容 C 放电到 $\leqslant V_{CC}/3$ 时，由 555 定时器输入、输出功能表 4.13.2 可知，555 定时器输出端为高电平，同时放电管截止，放电端引脚 7 相当于开路，V_{CC} 又经 R_A、R_B 向电容 C 充电。

以上就是电容 C 的充放电过程，两个过程不断循环重复，得到多谐振荡器的振荡波形。

② 振荡频率

由 RC 充放电过程，可求出多谐振荡器的振荡频率：

$$f=\frac{1}{T}=\frac{1}{T_H+T_L}=\frac{1.44}{(R_A+2R_B)C}$$

$$T_H\approx0.7(R_A+R_B)C$$

$$T_L\approx0.7R_BC$$

③ 占空比

多谐振荡器的占空比为：

$$q=\frac{T_H}{T_H+T_L}=\frac{R_A+R_B}{R_A+2R_B}$$

当 $R_B\gg R_A$，占空比近似为 50%。

（2）555 型单稳态触发器

555 定时器构成的单稳态触发器基本电路和波形如图 4.13.3 所示。

① 工作原理

输入信号 U_i 为矩形脉冲，经 C_T、R_T 构成的微分电路得到 U_a 微分波形，经反相器后的 U_b 负脉冲作为单稳态触发器的触发脉冲，U_c 为电容器充放电波形，U_o 为输出矩形脉冲。

接通电路后，当 $t=t_N$ 时，输入信号 U_b 使引脚 2 的电位 $\leqslant V_{CC}/3$，此时 A_2 输出高电位，555 定时器的输出端由低电位突变为高电位，555 定时器的引脚 7 相当于开路，电源经电阻

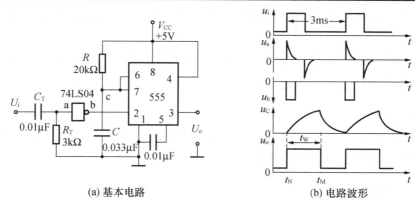

(a) 基本电路　　(b) 电路波形

图 4.13.3　555 型单稳态触发器电路和波形

R 向电容 C 充电，直到 $U_C \geqslant 2V_{CC}/3$ 时，输出 U_o 又突变到低电位，这时引脚 7 相当于短路，U_C 迅速放电到 0。

② 暂态时间 t_W（称为迟延或定时时间）的计算

电容 C 上的电压 U_C 由 0 充电到 $2V_{CC}/3$ 的时间内，555 定时器引脚 3 处于高电位，这段时间为暂态时间 t_W。由 RC 充电的一般公式可得：

$$t_W = RC \ln 3 \approx 1.1RC$$

选择合适的 R 和 C 值，t_W 的范围可从几微秒到几小时。利用这一特性，图 4.13.3 所示单稳态触发器电路可以作为性能良好的迟延器或定时器，即当 $t = t_M$ 时，555 定时器的输出 U_o 由高电位突变为低电位，对下一级负载相当于输出一个负向脉冲，这个负向脉冲出现的时间比 $t = t_N$ 滞后了时间 t_W。

通常定时电阻 R 取值范围为：$\dfrac{V_{CC}}{5\ \mathrm{mA}} \leqslant R \leqslant \dfrac{V_{CC}}{5\ \mu\mathrm{A}}$，即受电路中最大、最小电流的限制。

定时电容 C 的最小值应大于分布电容，即 $C_{min} \geqslant 100\ \mathrm{pF}$，以保证定时稳定。

（3）555 型施密特触发器

555 定时器构成的施密特触发器基本电路和波形如图 4.13.4 所示。

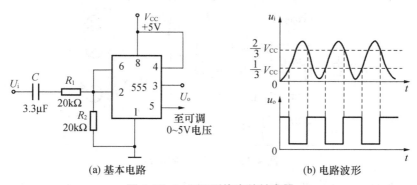

(a) 基本电路　　(b) 电路波形

图 4.13.4　555 型施密特触发器

① 工作原理

图 4.13.4(a) 中引脚 5 控制端加一可调直流电压 U_{CO}，其大小可改变 555 定时器比较器的参考电压，U_{CO} 越大，参考电压值越大，输出波形宽度越宽。

C 和 R_1、R_2 构成的输入电路为耦合分压器,对输入幅度大的正弦波信号进行分压。

② 回差电压

施密特电路可方便地把正弦波、三角波变换成方波。该电路的回差电压为:

$$\Delta U_{\mathrm{T}} = U_{\mathrm{T}+} - U_{\mathrm{T}-} = \frac{2}{3}V_{\mathrm{CC}} - \frac{1}{3}V_{\mathrm{CC}} = \frac{1}{3}V_{\mathrm{CC}}$$

③ 工作波形

其工作波形如图 4.13.4(b)所示。可用示波器定性观察输入 U_i 和输出 U_o 的波形,改变引脚 5 控制电压 U_{CO},则可用来调节 ΔU_{T} 值。

4.13.4 实验内容

1) 555 定时器应用之一:多谐振荡器电路

实验电路如图 4.13.2 所示。用 555 定时器构成多谐振荡器电路,R_A、R_B、C_1 为外接元件。分别改变几组参数 R_B、C_1,观察其输出波形,并将测量值与计算值记入表 4.13.4 中,对其误差进行分析。

表 4.13.4　测量、计算结果

参　　数		测　量　值		计　算　值	
$R_{\mathrm{B}}(\mathrm{k}\Omega)$	$C_1(\mu\mathrm{F})$	U_o	T	U_o	T
3	0.01				
3	0.1				
15	0.1				

2) 555 定时器应用之二:彩灯控制电路

实验电路如图 4.13.5 所示。用 555 定时器构成多谐振荡器,其输出端外接电磁继电器。图中,R_A、R_B、C_1、VD 为外接元件,C_2 为高频滤波电容,以保持基准电压 $2V_{\mathrm{CC}}/3$ 的稳定,一般取 0.01 $\mu\mathrm{F}$。

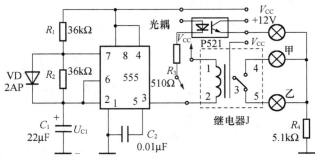

图 4.13.5　彩灯控制电路

接入二极管 VD,可使电路的充、放电时间常数 $R_A C_1 \approx R_B C_1$,产生占空系数约为 50% 的矩形波,通过调整外接元器件,可改变振荡器的振荡频率和输出波形的占空比。

要求通过调整,彩灯交替闪烁的时间间隔均匀地为 1 s 左右。光电耦合器件(P521)可传输 555 定时器输出的彩灯控制信号。

3）555 定时器应用之三：救护车警报器电路

实验电路如图 4.13.6 所示。救护车警报器电路由 2 个矩形波发生器电路构成，555 定时器(1)的振荡频率 $f_1 \approx 1$ Hz，555 定时器(2)的振荡频率 $f_2 \approx 1$ kHz。接入电容 C_3 可改变救护车警报器的报警声音。

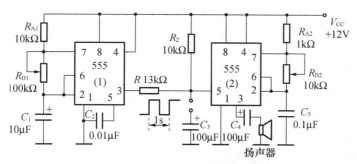

图 4.13.6　救护车警报器电路

要求通过调整，使救护车警报器发出报警声音"滴…嘟…"，且音调逼真。

4）555 定时器应用之四：单稳态触发器电路

实验电路如图 4.13.7 所示。

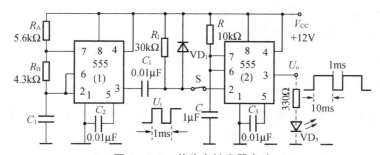

图 4.13.7　单稳态触发器电路

（1）电路说明

单稳态输入触发信号 u_i 由 555(1)矩形波产生器提供，其重复频率为 1 kHz，555(2)组成单稳态触发器。

（2）555 单稳态触发器作为触摸开关

将 555(2)输入端的开关 S 断开，其引脚 2 接一金属片或一根导线，当用手触摸该导线时，相当于引脚 2 输入一负脉冲，使输出变为高电平"1"，发光二极管亮，发光时间为：$t_w \approx 1.1RC$。

（3）555 单稳态触发器作为分频电路

555(1)提供的输入触发信号为一列脉冲串，如图 4.13.8 所示，当第 1 个负脉冲触发 555(2)的引脚 2 后，555(2)的引脚 3 输出 U_o 为高电平，定时电容 C 开始充电，如果 $RC \gg T_i$，由于 U_c 未达到 $2V_{CC}/3$，U_o 将一直保持为高电平，555 内部放电三极管截止，这段时间内，输入负脉冲不起作用。当 U_c 达到 $2V_{CC}/3$ 时，输出 U_o 将很快变为低电平，下一个负脉冲来到，输出又上跳为高电平，电容 C 又开始充电，如此周而复始。

输出脉冲周期为 $T_o = NT_i$；分频系数 N 主要由延迟时间 t_w 决定，由于 RC 时间常数可以取得很大,故可获得很大的分频系数。

（4）实验要求

要求输出脉冲宽度为 10 ms,脉冲宽度计算公式为：$t_W \approx 1.1RC$,通过实验测量、验证;如果要求输出脉冲宽度为 2 s,确定定时元件值,并通过 555(2)输出端串接发光二极管电路,实验验证触发后的单稳态时间。

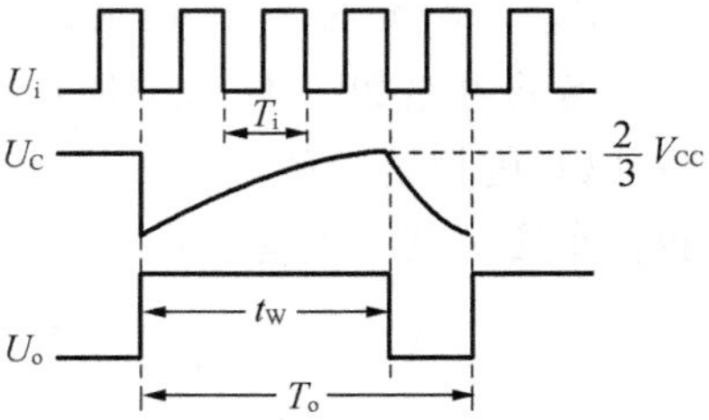

图 4.13.8　分频电路波形

4.13.5　预习要求

（1）预习教材或参考书中有关 555 定时电路部分的内容;

（2）阅读实验教材,了解实验目的、内容、步骤及要求;

（3）学习有关 555 的使用方法和使用注意事项。

4.13.6　实验报告

（1）画出实验电路,标出各引脚和元件值;

（2）画出电路波形,标出幅度和时间;

（3）对测量结果进行讨论和误差分析;

（4）小结 555 定时器的使用方法和注意事项;

（5）回答思考题。

4.13.7　思考题

（1）555 定时器构成的振荡器其振荡周期和占空比的改变与哪些因素有关? 若只需改变周期而不改变占空比应调整什么元件参数?

（2）555 定时器构成的单稳态触发器,输出脉冲宽度和周期由什么因素决定?

（3）555 定时器引脚 5 所接电容起什么作用?

（4）巧妙设计一个由 555 定时器构成的实用电路。

5 数字电路基本实验

5.1 基本门电路的测试

5.1.1 实验目的

(1) 熟悉实验箱和各种仪器仪表的使用方法；

(2) 掌握数字电路的动态测试法和静态测试法；

(3) 验证基本门电路逻辑功能,增加对数字电路的感性认识；

(4) 了解门电路的设计原理,学会基本特性的分析和测试方法。

5.1.2 实验设备

(1) 万用表 1 块；

(2) 直流稳压电源 1 台；

(3) 低频信号发生器 1 台；

(4) 示波器 1 台；

(5) 实验箱 1 台；

(6) 集成电路 74LS00、74LS04、74HC04、CD4001 等各 1 片。

5.1.3 实验原理

1) 组合逻辑电路的测试

(1) 功能测试

组合逻辑电路功能测试的目的是验证其输出与输入的关系是否与真值表相符。测试方法有静态测试和动态测试两种。

① 静态测试

静态测试就是给定数字电路若干组静态输入值,测试数字电路的输出值是否正确。实验时,可将输入端分别接到逻辑电平开关上,按真值表将输入信号一组一组地依次送入被测电路,用电平显示灯分别显示各输入端和输出端的状态,观察输入与输出之间的关系是否符合设计要求,从而判断此电路静态工作是否正常。

② 动态测试

在静态测试基础上,按设计要求在输入端加动态脉冲信号,用示波器观察输入、输出波形是否符合设计要求,这就是动态测试。动态测试是测量组合逻辑电路的频率响应。

(2) 组合逻辑电路的参数和特性测试

在系统电路设计时,往往要用到一些门电路,而门电路的一些特性参数的好坏在很大程度上影响整机工作的可靠性。

门电路的参数通常分静态参数和动态参数两种。TTL 逻辑门的主要参数有:扇入系数

N_I 和扇出系数 N_O、输出高电平 U_{OH}、输出低电平 U_{OL}、电压传输特性曲线、开门电平 U_{on} 和关门电平 U_{off}、输入短路电流 I_{SE}、空载导通功耗 P_{on}、空载截止功耗 P_{off}、抗干扰噪声容限、平均传输延迟时间、输入漏电流 I_{IH} 等。

测试组合逻辑电路的参数和特性的主要工具为直流稳压电源、逻辑分析仪、信号发生器、示波器、万用表等。一般来说，除了要求使用有效的测试方法进行测试外，测试过程对仪器仪表的性能也有较高要求。

2) 集成门电路设计原理

了解集成电路的内部设计原理，对于分析和解决使用集成电路过程中遇到的问题非常重要。对于数字集成电路，需要着重了解门电路的工作原理（特别是输入、输出部分的电路结构和设计原理）、动态特性、静态特性、开关特性和主要参数。

(1) TTL 与非门电路

如图 5.1.1 所示为集成电路芯片 74LS00 的外形和引脚排列图。

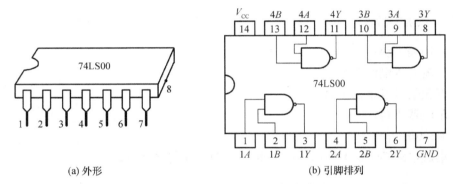

(a) 外形　　　　　　　　(b) 引脚排列

图 5.1.1　74LS00 的外形和引脚排列

图 5.1.2 为 TTL 与非门内部设计原理。

① TTL 门电路的输入级电路

在 TTL 电路中，与门、与非门的输入级电路结构形式和或门、或非门的输入电路结构形式是不同的。由图 5.1.2 可见，从与非门输入端看进去是一个多发射极三极管，每个发射极是一个输入端，而在或非门电路（见图 5.1.3）中，从每个输入端看进去都是一个单独的三极管，而且它们相互间在电路上没有直接的联系。

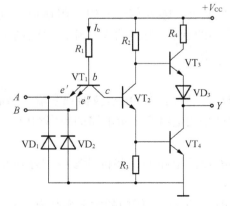

图 5.1.2　TTL 与非门设计原理

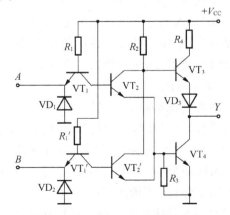

图 5.1.3　TTL 或非门设计原理

对于图 5.1.2 的与非门电路,当输入为低电平时,由于三极管 VT_2 处于截止状态,所以无论有几个输入端并联,总的输入电流都等于 I_b,而且发射结的导通压降仍为 0.7 V。因此,总的低电平输入电流与只有一个输入端接低电平时的输入电流 I_{IL} 相同。当输入端接高电平时,$e'\text{-}b\text{-}c$ 和 $e''\text{-}b\text{-}c$ 分别构成两个倒置状态的三极管,所以总的输入电流是单个输入端高电平输入电流 I_{IH} 的两倍,也就是 I_{IH} 乘以并联输入端的数目。

对于图 5.1.3 的或非门电路,从每个输入端看进去都是一个独立的三极管,因此在将 n 个输入端并联后,无论总的高电平输入电流 $\sum I_{IH}$ 还是总的低电平输入电流 $\sum I_{IL}$ 都是单个输入端输入电流的 n 倍。

② TTL 门电路的推拉式输出级

在 TTL 电路中,与门、与非门、或门、或非门等的输出电路结构形式是相同的,采用的都是推拉式输出电路结构(如图 5.1.2 和图 5.1.3 所示)。下面以图 5.1.2 为例进行分析。当输出低电平时,VT_3 截止,而 VT_4 饱和导通。双极型三极管饱和导通状态下具有很低的输出电阻。在 74 系列 TTL 电路中,这个电阻通常只有几欧,所以若外接的串联电阻在几百欧以上,在分析计算时可以将它忽略不计。

当输出为高电平时,VT_4 截止而 VT_3 导通。VT_3 工作在射极输出状态。已知射极输出器的最主要特点就是具有高输入电阻和低输出电阻。在模拟电子技术基础教材中,对这一特性都有详细的说明。根据理论推导,高电平输出电阻为:

$$r_O = \frac{R_2}{1+\beta_3} + r_{be3}(1+\beta_3) + r_D$$

式中:r_{be3} 为 VT_3 发射结的导通电阻;β_3 为 VT_3 的电流放大系数;r_D 是二极管 VD_3 的导通电阻。

74 系列 TTL 门电路的高电平输出电阻约在几十 Ω 至 100 Ω 之间。显然,这个数值比低电平输出电阻大得多。正因为如此,总是用输出低电平去驱动输出负载。

(2) CMOS 或非门电路

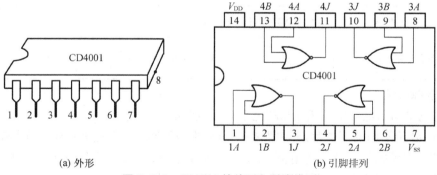

(a) 外形　　　　　　　　　　　　(b) 引脚排列

图 5.1.4　CD4001 的外形和引脚排列

图 5.1.4 所示为集成电路芯片 CD4001 的外形和引脚排列图。

图 5.1.5 为 CMOS 或非门内部设计原理。

CMOS 门电路的系列产品包括或非门、与非门、或门、与门、与或非门、异或门等,它们都是以反相器为基本单元构成的,在结构上保持了 CMOS 反相器的互补特性,即 NMOS 和 PMOS 总是成对出现的,因而具有与 CMOS 反相器同样良好的静态和动态性能。

图 5.1.5 所示电路将两只 NMOS 管并联、PMOS 管串联构成了 CMOS 或非门,其中 VT_3、VT_2 是两个互补对称的 P、N 沟道对管。

关于 CMOS 或非门在这里仅作以上提示,有兴趣的同学可以查阅相关资料获得更具体的分析,在这里不再赘述。

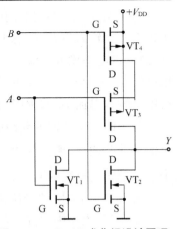

图 5.1.5　CMOS 或非门设计原理

3) 测试集成门电路的主要参数和特性

下面以 74LS00 四 2 输入与非门为例进行说明。74LS00 的主要电参数规范如表 5.1.1 所示。

表 5.1.1　74LS00 的主要电参数规范

	参数名称和符号	规范值	测 试 条 件
直流参数	通导电源电流 I_{CCL}	<14(mA)	$V_{CC}=5\text{ V}$,输入端悬空,输出端空载
	截止电源电流 I_{CCH}	<7(mA)	$V_{CC}=5\text{ V}$,输入端接地,输出端空载
	低电平输入电流 I_{IL}	≤1.4(mA)	$V_{CC}=5\text{ V}$,被测输入端接地,其他输入端悬空,输出端空载
	高电平输入电流 I_{IH}	<50(μA)	$V_{CC}=5\text{ V}$,被测输入端 $U_I=2.4\text{ V}$,其他输入端接地,输出端空载
		<1(mA)	$V_{CC}=5\text{ V}$,被测输入端 $U_I=5\text{ V}$,其他输入端接地,输出端空载
	输出高电平 U_{OH}	≥3.4(V)	$V_{CC}=5\text{ V}$,被测输入端 $U_I=0.8\text{ V}$,其他输入端悬空,$I_{OH}=400\ \mu A$
	输出低电平 U_{OL}	<0.3(V)	$V_{CC}=5\text{ V}$,输入端 $U_I=2.0\text{ V}$,$I_{OL}=12.8\text{ mA}$
	扇出系数 N_O	4~8(V)	同 U_{OH} 和 U_{OL}
交流参数	平均传输延迟时间 t_{pd}	≤20(ns)	$V_{CC}=5\text{ V}$,被测输入端 $U_I=3.0\text{ V}$,$f=2\text{ MHz}$

(1) 电源特性

① 低电平输出电源电流 I_{CCL} 和高电平输出电源电流 I_{CCH}

与非门处于不同的工作状态,电源提供的电流是不同的。I_{CCL} 是指所有输入端悬空、输出端空载时,电源提供给器件的电流;I_{CCH} 是指输出端空载、每个门各有 1 个以上的输入端接地、其余输入端悬空时,电源提供给器件的电流。通常 $I_{CCL}>I_{CCH}$,它们的大小标志着器件静态功耗的大小。器件的最大功耗为 $P_{CCL}=V_{CC}I_{CCL}$。手册中提供的电源电流和功耗值是指整个器件总的电源电流和总的功耗。I_{CCL} 和 I_{CCH} 测试电路如图 5.1.6(a)、(b)所示。

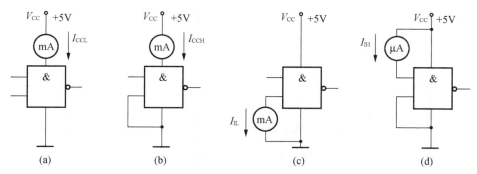

图 5.1.6　TTL 与非门静态参数测试电路

注意：TTL 电路对电源电压要求较严，电源电压 V_{CC} 只允许在 $+5$ V ± 0.5 V 的范围内工作，超过 5.5 V 将损坏器件；低于 4.5 V 时器件的逻辑功能将不正常。

② 低电平输入电流 I_{IL} 和高电平输入电流 I_{IH}

I_{IL} 是指被测输入端接地、其余输入端悬空、输出端空载时，由被测输入端流出的电流值。在多级门电路中，I_{IL} 相当于前级门输出低电平时，后级向前级门灌入的电流，因此它关系到前级门的灌电流负载能力，即直接影响前级门电路带负载的个数，因此希望 I_{IL} 小些。

I_{IH} 是指被测输入端接高电平、其余输入端接地、输出端空载时，流入被测输入端的电流值。在多级门电路中，它相当于前级门输出高电平时，前级门的拉电流负载，其大小关系到前级门的拉电流负载能力，因此希望 I_{IH} 小些。由于 I_{IH} 较小，难以测量，一般免于测试。

I_{IL} 与 I_{IH} 的测试电路如图 5.1.6(c)、(d)所示。

③ $I_{CC} \sim U_I$ 特性测试

在实际工作中，输入电压由低电平上升为高电平，或由高电平下降为低电平的过程中，有一段时间门的负载管和驱动管同时导通，这时电源电流瞬时加大，即会产生浪涌电流。当电路工作频率增高时，随着输入电压 U_I 的上升时间 t_r 和下降时间 t_f 的加大，尖峰电流的幅度、宽度也随着增大，从而使动态平均电流增大，功耗增加。

测试 $I_{CC} \sim U_I$ 特性的电路如图 5.1.7 所示。

按图 5.1.7 接好电路，其输入信号为具有一定上升时间的矩形波，且矩形波的低电平 $U_L = 0$ V，高电平 $U_H = 3$ V（对于 CMOS 门，$U_H = V_{DD}$）。此时示波器屏幕上的图形即为 $I_{CC} \sim U_I$ 特性曲线。

注意：$I_{CC} = U_R / R$；测试时应将所测芯片的所有门的输入端接到一起再接输入脉冲信号；随着 U_I 上升时间 t_r 或下降时间 t_f 的不同，尖峰脉冲电流 I_{CC} 的幅度、宽度和随输入电压 U_I 变化的曲线的形状都不同。如图 5.1.8 所示。

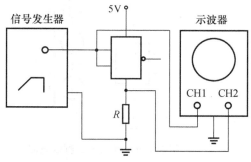

对于 TTL 电路，$R=10\Omega$；
对于 COMS 电路，$R=100\Omega$
图 5.1.7　$I_{CC} \sim U_I$ 特性测试电路

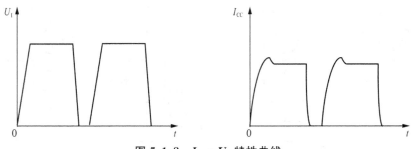

图 5.1.8 $I_{CC} \sim U_I$ 特性曲线

（2）扇出系数 N_O

扇出系数 N_O 是指门电路能驱动同类门的个数，它是衡量门电路负载能力的一个参数。TTL 与非门有两种不同性质的负载，即灌电流负载和拉电流负载，因此有两种扇出系数，即低电平扇出系数 N_{OL} 和高电平扇出系数 N_{OH}。通常 $I_{IH} < I_{IL}$，则 $N_{OH} > N_{OL}$，故常以 N_{OL} 作为门的扇出系数。

N_{OL} 的测试电路如图 5.1.9 所示。门的输入端全部悬空，输出端接灌电流负载 R_L，调节 R_L 使 I_{OL} 增大，U_{OL} 随之增高，当 U_{OL} 达到 U_{OLm}（手册中规定低电平规范值 0.4 V）时的 I_{OL} 就是允许灌入的最大负载电流，则 $N_{OL} = I_{OL}/I_{IL}$，通常 $N_O \geqslant 8$。

（3）电压传输特性

门的输出电压 U_O 随输入电压 U_I 而变化的曲线 $U_O = f(U_I)$ 称为门的电压传输特性，通过它可读得门电路的一些重要参数，如输出高电平 U_{OH}、输出低电平 U_{OL}、逻辑摆幅 ΔU、关门电平 U_{off}、开门电平 U_{on}、阈值电平 U_T 及抗干扰容限 U_{NL}、U_{NH} 等值。

测试电路如图 5.1.10 所示，采用逐点测试法，即调节 R_W，逐点测得 U_I 及 U_O，然后绘成曲线。

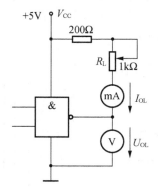

图 5.1.9   扇出系数测试电路

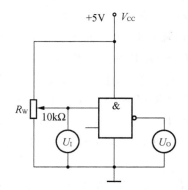

图 5.1.10   传输特性测试电路

（4）传输时延

在 TTL 电路中，由于二极管和三极管从导通变为截止或从截止变为导通都需要一定的时间，而且还有二极管、三极管以及电阻、连接线等的寄生电容存在，所以把理想的矩形电压信号加到 TTL 反相器的输入端时，输出电压的波形不仅要比输入信号滞后，而且波形的上升沿和下降沿也将变坏，如图 5.1.11 所示。输出电压波形滞后于输入电压波形的时间称为传输延迟时间。通常将输出电压由低电平跳变为高电平时的传输延迟时间称为截止延迟时间,记作 t_pLH,把输出电压由高电平跳变为低电平时的传输延迟时间称为导通延迟时间,记作 t_pHL。t_pLH 和 t_pHL 的定义方法如图 5.1.11(a)所示。

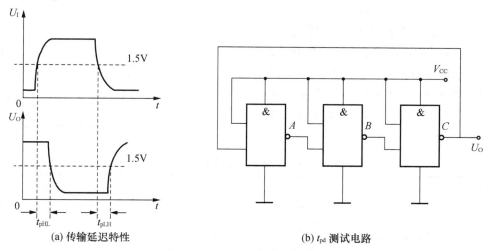

(a) 传输延迟特性　　　　　　　　(b) t_pd 测试电路

图 5.1.11　平均传输延迟时间

平均传输延迟时间 t_pd 定义为:

$$t_\text{pd} = \frac{t_\text{pHL} + t_\text{pLH}}{2}$$

TTL 门电路的传输延迟时间一般为几十纳秒,延迟时间越长,说明门的开关速度越低。

因为传输延迟时间与电路的许多分布参数有关,不易准确计算,所以 t_pHL 和 t_pLH 的数值最后都是通过实验方法测定的。这些参数可以从产品手册上查到。

t_pd 的测试电路如图 5.1.11(b)所示。由于 TTL 门电路的延迟时间较小,直接测量时对信号发生器和示波器的性能要求较高,所以实验中采用测量由奇数个与非门组成的环形振荡器的振荡周期 T 来求得。其工作原理是:假设电路在接通电源后某一瞬间,电路中的 A 点为逻辑"1",经过三级门的延迟后,使 A 点由原来的逻辑"1"变为逻辑"0";再经过三级门的延迟后,A 点电平又重新回到逻辑"1"。电路中其他各点电平也跟随变化。说明使 A 点发生一个周期的振荡,必须经过 6 级门的延迟时间。因此,平均传输延迟时间为 $t_\text{pd} = T/6$。

一般情况下,低速组件的 t_pd 约为 40~160 ns,中速组件约为 15~40 ns,高速组件约为 8~15 ns,超高速组件小于 8 ns。TTL 电路的 t_pd 一般在 10~40 ns 之间。

(5) 功耗

功耗是指逻辑门消耗的电源功率,常用空载功耗来表征。

当输出端空载、逻辑门输出低电平时的功耗 $P_\text{on} = V_\text{CC} I_\text{CCL}$ 称为空载导通功耗(I_CCL 为低电平输出电源电流),当输出端空载、逻辑门输出高电平时的功耗 $P_\text{off} = V_\text{CC} I_\text{CCH}$ 称为空载截止功耗(I_CCH 为高电平输出电源电流)。一般,$P_\text{on} > P_\text{off}$,而 P_on 一般不超过 50 mW。P_on 和 P_off 的测试方法如图 5.1.12 所示。

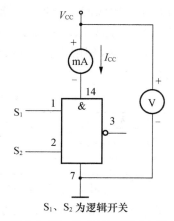

S_1、S_2 为逻辑开关

图 5.1.12　P_on 和 P_off 测试电路

5.1.4 实验内容

（1）测试 74LS00 功能。

① 静态测试：选择 74LS00 中任意一组与非门进行静态测试。按图 5.1.13 接线，在与非门的 2 个输入端 A、B 上分别输入相应的逻辑电平，测试并观察与非门输出端 Y 的状态，并把测试结果记录在表 5.1.2 中，判断该器件工作是否正常，理解电源电压、输出电压及逻辑值之间的关系。

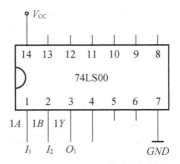

图 5.1.13　74LS00 静态测试接线

表 5.1.2　74LS00 与非门的逻辑功能测试结果

输 入		输 出		输 入		输 出	
A	B	电压(V)	Y(逻辑值)	A	B	电压(V)	Y(逻辑值)
0	0			1	.0		
0	1			1	1		

② 动态测试：观察与非门对脉冲的控制作用。在 74LS00 中任选一组与非门，分别按图 5.1.14 的(a)、(b)给出的原理图连线，并用示波器观察输入、输出端波形，绘出波形图，分析与非门是如何完成对脉冲的控制功能的。

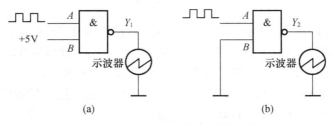

(a)　　　　　　　　　　　　　(b)

图 5.1.14　74LS00 动态测试接线

（2）测试 CD4001 功能。

① 静态测试：选择 CD4001 中任意一组或非门进行静态测试。按图 5.1.15 接线，在或非门输入端 A、B 上分别输入相应的逻辑电平，测试并观察或非门输出端 J 的状态，并把测试结果记录在表 5.1.3 中，判断该器件工作是否正常，理解电源电压、输出电压及逻辑值之间的关系。

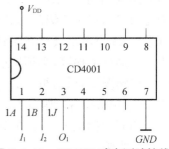

图 5.1.15　CD4001 动态测试接线

表 5.1.3　CD4001 或非门逻辑功能测试结果

输 入		输 出		输 入		输 出	
A	B	电压(V)	J(逻辑值)	A	B	电压(V)	J(逻辑值)
0	0			1	0		
0	1			1	1		

② 动态测试：观察或非门对脉冲的控制作用。在 CD4001 中任选一组或非门，分别按图 5.1.16 的(a)、(b)给出的原理图连线，并用示波器观察输入、输出端波形，绘出波形图，分析或非门如何完成对脉冲的控制功能。

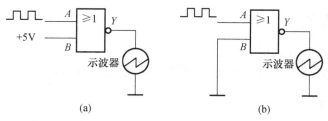

图 5.1.16　CD4001 动态测试接线

（3）分别按图 5.1.6、图 5.1.9、图 5.1.11（b）接线并进行测试，将测试结果填入表 5.1.4 中。

表 5.1.4　门电路参数测试结果

$I_{CCL}(mA)$	$I_{CCH}(mA)$	$I_{IL}(mA)$	$I_{IH}(\mu A)$	$I_{OL}(mA)$	$t_{pd}(=T/6)(ns)$

（4）按图 5.1.7 接线，测试 $I_{CC} \sim U_I$ 特性曲线，计算门的静态平均功耗。要求：输入矩形波信号的 $T \approx 100 \ \mu s$，$T_W \approx 40 \ \mu s$，$t_r = t_f \approx 0.1 \ \mu s$。

（5）接图 5.1.10 接线，调节电位器 R_W，使 U_I 从 0 向高电平变化，逐点测量 U_I 和 U_O 的对应值，填入表 5.1.5 中。

表 5.1.5　传输特性测试结果

$U_I(V)$	0	0.2	0.4	0.6	0.8	1.0	1.5	2.0	2.5	3.0	3.5	4.0	…
$U_O(V)$													

（6）按图 5.1.12 接线，测试 P_{on} 和 P_{off}。

（7）在图 5.1.17 所示逻辑电路中，若与门 G_1、G_2 和 G_3 的传输延迟范围如图 5.1.17 中所注，试确定该电路的总传输时延范围是多少。查集成电路手册，选择符合要求的集成电路搭试电路，并用示波器观察各信号的波形关系图。

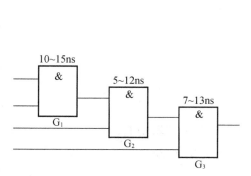

图 5.1.17　实验（7）用图

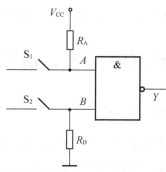

（$I_{IL}=1.6mA$，$U_{IL}=0.8V$，$I_{IH}=40mA$，$U_{IH}=2.0V$）

图 5.1.18　TTL 与非门构成的开关电路

（8）图 5.1.18 所示为用 TTL 与非门构成的开关电路，为使开关 S_1 和 S_2 打开时，门的输入端 A 和 B 分别有确定的起始电平 1 和 0，故 A 端通过电阻 R_A 接 V_{CC}，B 端则通过电阻 R_B 接地。试确定 R_A 和 R_B 的值，门输入特性的相关参数已注在该图中。

5.1.5 实验报告

(1) 整理并分析实验数据;

(2) 分析实验过程中遇到的问题,描述解决问题的思路和办法。

5.1.6 思考题

(1) 为什么 TTL 与非门的输入端悬空相当于逻辑"1"? 在实际电路中可以悬空吗?

(2) CMOS 逻辑门不用的输入端可以悬空吗? 为什么?

(3) CMOS 逻辑门的高电平和低电平对应的电压范围分别是多少? 请与 TTL 逻辑门进行比较。试说明"CMOS 抗干扰能力强,但易受干扰"这句话。

(4) 在数字电路中,CMOS 电路和 TTL 电路可以混合使用。请问,CMOS 电路如何驱动 TTL 电路? TTL 电路如何驱动 CMOS 电路? 为什么?

提示:见图 5.1.4。

(5) 工程中为什么一般用逻辑门的低电平输出驱动输出负载?

提示:见"TTL 门电路的推拉式输出级"介绍部分。

(6) 为什么普通逻辑门的输出端不能直接连在一起?

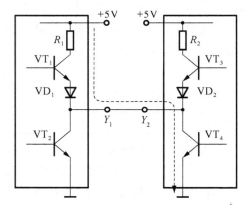

提示:图 5.1.19 给出了两个普通 TTL 逻辑门输出端直接相连时,当一个门的 VT_4 管截止输出高电平,而另一个门的 VT_4 管导通输出低电平时,电流的流通路径。

(7) 结合 CMOS 门电路输出部分电路结构,分别说明当输出高电平和低电平时,输出电流的大小、方向以及与负载的关系。

图 5.1.19   两个普通逻辑门的输出端直接相连

5.2   OC/OD 门和三态门

5.2.1   实验目的

(1) 熟悉集电极开路(OC)/漏极开路(OD)门和三态门的逻辑功能;

(2) 了解集电极/漏极负载电阻 R_L 对 OC/OD 门电路的影响;

(3) 掌握 OC/OD 门和三态门的典型应用。

5.2.2   实验设备

(1) 万用表 1 块;

(2) 直流稳压电源 1 台;

（3）低频信号发生器 1 台；

（4）示波器 1 台；

（5）实验箱 1 台；

（6）集成电路 74LS03、74HC03、74HC125、74LS00、CC40107 等各 1 片。

5.2.3　实验原理

数字系统中有时需要把两个或两个以上集成逻辑门的输出端直接并接在一起完成一定的逻辑功能。对于普通的 TTL 门电路，由于输出级采用了推拉式输出电路，无论输出是高电平还是低电平，输出阻抗都很低。因此，通常不允许将它们的输出端并接在一起使用。普通 CMOS 门电路也有类似的问题。

在计算机中，CPU 的外围接有大量寄存器、存储器和输入/输出（I/O）口，如果不允许多个器件的数据线相连，那么仅众多的数据线就会使 CPU 体积庞大、功耗激增，计算机也就不可能像今天这样被广泛使用。

OC 门、OD 门和三态输出门是三种特殊的门电路，它们允许把输出端直接并接在一起使用。

1) TTL OC 门

本实验所用 OC 与非门型号为 2 输入四与非门 74LS03，其芯片引脚图见附录，逻辑框图和逻辑符号如图 5.2.1 所示。OC 与非门的输出管 VT_3 是悬空的，工作时，输出端必须通过一只外接电阻 R_L 和电源 $+E_C$ 相连接，以保证输出电平符合电路要求。

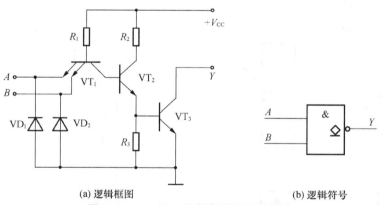

(a) 逻辑框图　　　　　　　　　　　　　　(b) 逻辑符号

图 5.2.1　74LS03 逻辑框图和逻辑符号

OC 门的应用主要有下述三个方面：

（1）利用电路的"线与"特性方便地完成某些特定的逻辑功能。如图 5.2.2 所示，将两个 OC 与非门输出端直接并接在一起，则它们的输出为：

$$Y = Y_1 Y_2 = \overline{A_1 B_1} \cdot \overline{A_2 B_2} = \overline{A_1 B_1 + A_2 B_2}$$

即把两个或两个以上 OC 与非门"线与"可完成"与或非"的逻辑功能。

（2）实现多路信息采集，使两路以上的信息共用一个传输通道（总线）。

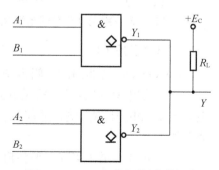

图 5.2.2　OC 与非门"线与"电路

（3）驱动高电压、大电流负载或实现逻辑电平转换。如图 5.2.2 的电路中，$+E_\text{C}=10$ V 时，Y 的输出高电平就变成 10 V。

把 OC 门输出端并联在一起使用时，负载电阻 R_L 的选择方法如下：

如图 5.2.3 所示的电路是由 n 个 OC 与非门"线与"驱动有 m 个输入端的 N 个 TTL 与非门，为保证 OC 与非门输出电平符合逻辑要求，负载电阻 R_L 阻值的选择范围为：

$$R_\text{Lmax}=\frac{E_\text{C}-U_\text{OHmin}}{nI_\text{OH}-mI_\text{RE}}$$

$$R_\text{Lmin}=\frac{E_\text{C}-U_\text{OLmax}}{I_\text{OL}-mI_\text{SE}}$$

式中：U_OHmin 为输出高电平下限值；U_OLmax 为输出低电平上限值；I_OL 为单个 OC 门输出低电平时输出管所允许流入的最大电流；I_OH 为 OC 门输出高电平时由负载电阻流入输出管的电流，也称输出漏电流；I_RE 为负载门输入高电平时的输入电流，也称输入反向电流；I_SE 为负载门的短路输入电流；E_C 为 R_L 外接电源电压；n 为 OC 门的个数；m 为接入电路的负载门输入端总个数。

R_L 值须小于 R_Lmax，否则 U_OH 将下降；R_L 值须大于 R_Lmin，否则 U_OL 将上升。R_L 的大小会影响输出波形的边沿时间，在工作速度较高时，R_L 应尽量选取接近 R_Lmin。由于调节 R_L 可以调整 OC 门的拉电流和灌电流驱动能力，所以选择 R_L 还要考虑负载对 OC 门驱动能力的要求。

除了 OC 与非门外，还有其他类型的 OC 器件，R_L 的选取方法也与此类同。

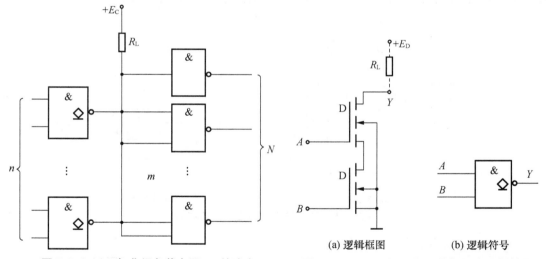

图 5.2.3　OC 与非门负载电阻 R_L 的确定　　　图 5.2.4　CMOS OD 门逻辑框图和逻辑符号

2）CMOS OD 门

CMOS OD 与非门的逻辑框图和逻辑符号见图 5.2.4，其特点是：

（1）输出 MOS 管的漏极是开路的，如图 5.2.4(a)上边的虚线部分。工作时必须外接电源 $+E_\text{D}$ 和电阻 R_L，电路才能工作，实现 $Y=\overline{AB}$；若不外接电源 $+E_\text{D}$ 和电阻 R_L，则电路不能工作。

（2）可以方便地实现电平转换。因为 OD 门输出级 MOS 管漏极电源是外接的，U_OH 随 $+E_\text{D}$ 的不同而改变，所以可以用来实现电平转换。

（3）可以用于实现"线与"功能，即把几个 OD 门的输出端直接用导线连接起来实现"与"运算，两个 OD 门进行"线与"连接的电路也如图 5.2.2 所示。

（4）OD 门的带负载能力强。输出端为高电平时带拉电流负载的能力 $I_{OH}(=(V_{DD}-U_{OH})/R_L)$，决定于外接电源 $+E_D$ 和电阻 R_L 的大小；输出端为低电平时，带灌电流负载的能力 I_{OL}，由输出 MOS 管的容量决定，比较大。例如双 2 输入 OD 与非门 CC40107，当 $+E_D=10\text{ V},U_{OL}=0.5\text{ V}$ 时，$I_{OL}\geqslant37\text{ mA}$；若 $+E_D=15\text{ V},U_{OL}=0.5\text{ V}$ 时，则 $I_{OL}\geqslant50\text{ mA}$。

OD 门的用途与 OC 门相似，R_L 的计算方法也与 OC 门类似，不过在具体使用时要注意考虑 TTL 和 CMOS 电路的区别。

3）三态输出门

CMOS 三态输出门（TSL 门）是一种特殊的门电路，与普通的 CMOS 门电路结构不同，它的输出端除了通常的高电平、低电平两种状态外（这两种状态均为低阻状态），还有第三种输出状态——高阻状态，处于高阻状态时，电路与负载之间相当于开路。三态输出门按逻辑功能及控制方式分为不同类型。本实验所用 CMOS 三态门集成电路 74HC125 三态输出四总线缓冲器，其引脚图同 74LS125，见附录，功能表见表 5.2.1。

表 5.2.1 三态门功能表

输　入		输　出	
EN	A	Y	
0	0	低阻态	0
	1		1
1	0	高阻态	
	1		

如图 5.2.5 是构成三态输出四总线缓冲器的三态门的逻辑框图和逻辑符号，它有一个控制端（又称禁止端或使能端）EN，$EN=0$ 为正常工作状态，实现 $Y=A$ 的逻辑功能；$EN=1$ 为禁止状态，输出 Y 呈现高阻状态。这种在控制端加低电平时电路才能正常工作的工作方式称为低电平使能。

三态门电路主要用途之一是实现总线传输，即用一个传输通道（称总线），以选通方式传送多路信息。三态门的出现，使得计算机内部可以采用总线结构，大大减少了计算机的内部连线，因而在计算机的微型化方面起到了十分重要的作用。现代微型计算机内部的数据线、地址线和控制线无一例外都采用了总线结构，分别称为数据总线、地址总线和

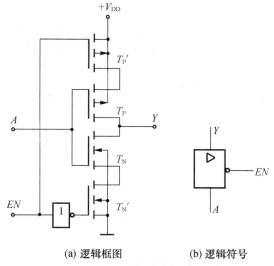

(a) 逻辑框图　　(b) 逻辑符号

图 5.2.5 CMOS 三态门逻辑框图和逻辑符号

控制总线，数据总线一般为双向总线，而地址总线和控制总线一般为单向总线。

可用图 5.2.6 来简单说明单向总线结构的工作原理。图中把若干个三态门电路输出端直接连接在一起构成单向总线，使用时，要求只有需要传输信息的三态控制端处于使能态

$(EN=0)$，其余各门皆处于禁止状态$(EN=1)$。由于三态门输出电路结构与普通门电路相同，显然，若同时有两个或两个以上三态门的控制端处于使能态，将出现与普通门"线与"运用时同样的问题，因而是绝对不允许的。这就是说，总线是按分时方式工作的，在不同的时间片里，传输不同的信号。

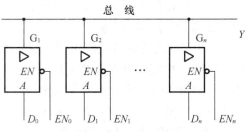

图 5.2.6　三态输出门实现总线传输

图 5.2.7 说明了双向总线的工作原理。图中单向控制总线和双向数据总线为设备 1 和设备 2 共用，设备 1 和设备 2 内部分别集成了 3 个三态门，三态门 G_1、G_2 构成双向总线 D 的控制电路，G_3 构成单向总线 $R/\overline{W}$ 的控制电路。

当 $\overline{CS_0}=0$ 且 $\overline{CS_1}=1$ 时，若 $R/\overline{W}=1$，数据流向为 $D_0 \to D$，从设备 1 读数据；若 $R/\overline{W}=0$，数据流向为 $D \to D_0$，向设备 1 写数据。

当 $\overline{CS_0}=1$ 且 $\overline{CS_1}=0$ 时，若 $R/\overline{W}=1$，数据流向为 $D_1 \to D$，从设备 2 读数据；若 $R/\overline{W}=0$，数据流向为 $D \to D_1$，向设备 2 写数据。

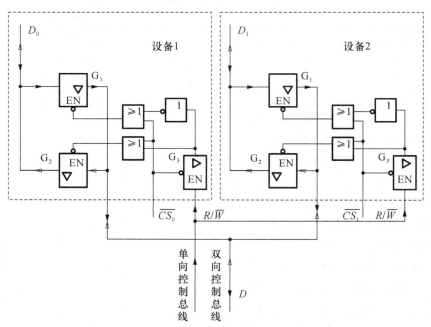

图 5.2.7　三态门实现单向控制总线和双向数据总线

5.2.4　实验内容

1）OC 门

(1) OC 与非门负载电阻 R_L 的确定

选用 74LS03，测试如图 5.2.8 所示电路。其中，$R_W=2.2\text{ k}\Omega$，$R_P=200\ \Omega$。

① 测定 R_{Lmax}。OC 门 G_1、G_2 的 4 个输入端 A_1、B_1、A_2、B_2 均接地，则输出 Y 为高电平。

调节电位器 R_W 的值使 $U_{OHmin} > 2.4$ V,用万用表测出此时的 R_L 值即为 R_{Lmax}。

② 测定 R_{Lmin}。OC门 G_1 输入端 A_1、B_1 接高电平,G_2 输入端 A_2、B_2 接低电平,则输出 Y 为低电平。调节电位器 R_W 的值使 $U_{OLmax} < 0.4$ V,用万用表测出此时的 R_L 值即为 R_{Lmin}。

③ 调节 R_W,使 $R_{Lmin} < R_L < R_{Lmax}$,分别测出 Y 端的 U_{OH} 和 U_{OL} 值。

④ 将 R_{Lmax} 和 R_{Lmin} 的理论计算值与实测值进行比较并填入表 5.2.2 中。

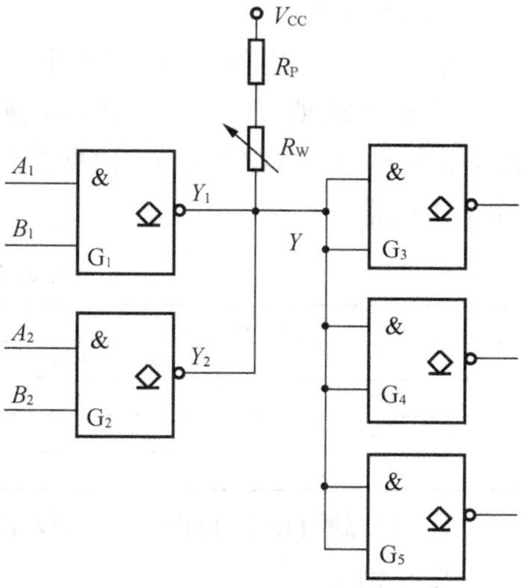

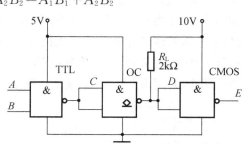

图 5.2.8　OC门负载电阻测试电路

表 5.2.2　R_L 的测试结果

参　　数	理论值	实际值
R_{Lmax}		
R_{Lmin}		

(2) OC与非门实现线与功能

选用 74LS03,列真值表验证图 5.2.2 所示电路的线与功能:

$$Y = Y_1 Y_2 = \overline{A_1 B_1} \cdot \overline{A_2 B_2} = \overline{A_1 B_1 + A_2 B_2}$$

(3) OC门实现电平转换

用 OC 门完成 TTL 电路驱动 CMOS 电路的接口电路,实现电平转换,实现电路见图 5.2.9。

① 在输入端 A、B 全为 1 时,用万用表测量 C、D、E 点的电压,再将 B 输入置为 0,用示波器测量 C、D、E 点的电压,两次测得的结果填入表 5.2.3 中。

图 5.2.9　OC门电路驱动 CMOS 门电路接口电路

表 5.2.3　电平转换测试结果

输　　入		C(V)	D(V)	E(V)
A	B			
1	1			
1	0			

② 在输入端 B 加 1 kHz 方波信号,用示波器观察 C、D、E 各点电压波形幅值的变化。

(4) 用 OC 与非门实现逻辑功能

选用 74LS03,实现以下逻辑"异或"功能:

$$Y = A \oplus B$$

自拟实现方案,画出接线图,画出真值表记录测试结果并与理论值进行比较。

2)CMOS OD 门

用 74HC03 重复 OC 门的实验。比较 OC 门和 OD 门的区别。

3) 三态门

（1）74HC125 的逻辑功能测试

测试电路如图 5.2.10 所示，测试结果填入表 5.2.4 中，图中 S_1、S_2 为逻辑开关，根据测试结果判断该三态门功能是否正常。

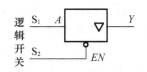

图 5.2.10　三态门功能测试电路

表 5.2.4　三态门功能测试结果

输　　入		输　　　　出	
A	EN	电压(V)	Y(逻辑电平)
1	0		
0	0		
x	1		

① 静态验证：控制输入端和数据输入端加高、低电平，用电压表测量输出高电平、低电平的电压值。

② 动态验证：控制输入端加高、低电平，数据输入端加连续矩形脉冲，用示波器分别观察数据输入波形和输出波形。动态验证时，分别用示波器中的 AC 耦合与 DC 耦合，测定输出波形的幅值 $U_{\text{P－P}}$ 及高、低电平值。

（2）测试三态门实现的单向总线

如图 5.2.11 所示，用 74HC125 三态门组成 4 路数字信息传输通道，其中 D_0、D_1、D_2、D_3 为频率不同的连续脉冲信号。先使 EN_0、EN_1、EN_2、EN_3 皆为 1，记录 D_0、D_1、D_2、D_3 及 Y 的波形。然后，轮流使 EN_0、EN_1、EN_2、EN_3 中的一个为 0，其余三个为高电平（绝不允许它们中有两个以上同时为 0），记录 D_0、D_1、D_2、D_3 及 Y 的波形并分析结果。

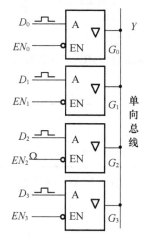
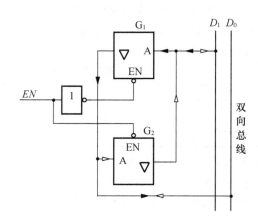

图 5.2.11　三态门构成单向总线　　　　**图 5.2.12　三态门构成的双向总线传输电路**

（3）测试双向总线的传输通路

三态门构成双向总线的原理电路如图 5.2.7 所示，图 5.2.12 为其核心电路，此电路保证了数据在总线上的受控双向传输。请搭接电路并测试。

提示：当 $EN=1$ 时 G_1 使能，G_2 处于高阻态，数据流向为 $D_1 \rightarrow D_0$。测试方法为：在 D_1 端加 1 Hz 方波，用示波器在 D_0 端观察输出；当 $EN=0$ 时，G_2 使能，G_1 处于高阻态，数据流

向为 $D_0 \rightarrow D_1$。测试方法为:在 D_0 端加 1 Hz 方波,用示波器在 D_1 端观察输出。

5.2.5 实验报告

(1) 详细描述实验过程,整理并分析实验数据;

(2) 分析实验过程中遇到的问题,描述解决问题的思路和办法。

5.2.6 思考题

(1) 如何用万用表或示波器来判断三态门是否处于高阻态? 高阻态在硬件设计中的实际意义是什么?

(2) OC/OD 门负载电阻过大或过小对电路会产生什么影响? 如何选择负载电阻?

(3) 总线传输时是否可以同时接有 OC 门和三态门?

(4) 三态逻辑门输出端是否可以并联? 并联时其中一路处于工作状态,其余输出端应为何种状态? 为什么?

(5) 在计算机中,CPU 的数据线、地址线一般都同时连接到多个外设上,即多个外设共用地址线和数据线,且数据线上数据可以双向传输。请结合图 5.2.7 考虑一下,原理上是如何实现的?

5.3 加法器和数据比较器

5.3.1 实验目的

(1) 理解加法器与数据比较器的工作原理;

(2) 掌握加法器 74LS283、数据比较器 74LS85 的功能及简单应用;

(3) 学习中规模组合逻辑电路的设计方法。

5.3.2 实验设备

(1) 万用表 1 块;

(2) 直流稳压电源 1 台;

(3) 低频信号发生器 1 台;

(4) 示波器 1 台;

(5) 实验箱 1 台;

(6) 集成电路 74LS00、74LS08、74LS86、74LS283、74LS85 等各 1 片。

5.3.3 实验原理

1) 加法器

加法器是一种将两个逻辑值相加的组合逻辑电路。加法器可以改造成减法器、乘法器、除法器及其他一些计算机处理器的算术逻辑运算单元(ALU)所需的功能器件。

最基本的加法器是半加器。半加器是指没有低位送来的进位信号,只有本位相加的和及进位。这些概念看起来很简单,但理解这些概念对于今后设计电路是很有帮助的。实现半加器的真值表见表 5.3.1。

表 5.3.1　半加器真值表

输　入		输　出	
A	B	S(本位和)	C(进位)
0	0	0	0
0	1	1	0
1	0	1	0
1	1	0	1

实现半加器的电路如图 5.3.1 所示。

实现半加器的逻辑表达式如下:

$$C = AB$$

$$S = A \oplus B$$

半加器电路比较简单,只用了 1 个与门和 1 个异或门,在此基础上可以进一步实现全加器。当进行不止 1 位的加法时,必须考虑低位的进位,通常以 C_i 表示,此时电路实现了全加器的功能。在电路结构上由 2 个半加器和 1 个异或门实现,如图 5.3.2(a)所示。5.3.2(b) 为全加器惯用符号。

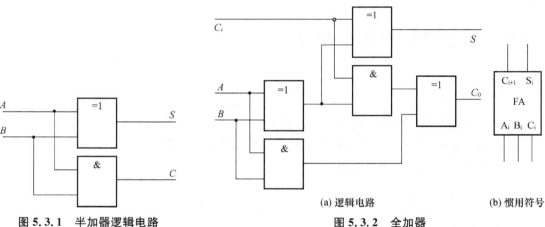

图 5.3.1　半加器逻辑电路

(a) 逻辑电路　　　　　(b) 惯用符号

图 5.3.2　全加器

将 n 个 1 位全加法器级联,可以实现 2 个 n 位二进制数的串行进位加法电路。如图 5.3.3所示是由 4 个 1 位全加器级联构成的 4 位二进制串行加法器。由于进位逐级传递的缘故,串行加法器时延较大,工作速度较慢。

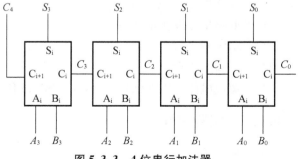

图 5.3.3　4 位串行加法器

2) 4 位加法器 74LS283

(1) 4 位加法器 74LS283 的功能

74LS283 为 4 位二进制中规模集成电路(MSI)加法器,是一种具有先行进位功能的并行加法器,输入、输出之间最大时延仅为 4 级门时延,工作速度较快。

74LS283 功能是完成并行 4 位二进制数的相加运算，其引脚图见附录，功能表见表 5.3.2。引脚图中 A_4、A_3、A_2、A_1、B_4、B_3、B_2、B_1 是被加数和加数（两组 4 位二进制数）的数据输入端，C_0 是低位器件向本器件最低位进位的进位输入端，S_4、S_3、S_2、S_1 是和数输出端，C_4 是本器件最高位向高位器件进位的进位输出端。

表 5.3.2　74LS283 功能表

输　入				输　出					
				$C_0=0$			$C_0=1$		
					$C_2=0$			$C_2=1$	
A_1 / A_3	B_1 / B_3	A_2 / A_4	B_2 / B_4	S_1 / S_3	S_2 / S_4	C_2 / C_4	S_1 / S_3	S_2 / S_4	C_2 / C_4
0	0	0	0	0	0	0	1	0	0
1	0	0	0	1	0	0	0	1	0
0	1	0	0	1	0	0	0	1	0
1	1	0	0	0	1	0	1	1	0
0	0	1	0	0	1	0	1	1	0
1	0	1	0	1	1	0	0	0	1
0	1	1	0	1	1	0	0	0	1
1	1	1	0	0	0	1	1	0	1
0	0	0	1	0	1	0	1	1	0
1	0	0	1	1	1	0	0	0	1
0	1	0	1	1	1	0	0	0	1
1	1	0	1	0	0	1	1	0	1
0	0	1	1	0	0	1	1	0	1
1	0	1	1	1	0	1	0	1	1
0	1	1	1	1	0	1	0	1	1
1	1	1	1	0	1	1	1	1	1

（2）4 位加法器 74LS283 的应用

① 用 n 片 4 位加法器可以方便地扩展成 $4n$ 位加法器。其扩展方法有以下三种：

a. 全串行进位加法器：采用 4 位串行进位组件单元，组件之间采用串行进位方式。

b. 全并行进位加法器：采用 4 位并行进位组件单元，组件之间采用并行进位方式。

c. 并串（串并）行进位加法器：采用 4 位并行（串行）加法器单元，组件之间采用串（并）行进位方式，其优点是保证一定操作速度前提下尽量使电路的结构简单。如图 5.3.4 所示是两个 74LS283 构成的 7 位二进制数加法电路。74LS283 内部进位是并行进位，而级联采用的是串行进位。

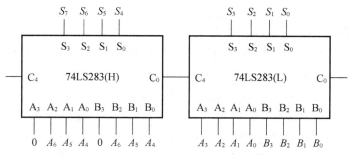

图 5.3.4　74LS283 级联构成 7 位二进制数加法器

② 构成减法器、乘法器、除法器等。

③ 进行码组变换。如图 5.3.5 所示是用
74LS283 实现的 1 位余 3 码到 1 位 8421 BCD 码转
换的电路。其基本原理是：对于同一个十进制数符，
余 3 码比 8421 BCD 码多 3，因此从余 3 码中减 3（即
0011），也就是只要将余 3 码和 3 的补码 1101 相加，
即可将余 3 码转换成 8421 BCD 码。

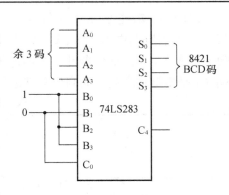

图 5.3.5　用 74LS283 实现 1 位余 3 码到 8421 BCD 码的转换

3）数据比较器

数据比较器有两类：一类是"等值"比较器，它只
检验两个数是否相等；另一类是"量值"比较器，它不
但检验两个数是否相等，还要检验这两个数中哪个
数大。按数的传输方式分为串行比较器和并行比较
器。数据比较器可用于接口电路。

4）4 位二进制数并行比较器 74LS85

（1）4 位二进制并行比较器 74LS85 的功能

74LS85 是采用并行比较结构的 4 位二进制数量值比较器。单片 74LS85 可以对两个 4
位二进制数进行比较，其引脚图见附录，功能表见表 5.3.3。

表 5.3.3　74LS85 功能表

比 较 输 入				级 联 输 入			输　 出		
$A_3\,B_3$	$A_2\,B_2$	$A_1\,B_1$	$A_0\,B_0$	$a>b$	$a=b$	$a<b$	$A>B$	$A=B$	$A<B$
$A_3>B_3$	$\times$	$\times$	$\times$	$\times$	$\times$	$\times$	1	0	0
$A_3<B_3$	$\times$	$\times$	$\times$	$\times$	$\times$	$\times$	0	0	1
$A_3=B_3$	$A_2>B_2$	$\times$	$\times$	$\times$	$\times$	$\times$	1	0	0
$A_3=B_3$	$A_2<B_2$	$\times$	$\times$	$\times$	$\times$	$\times$	0	0	1
$A_3=B_3$	$A_2=B_2$	$A_1>B_1$	$\times$	$\times$	$\times$	$\times$	1	0	0
$A_3=B_3$	$A_2=B_2$	$A_1<B_1$	$\times$	$\times$	$\times$	$\times$	0	0	1
$A_3=B_3$	$A_2=B_2$	$A_1=B_1$	$A_0>B_0$	$\times$	$\times$	$\times$	1	0	0
$A_3=B_3$	$A_2=B_2$	$A_1=B_1$	$A_0<B_0$	$\times$	$\times$	$\times$	0	0	1
$A_3=B_3$	$A_2=B_2$	$A_1=B_1$	$A_0=B_0$	1	0	0	1	0	0
$A_3=B_3$	$A_2=B_2$	$A_1=B_1$	$A_0=B_0$	0	1	0	0	1	0
$A_3=B_3$	$A_2=B_2$	$A_1=B_1$	$A_0=B_0$	0	0	1	0	0	1

（2）4 位二进制数并行比较器 74LS85 的应用

① 用 n 片 4 位比较器可以方便地扩展成 $4n$ 位比较器。74LS85 的三个级联输入端用
于连接低位芯片的三个比较器输出端，可实现比较位数的扩展。图 5.3.6 是用两片 74LS85
级联实现的两个 7 位二进制数比较器。注意，74LS85（H）的 A_3 和 B_3 要都置 0 或 1，
74LS85（L）的级联输入端 $a=b$ 置 1，而 $a>b$ 和 $a<b$ 置 0，以确保当两个 7 位二进制数相等
时，比较结果由 74LS85（L）的级联输入信号决定，输出 $A=B$ 的结果。

② 4 位二进制全加器与 4 位数值比较器结合，实现 BCD 码加法运算。在进行运算时，
若两个相加数的和小于或等于 1001，BCD 的加法与 4 位二进制加法结果相同；但若两个相

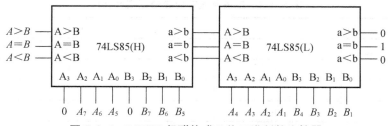

图 5.3.6　74LS85 级联构成 7 位二进制数比较器

加数的和大于或等于 1010 时,由于 4 位二进制码是逢十六进一,而 BCD 码是逢十进一,它们的进位数相差 6,因此,BCD 加法运算电路必须进行校正,应在电路中插入一个校正网络,使电路在和数小于或等于 1001 时,校正网络不起作用(或加一个数 0000),在和数大于或等于 1010 时,校正网络使此和数加上 0110,从而达到实现 BCD 码的加法运算的目的。

5.3.4　实验内容

(1) 验证 74LS283、74LS85 的逻辑功能。

(2) 用 74LS283 设计 1 位 8421 BCD 码加法器。

(3) 设计 1 位可控全加/全减器。(提示:电路输入端应为四个,除了本位加数、被加数和进位输入外,还有一位控制输入端 S,当 $S=0$ 时,电路实现全加器的功能,当 $S=1$ 时,电路实现全减器的功能)

(4) 设计一个 8 位二进制数加法器。

(5) 试用 74LS283 辅以适当门电路构成 4×4 乘法器,其中 $A=a_3a_2a_1a_0$,$B=b_3b_2b_1b_0$。

(6) 试用 74LS85 再辅以适当门电路构成字符分选电路。当输入为字符 A、B、C、D、E、F、G 的 7 位 ASCII 码时,分选电路输出 $Z=0$,反之输出 $Z=1$。

(7) 试用 4 位二进制数加法器 74LS283 和 4 位二进制数比较器 74LS85 构成一个 4 位二进制数到 8421 BCD 码的转换电路。

5.3.5　实验报告

(1) 详细描述实验内容中每个题目的设计过程,整理并分析实验数据;

(2) 分析实验过程中遇到的问题,描述解决问题的思路和办法。

5.3.6　思考题

(1) 什么是半加器? 什么是全加器?

(2) 用全加器 74LS283 组成 4 位二进制码转换为 8421 BCD 码的代码转换器中,进位输出 C 什么时候为"1"? C_0 端该如何处理?

(3) 设计多位二进制数加法器有哪些方法?

(4) 二进制加法运算与逻辑加法运算的含义有何不同?

(5) 如何用基本门电路实现两个 1 位二进制数比较器?(逻辑状态表如表 5.3.4 所示)

表 5.3.4　二进制数字比较器逻辑状态表

输　　入		输　　出		
A	B	$Y_1(A>B)$	$Y_2(A=B)$	$Y_3(A<B)$
0	0	0	1	0
0	1	0	0	1
1	0	1	0	0
1	1	0	1	0

5.4　译码器和编码器

5.4.1　实验目的

（1）理解编码器与译码器的工作原理；

（2）掌握编码器 74LS148、变量译码器 74LS138 与显示译码/驱动器 74LS48 的功能及简单应用；

（3）学习中规模组合逻辑电路的设计方法。

5.4.2　实验设备

（1）万用表 1 块；

（2）直流稳压电源 1 台；

（3）低频信号发生器 1 台；

（4）示波器 1 台；

（5）实验箱 1 台；

（6）集成电路 74LS138、74LS148、74LS48 等各 1 片。

5.4.3　实验原理

1）编码器

用一组符号按一定规则表示给定字母、数字、符号等信息的方法称为编码。对于每一个有效的输入信号，编码器产生一组唯一的二进制代码输出。

一般的编码器由于不允许多个输入信号同时有效，所以并不实用。优先编码器对全部编码输入信号规定了各不相同的优先级，当多个输入信号同时有效时，只对优先级最高的有效输入信号进行编码。

（1）编码器 74LS148 的功能

74LS148 是一种典型的 8 线 - 3 线二进制优先编码器，其引脚图见附录，功能表见表 5.4.1。

表 5.4.1 74LS148 功能表

输入									输出				
ST	I_7	I_6	I_5	I_4	I_3	I_2	I_1	I_0	Y_2	Y_1	Y_0	Y_{ex}	Y_s
1	×	×	×	×	×	×	×	×	1	1	1	1	1
0	1	1	1	1	1	1	1	1	1	1	1	1	0
0	0	×	×	×	×	×	×	×	0	0	0	0	1
0	1	0	×	×	×	×	×	×	0	0	1	0	1
0	1	1	0	×	×	×	×	×	0	1	0	0	1
0	1	1	1	0	×	×	×	×	0	1	1	0	1
0	1	1	1	1	0	×	×	×	1	0	0	0	1
0	1	1	1	1	1	0	×	×	1	0	1	0	1
0	1	1	1	1	1	1	0	×	1	1	0	0	1
0	1	1	1	1	1	1	1	0	1	1	1	0	1

从真值表可以看出,编码输入信号 $I_7 \sim I_0$ 均为低电平有效(0),且 I_7 的优先权最高,I_6 的优先权次之,I_0 的优先权最低。编码输出信号 Y_2、Y_1 和 Y_0 则为二进制反码输出。选通输入端(使能输入端)ST、使能输出端 Y_s 以及扩展输出端 Y_{ex} 是为了便于使用而设置的三个控制端。

当 ST=1 时编码器不工作,ST=0 时编码器工作。

如无有效编码输入信号需要编码,使能输出端 Y_{ex}、Y_s 为 1、0,表示输出无效,如有有效编码输入信号需要编码,则按输入的优先级别对优先权最高的一个有效信号进行编码,且 Y_{ex}、Y_s 为 0、1。可见,Y_{ex}、Y_s 输出值指明了 74LS148 的工作状态,$Y_{ex}Y_s=11$ 说明编码器不工作,$Y_{ex}Y_s=10$ 表示编码器工作,但没有有效的编码输入信号需要编码;$Y_{ex}Y_s=01$ 说明编码器工作,且对优先权最高的编码输入信号进行编码。

(2)编码器的应用

编码是译码的逆过程,优先编码器在数字系统中常用做计算机的优先中断电路和键盘编码电路。图 5.4.1 为优先编码器在优先中断电路中的应用示意图。

一般说来,在实际的计算机系统中,中断源的数目都大于 CPU 中断输入线的数目,所以一般采用多线多级中断技术,如图 5.4.1 所示。CPU 仅有两根中断输入线,但是通过使用优先编码器对其进行扩展,现在可以处理 16 个中断源,CPU 接到中断请求信号后通过某种机制判断所处理的是哪个中断源的中断。

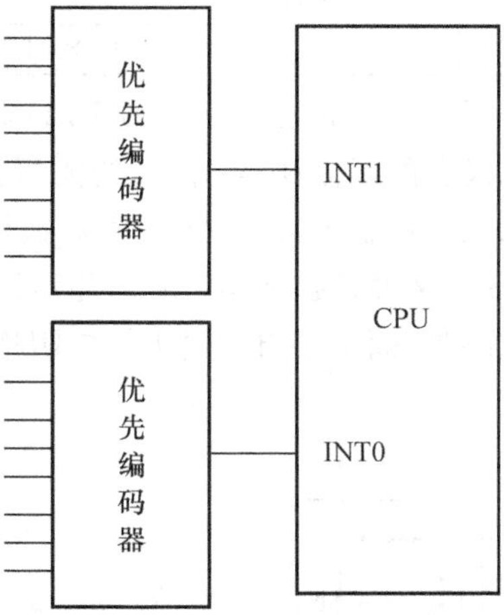

图 5.4.1 优先编码器应用示意图

2)译码器

译码器是一种多输出逻辑电路。译码器包括变量译码器和显示译码器等。译码器的功能为把给定的二进制数码译成十进制数码、其他形式的代码或控制电平,可用于数字显示、代码转换、数据分配、存储器寻址和组合控制信号等方面。

(1)显示译码/驱动器 74LS48 的功能

　　74LS48 是一种能配合共阴极七段发光二极管(LED)工作的七段显示译码驱动器,其引脚图见附录,功能表见表 5.4.2。

表 5.4.2　74LS48 功能表

功能	输 入						入/出	输 出							显示字形
	LT	RBI	D	C	B	A	BI/RBO	a	b	c	d	e	f	g	
0	1	1	0	0	0	0	1	1	1	1	1	1	1	0	
1	1	×	0	0	0	1	1	0	1	1	0	0	0	0	
2	1	×	0	0	1	0	1	1	1	0	1	1	0	1	
3	1	×	0	0	1	1	1	1	1	1	1	0	0	1	
4	1	×	0	1	0	0	1	0	1	1	0	0	1	1	
5	1	×	0	1	0	1	1	1	0	1	1	0	1	1	
6	1	×	0	1	1	0	1	0	0	1	1	1	1	1	
7	1	×	0	1	1	1	1	1	1	1	0	0	0	0	
8	1	×	1	0	0	0	1	1	1	1	1	1	1	1	
9	1	×	1	0	0	1	1	1	1	1	0	0	1	1	
10	1	×	1	0	1	0	1	0	0	0	1	1	0	1	
11	1	×	1	0	1	1	1	0	0	1	1	0	0	1	
12	1	×	1	1	0	0	1	0	1	0	0	0	1	1	
13	1	×	1	1	0	1	1	1	0	0	1	0	1	1	
14	1	×	1	1	1	0	1	0	0	0	1	1	1	1	
15	1	×	1	1	1	1	1	0	0	0	0	0	0	0	(灭)
灭灯	×	×	×	×	×	×	0	0	0	0	0	0	0	0	(灭)
灭0	1	0	0	0	0	0	0	0	0	0	0	0	0	0	(灭)
试灯	0	×	×	×	×	×	1	1	1	1	1	1	1	1	

　　图 5.4.2(a)是一个七段 LED 数码管的示意图。引线 a、b、c、d、e、f、g 分别与相应的发光二极管的阳极相连,它们的阴极连在一起并接地,如图 5.4.2(b)所示为共阴数码管。图 5.4.3 为显示译码器与共阴数码管的连接示意图,图中各电阻为上拉限流电阻,对 74LS48 来说是必须的。有的显示译码器内部已经集成了上拉电阻,这时,译码器可直接连接数码管,而不必再通过上拉电阻连到电源。

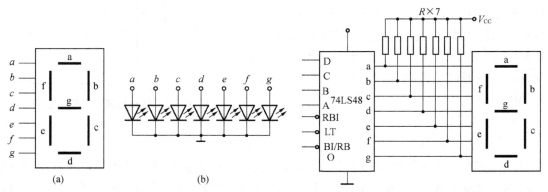

图 5.4.2　共阴数码管　　　　　图 5.4.3　显示译码器连接共阴数码管示意图

（2）变量译码器 74LS138 的功能

74LS138 是一个 3 线—8 线通用变量译码器，属于 n 线—2^n 线译码器的范畴，其引脚图见附录，功能表见表5.4.3。其中，C、B、A 是地址输入端，$Y_0 \sim Y_7$ 是译码输出端，G_1、G_{2A}、G_{2B} 为使能端，其中 G_1 为高电平有效，G_{2A}、G_{2B} 为低电平有效，所以，当 $G_1=1$，$G_{2A}+G_{2B}=0$，器件使能。

表 5.4.3 74138 功能表

使能输入			逻辑输入			输　出							
G_1	G_{2A}	G_{2B}	C	B	A	Y_0	Y_1	Y_2	Y_3	Y_4	Y_5	Y_6	Y_7
×	1	×	×	×	×	1	1	1	1	1	1	1	1
×	×	1	×	×	×	1	1	1	1	1	1	1	1
0	×	×	×	×	×	1	1	1	1	1	1	1	1
1	0	0	0	0	0	0	1	1	1	1	1	1	1
1	0	0	0	0	1	1	0	1	1	1	1	1	1
1	0	0	0	1	0	1	1	0	1	1	1	1	1
1	0	0	0	1	1	1	1	1	0	1	1	1	1
1	0	0	1	0	0	1	1	1	1	0	1	1	1
1	0	0	1	0	1	1	1	1	1	1	0	1	1
1	0	0	1	1	0	1	1	1	1	1	1	0	1
1	0	0	1	1	1	1	1	1	1	1	1	1	0

（3）变量译码器的应用

① 用作地址译码器。变量译码器在计算机系统中可用做地址译码器。计算机系统中寄存器、存储器、键盘等都通过地址总线、数据总线、控制总线与 CPU 相连，如图 5.4.4 所示。当 CPU 需要与某一器件或设备传送数据时，总是首先将该器件（或设备）的地址码送往地址总线，高位地址经译码器译码后产生片选信号选中需要的器件（或设备），然后才在 CPU 和选中的器件（或设备）之间传送数据。未被选中器件（或设备）的接口处于高阻状态，不会与 CPU 传送数据。存储器内部的单元寻址是由片内的地址译码器对剩余的低位地址译码完成的。

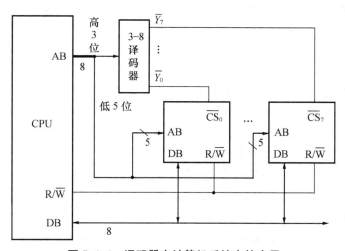

图 5.4.4 译码器在计算机系统中的应用

② 实现分配器。实现分配器的一种方法是将变量译码器其中的一个使能端用做数据输入端，串行输入数据信号，而 C、B、A 按二进制码变化，就可将串行输入的数据信号送至相应的输出端。数据分配器的使用将在第 2.5 节实验内容中专门介绍。

③ 实现组合逻辑函数。译码器的每一路输出是地址码的一个最小项的反变量，利用其

中一部分输出的与非关系，也就是它们相应最小项的或逻辑表达式，可以实现组合逻辑函数。例如：

$$Y = AB + BC + AC$$

$$F(C、B、A) = \sum m(3,5,6,7)$$

可用译码器及与非门实现，如图 5.4.5 所示。

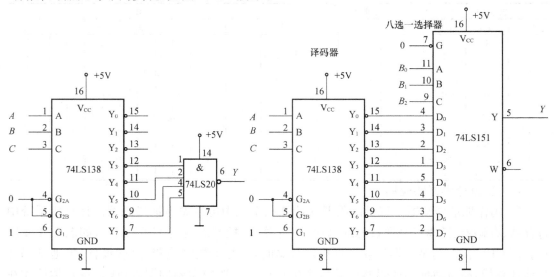

图 5.4.5　74LS138 实现三变量逻辑函数　　　**图 5.4.6　用译码器和数据选择器构成比较器**

④ 实现并行数据比较器。如果把一个译码器和多路选择器串联起来，就可以构成并行数据比较器。例如：用一个 3 线—8 线译码器和一个八选一数据选择器可组成一个 3 位二进制数并行比较器，如图 5.4.6所示。若两组 3 位二进制数相等，即 $ABC = B_0 B_1 B_2$，译码器的"0"输出被数据选择器选出，$Y = 0$；若不等，则 $Y = 1$。

5.4.4　实验内容

(1) 验证 74LS148、74LS138 的逻辑功能。

(2) 用 74LS138 和与非门实现下列函数：$Y = AB + \overline{ABC} + \overline{A}\,B\overline{C}$。

(3) 将 3 线—8 线译码器扩展为 4 线—16 线译码器。如果把此 4 线—16 线译码器用作 4 位地址译码器，最多可以挂多少外设或器件？

(4) 设计一个用 74LS138 译码器检测信号灯工作状态的电路。信号灯有红（A）、黄（B）、绿（C）三种，正常工作时，只能是红，或绿，或红黄，或绿黄灯亮，其他情况视为故障，电路报警，报警输出为 1。

(5) 用 1 片 74LS138 译码器和 2 片三态输出四总线缓冲器 74LS125 构成 8 路单向总线，要求：由地址输入端 C、B、A 选择 8 路数据中的哪一路数据传到总线上。参考设计见图 5.4.7。

(6) 用 74LS48 实现图 5.4.3 的显示译码电路。

(7) 设计一个能驱动七段 LED 数码管的译码电路，输入变量 A、B、C 来自计数器，按顺序 000～111 计数。当 $ABC = 000$ 时，全灭，以后要求依次显示 H、O、P、E、F、U、L 七个字

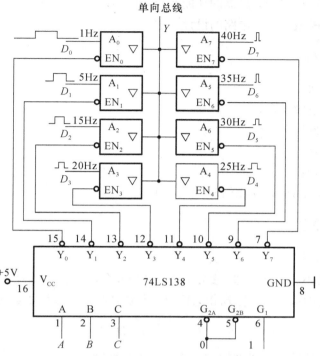

图 5.4.7 用 74LS138 和两片 74LS125 构成 8 路单向总线

母。采用共阴极数码管。

(8) 有 8 个储物柜,每个储物柜中分别有 32 个小储物箱。试设计一个 8 位地址译码电路,控制储物柜和其中储物箱的开启(低电平开启,手动关闭),要求分两级实现。先对高 3 位地址进行译码,产生开锁信号 CS_i($i=0$、…、7),控制储物柜的开启,储物柜开启后再对低 5 位地址进行译码产生开锁信号 CS_j($j=0$、…、31),控制储物箱的开启。

5.4.5 实验报告

(1) 详细描述实验内容中每个题目的设计过程,整理并分析实验数据;
(2) 分析实验过程中遇到的问题,总结实验的收获和体会。

5.4.6 思考题

(1) 编码器在计算机、通信系统中一般有什么用途?
(2) 考虑如何用编码器实现三纵四横(0～9,＊,♯)键盘的编码输出?
(3) 变量译码器和显示译码器在计算机、通信系统中分别有什么用途?

5.5 数据选择器和分配器

5.5.1 实验目的

(1) 理解数据选择器与分配器的工作原理;

（2）掌握数据选择器和分配器的功能及简单应用；

（3）学习中规模组合逻辑电路的设计方法。

5.5.2　实验设备

（1）万用表 1 块；

（2）直流稳压电源 1 台；

（3）低频信号发生器 1 台；

（4）示波器 1 台；

（5）实验箱 1 台；

（6）集成电路 74LS138、74LS153 等各 1 片。

5.5.3　实验原理

1）数据选择器

数据选择器又称多路调制器、多路开关，它有多个输入、一个输出，在控制端的作用下可从多路并行数据中选择一路数据作为输出。数据选择器可以用函数式表示为：

$$Y = \sum_{i=0}^{n-1} \bar{G} m_i D_i$$

式中：G 为使能端逻辑值；m_i 为地址最小项；D_i 为数据输入。

74LS153 是一个双四选一数据选择器，其引脚图见附录，功能表见表 5.5.1。

表 5.5.1　74LS153 功能表

选择输入		数据输入					输出
B	A	D_0	D_1	D_2	D_3	G	Y
×	×	×	×	×	×	1	0
0	0	0	×	×	×	0	0
0	0	1	×	×	×	0	1
0	1	×	0	×	×	0	0
0	1	×	1	×	×	0	1
1	0	×	×	0	×	0	0
1	0	×	×	1	×	0	1
1	1	×	×	×	0	0	0
1	1	×	×	×	1	0	1

74LS153 中每个四选一数据选择器都有一个选通输入端 G，输入低电平有效。应当注意：选择输入端 B、A 为两个数据选择器所共用。从功能表可以看出，数据输出 Y 的逻辑表达式为：

$$Y = \bar{G}[D_0(\bar{B}\bar{A}) + D_1(\bar{B}A) + D_2(B\bar{A}) + D_3(BA)]$$

即当选通输入 $G=0$ 时，若选择输入 B、A 分别为 00、01、10、11，则相应的把 D_0、D_1、D_2、D_3 送到数据输出端 Y；当 $G=1$ 时，Y 恒为 0。

2）数据选择器的应用

（1）数据选择器是一种通用性很强的器件，其功能可扩展，当需要输入通道数目较多的多路器时，可采用多级结构或灵活运用选通端功能的方法来扩展输入通道数目。

（2）应用数据选择器可以方便而有效地设计组合逻辑电路，与用小规模电路来设计逻辑电路相比，前者可靠性好，成本低。

（3）实现逻辑函数。用一个四选一数据选择器可以实现任意三变量的逻辑函数；用一个八选一数据选择器可以实现任意四变量的逻辑函数。当变量数目较多时，设计方法是合理地选用地址变量，通过对函数的运算，确定各数据输入端的输入方程，也可以用多级数据选择器来实现。例如：用四选一多路数据选择器实现三变量函数：

$$Y = AB + BC + AC$$

将表达式整理得：

$$Y = \overline{B}\,\overline{A} \cdot 0 + \overline{B}AC + B\overline{A}C + AB \cdot 1$$

对应于四选一的逻辑表达式，显然：$1D_0 = 0$，$1D_1 = 1D_2 = C$，$1D_3 = 1$，用 74LS153 实现电路如图 5.5.1所示。

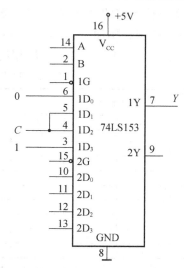

图 5.5.1　74LS153 实现三变量逻辑函数

（4）利用数据选择器可以将并行码变为串行码，方法是将并行码送入数据选择器的输入端，并使其选择控制端按一定编码顺序变化，就可以在输出端得到相应的串行码输出。

3）分配器

数据分配器又称分路器、多路解调器，是一种实现与选择器相反过程的器件，其逻辑功能是将一个输入通道上的信号送至多个输出端中的一个，相当于一个单刀多掷开关。4 路数据分配器的功能表见表 5.5.2。

表 5.5.2　4 路数据分配器功能表

输　入			输　出			
数　据	地址选择		Y_0	Y_1	Y_2	Y_3
D	A_1	A_0				
D	0	0	D	0	0	0
	0	1	0	D	0	0
	1	0	0	0	D	0
	1	1	0	0	0	D

可见，数据分配器与译码器非常相似，将译码器进行适当连接，就可实现数据分配器功能。因此，市场上只有译码器而没有数据分配器产品，当需要数据分配器时，就用译码器改接即可，方法之一是将译码器的高位译码输入端用做数据输入端，串行输入数据信号，而剩余译码输入端按二进制码变化，就可将串行输入的数据信号分别送至相应的输出端。

用 74LS138 变量译码器实现 4 路数据分配器的电路连接如图 5.5.2 所示。译码器一直处于工作状态（也可受使能信号控制），数据输入 D 接译码器的译码输入端的最高位 C，地址选择码 A_1、A_0 接译码

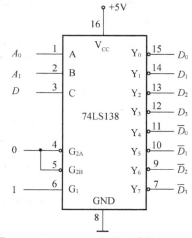

图 5.5.2　74LS138 实现 4 路数据分配器

器的译码输入端的低 2 位 B、A。数据分配器的输入端可以根据数据分配器的定义从表 5.5.3 中确定。例如，当 $A_1A_0=10$ 时，4 路数据分配器中 $D_2=D$。观察表 5.5.3 可知，$A_1A_0=10$ 时，Y_2 与 D 一致，Y_6 与 D 相反，因此 $Y_2=D_2$，$Y_6=\overline{D_2}$。

表 5.5.3　74138 实现 4 路数据分配器的功能表

数据输入	地址输入		数据输出（反）				数据输出			
C (D)	B (A_1)	A (A_0)	Y_7 $\overline{D_3}$	Y_6 $\overline{D_2}$	Y_5 $\overline{D_1}$	Y_4 $\overline{D_0}$	Y_3 D_3	Y_2 D_2	Y_1 D_1	Y_0 D_0
0	0	0	1	1	1	1	1	1	1	0
0	0	1	1	1	1	1	1	1	0	1
0	1	0	1	1	1	1	1	0	1	1
0	1	1	1	1	1	1	0	1	1	1
1	0	0	1	1	1	0	1	1	1	1
1	0	1	1	1	0	1	1	1	1	1
1	1	0	1	0	1	1	1	1	1	1
1	1	1	0	1	1	1	1	1	1	1

74LS138 有 8 个译码输出端，也可以用一片 74LS138 实现 8 路数据输出分配器，方法是将其中一个使能端用做数据输入端，串行输入数据信号，而 C、B、A 按二进制码变化，就可将串行输入的数据信号分别送至相应的输出端。其电路如图 5.5.3 所示。

分配器的一个用途是实现数据传输过程中的串、并转换，将串行码变为并行码。图 5.5.4 为利用数据选择器构成的并—串转换和利用分配器构成的串—并转换结合在一起使用的应用示意图。当地址选择输入 A_1A_0 按 00→01→10→11 的顺序快速变化时，$Y→D$ 之间的物理传输线上数据排列从后到前应依次为 $D_3D_2D_1D_0$，而 A_1A_0 在 T（T 为 Y 到 D 的传输时延）之后也按 00→01→10→11 的顺序变化即可把 $D_0D_1D_2D_3$ 依次分配给 $Y_0Y_1Y_2Y_3$，从而实现并—串和串—并转换。可见，原来需要 4 路物理传输线路的 4 路数据传输变成只需 1 路物理线路，这在长距离多路传输时的意义就是节省长途物理线路资源。

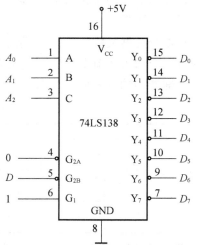

图 5.5.3　74LS138 实现 8 路数据分配器

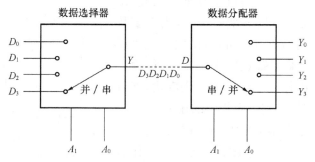

图 5.5.4　并-串和串-并转换应用示意图

4）组合逻辑电路的设计

组合逻辑电路的设计就是根据逻辑功能的要求及器件资源情况，设计出实现该功能的最佳电路。设计时可以采用小规模集成门电路(SSI)实现，也可以采用中规模集成电路(MSI)或存储器、可编程逻辑器件(PLD)实现。在此只讨论采用 SSI 及 MSI 构成组合逻辑电路的设计方法，采用存储器和 PLD 构成组合逻辑电路的设计方法将在本书后面的章节专门介绍。

（1）采用 SSI 的组合逻辑电路设计

采用 SSI 设计组合逻辑电路的一般步骤如图 5.5.5 所示。

首先将逻辑功能要求抽象成真值表的形式，由真值表可以很方便地写出逻辑函数表达式。

在采用 SSI 时，通常将函数化简成最简与-或表达式，使其包含的乘积项最少，且每个乘积项所包含的因子数也最少。最后根据所采用的器件的类型进行适当的函数表达式变换，如变成与非-与非表达式、或非-或非表达式等。

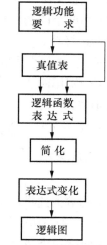

图 5.5.5 采用 SSI 进行组合逻辑电路设计的步骤

有时由于输入变量的条件（如只有原变量输入，没有反变量输入）、采用器件的条件（如在一块集成器件中包含多个基本门）等因素，采用最简与或式实现电路，不一定是最佳电路。

（2）采用 MSI 实现组合逻辑函数

MSI 的大量出现使许多逻辑设计问题可以直接选用相应的器件实现，这样既省去了繁琐的设计，同时也避免了设计中的一些错误，简化了设计过程。MSI 大多是专用功能器件，用这些功能器件实现组合逻辑函数，基本上只要采用逻辑函数对比的方法即可。因为每一种组合电路的 MSI 都具有确定的逻辑功能，都可以写出其输出和输入关系的逻辑函数表达式。因此，可以将要实现的逻辑函数表达式进行变换，尽可能变换成与某些 MSI 的逻辑函数表达式类似的形式，这时可能有以下三种情况：

① 需要实现的逻辑表达式与某种 MSI 的逻辑函数表达式相同，这时直接选用此器件实现即可。

② 需要实现的逻辑函数是某种 MSI 的逻辑函数的一部分，例如变量数少，这时只需对 MSI 的多余输入端作适当的处理（固定为 1 或固定为 0），即可实现需要的组合逻辑函数。

③ 需要实现的逻辑函数比 MSI 的输入变量多，这时可通过扩展的方法实现。

一般说来，采用 MSI 实现组合逻辑函数时，有以下几种情况：

① 使用数据选择器实现单输出函数；

② 使用译码器和附加逻辑门实现多输出函数；

③ 对一些具有某些特点的逻辑函数，如逻辑函数输出为输入信号相加，则采用全加器实现；

④ 对于复杂的逻辑函数的实现，可能需要综合上面三种方法来实现。

5.5.4　实验内容

（1）验证 74LS153 的逻辑功能。

（2）用两个四选一数据选择器构成一个八选一数据选择器。

提示：参考设计见图 5.5.6。

（3）分别用四选一数据选择器和与非门实现下列函数：

$$F(A,B,C) = \sum m(1,3,4,6,7)$$

$$F(A,B,C,D,E) = \sum m(0 \sim 4, 8, 9, 11 \sim 14,$$
$$18 \sim 21, 25, 26, 29 \sim 31)$$

（4）用数据选择器设计 2 位全加器。

（5）用 74LS153 实现 4 位二进制码 A 的奇偶校验电路，当 $A = a_3 a_2 a_1 a_0$ 含有奇数个 1 时，电路输出 $Z = 1$。

（6）用一个四选一数据选择器和最少量的与非门，设计一个符合输血-受血规则（如图 5.5.7所示）的四输入一输出电路，检测所设计电路的逻辑功能。

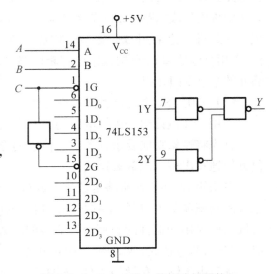

图 5.5.6　2 个 4 选 1 数据选择器构成一个 8 选 1 数据选择器

提示：受血者和输血者都有四种血型，分别对它们进行编码。假定 CD 代表输血者，EF 代表受血者，且 00：血型 A，01 血型 B，11 血型 AB，10 血型 O，则此题变为，输入为 $CDEF$ 4 个变量，输出 Y 的定义是，能成功配型的输出 $Y = 1$，否则 $Y = 0$。

（7）参考图 5.5.4，用数据选择器 74LS153 和译码器 74LS138（当数据分配器用）设计 5 路信号分时传送系统。测试在 $A_2 \sim A_0$ 控制下输入 $D_4 \sim D_0$ 和输出 $Y_4 \sim Y_0$ 的对应波形关系。

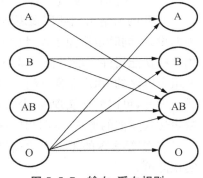

图 5.5.7　输血-受血规则

（8）设 A、B、C 为三个互不相等的 4 位二进制数。试用 4 位数字比较器和二选一数据选择器设计一个能在 A、B、C 中选出最小数的逻辑电路。

（9）在数字系统中，常用重复的二进制序列发生器（也称函数发生器）来产生一些不规则的序列码，作为某个设备的控制信号。试用数据选择器产生二进制周期性序列"11000110010"。

5.5.5　实验报告

（1）详细描述实验内容中每个题目的设计过程，整理并分析实验数据；

（2）分析实验过程中遇到的问题，总结实验的收获和体会；

（3）总结组合逻辑电路的设计方法。

5.5.6 思考题

（1）利用数据选择器和译码器实现组合逻辑函数各有何特点？试用一片 74LS138 和与非门或用一片 74LS153 实现函数 $F=\overline{ABC}+\overline{A}\,B\overline{C}+ABC$。画出逻辑电路图。

（2）什么叫险象？试设法用示波器观察险象。如何通过改善硬件设计来避免逻辑冒险？

（3）信号传输速度、路径与逻辑竞争的关系是什么？

（4）加法器、数据编码器/译码器、数据分配器/选择器等中规模组合电路是否都可以用基本门电路实现？

5.6　触发器

5.6.1　实验目的

（1）理解时序电路与组合电路的区别与联系；

（2）理解 RS 触发器、D 触发器、JK 触发器的工作原理及简单应用；

（3）学习小规模时序逻辑电路的设计方法。

5.6.2　实验设备

（1）万用表 1 块；

（2）直流稳压电源 1 台；

（3）低频信号发生器 1 台；

（4）示波器 1 台；

（5）实验箱 1 台；

（6）集成电路 74LS00、74LS74、74LS112 等各 1 片。

5.6.3　实验原理

1）触发器概述

触发器是最基本的存储元件，它的存在使逻辑运算能够"有序"地进行，这就形成了时序电路。时序电路的运用比组合电路更加广泛。

触发器具有高电平（逻辑 1）和低电平（逻辑 0）两种稳定的输出状态和"不触不发，一触即发"的工作特点。触发方式有边沿触发和电平触发两种。电平触发方式的触发器有空翻现象，抗干扰能力弱；边沿触发方式的触发器不仅可以克服电平触发方式的空翻现象，而且仅仅在时钟 CP 的上升沿或下降沿时刻才对输入激励信号响应，大大提高了抗干扰能力。

触发器和组合元件结合可构成各种功能的时序电路（包括同步和异步时序电路）：

（1）时序电路中最常用也是最简单的电路是计数器电路，包括同步和异步两种；

（2）移位寄存器是由多个触发器串接而成的一种同步时序电路；

（3）序列检测器是同步时序电路的一种基本应用形式；

（4）随机存取存储器（RAM）在当前的电子设备中被广泛使用，RAM 是用双稳态触发器存储信息的。

2）基本 RS 触发器

（1）基本 RS 触发器的工作原理

从实际使用的角度看，相对于其他触发器，基本 RS 触发器的应用较少，但理解基本 RS 触发器的组成结构及工作原理，对掌握包括 D 触发器、JK 触发器在内的其他相对复杂的触发器的功能与应用有很大帮助。因此，有必要熟练掌握基本 RS 触发器的原理和功能，并了解其简单应用。

基本 RS 触发器是一种最简单的触发器，也是构成其他各种触发器的基础，它可以存储 1 位二进制信息。基本 RS 触发器既可由两个交叉耦合的与非门构成，也可由两个交叉耦合的或非门构成。图 5.6.1(a)、(b)分别是与非门构成的基本 RS 触发器的逻辑电路及其波形图。从波形图可见，与非门结构的基本 RS 触发器不但禁止 R、S 同时为 0，而且输出还具有不确定态。或非门结构的基本 RS 触发器同样存在这种缺点。

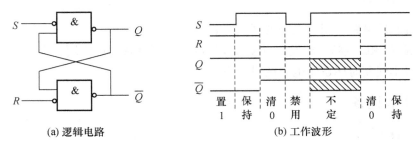

(a) 逻辑电路　　　　　　　　　　(b) 工作波形

图 5.6.1　与非门构成的基本 RS 触发器

（2）基本 RS 触发器的应用

基本 RS 触发器的用途之一是构成无抖动开关。一般的机械开关如图 5.6.2(a)所示，存在接触抖动，开关动作时，往往会在几十毫秒内出现多次抖动，相当于出现多个脉冲，见图 5.6.2(b)，如果用这种信号去驱动电路工作，将使电路产生错误，这是不允许的。为了消除机械开关的接触抖动，可以利用基本 RS 触发器构成无抖动开关，见图 5.6.3(a)，使开关拨动一次，输出仅发生一次变化，见图 5.6.3(b)。这种无抖动开关电路在今后的时序电路和数字系统中经常用到，必须引起足够重视。

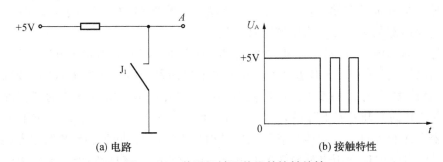

(a) 电路　　　　　　　　　　　　(b) 接触特性

图 5.6.2　普通机械开关及其接触特性

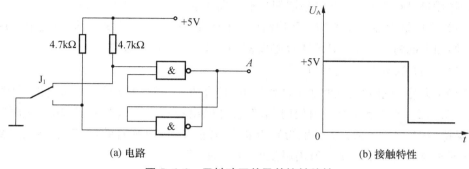

(a) 电路   (b) 接触特性

图 5.6.3 无抖动开关及其接触特性

表 5.6.1 给出了几种典型的集成基本 RS 触发器,它们的使用方法可参考集成电路手册。

表 5.6.1 典型集成 RS 触发器

型 号	特 性	输 入	输 出
74LS279	4RS 触发器,与非结构	R、S 低电平有效	Q
CD4043	4RS 触发器,或非结构	R、S 高电平有效	Q(三态)
CD4044	4RS 触发器,与非结构	R、S 低电平有效	Q(三态)

注意:

① 对于与非结构的基本 RS 触发器,当 R 和 S 输入端同时为 0 时,触发器的输出状态处于不稳定态,所以在实际使用时一定要避免 $R=S=0$ 的情况。

② 对于或非结构的基本 RS 触发器,当 R 和 S 输入端同时为 1 时,触发器的输出状态处于不稳定态,所以在实际使用时一定要避免 $R=S=1$ 的情况。

3) 钟控 RS 触发器

基本 RS 触发器具有直接清"0"、置"1"功能,当输入信号 R 或 S 发生变化时,触发器状态立即改变。但是,在实际电路中一般要求触发器状态按一定的时间节拍变化,即输出变化时刻受时钟脉冲的控制,这样就有了钟控 RS 触发器。钟控 RS 触发器是各种时钟触发器的基本形式。钟控 RS 触发器的逻辑电路和工作波形如图 5.6.4(a)、(b)所示。

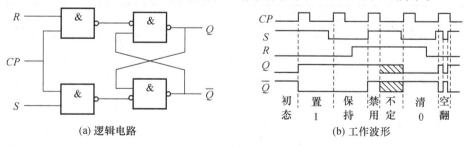

(a) 逻辑电路   (b) 工作波形

图 5.6.4 钟控 RS 触发器

从图 5.6.4(b)所示的钟控 RS 触发器的工作波形图可以看出:

(1) 钟控 RS 触发器 R 和 S 输入端同时为 1 时,不论 CP 为高电平还是低电平,触发器的输出状态都处于不稳定态,所以在实际使用时一定要避免这种情况。

(2) 钟控 RS 触发器由于是 CP 电平触发,抗干扰能力弱,存在空翻现象,即在同一个

CP 脉冲作用期间(高电平或低电平期间),触发器可能会发生一次以上的翻转。

大多数集成触发器都是响应 CP 边沿(上升沿或下降沿)的触发器,而不是电平触发的触发器,例如下面将介绍的 74LS74 D 触发器和 74LS112 JK 触发器。

4)边沿 D 触发器 74LS74

74LS74 边沿 D 触发器在时钟 CP 作用下,具有清"0"、置"1"功能,其引脚图见附录,功能表见表 5.6.2。在时钟 CP 上升沿时刻,触发器输出 Q 根据输入 D 而改变,其余时间触发器状态保持不变。CLR 和 PR 分别为异步复位、置位端,低电平有效,可对电路预置初始状态。74LS74 内部集成了两个上升沿触发的 D 型触发器。

表 5.6.2　74LS74 边沿 D 触发器功能表

输　入				输　出	
PR	CLR	CP	D	Q	$\bar{Q}$
L	H	$\times$	$\times$	H	L
H	L	$\times$	$\times$	L	H
L	L	$\times$	$\times$	$H\uparrow$	$L\uparrow$
H	H	$\uparrow$	H	H	L
H	H	$\uparrow$	L	L	H
H	H	L	$\times$	Q	$\bar{Q}$

除了 74LS74 外,74LS174、74LS273、74LS374 等也是边沿触发的 D 触发器,可根据需要选用,具体使用方法请参考器件手册。

D 触发器主要用途有:

(1)使用方法非常简单,常用于计数器和其他时序逻辑电路,工作时在时钟上升沿或下降沿改变输出状态。

(2)将 D 触发器接入微处理器总线,当时钟上升沿或下降沿到来时输入状态被存储/锁存下来。

5)边沿 JK 触发器 74LS112

在所有类型触发器中,JK 触发器功能最全,具有清"0"、置"1"、保持和翻转等功能。74LS112 内部集成了两组下降沿触发的 JK 触发器,其引脚图见附录,功能表见表 5.6.3。

表 5.6.3　74LS112 功能表

输　入					输　出	
PR	CLR	CP	J	K	Q	$\bar{Q}$
L	H	$\times$	$\times$	$\times$	H	L
H	L	$\times$	$\times$	$\times$	L	H
L	L	$\times$	$\times$	$\times$	$H\uparrow$	$L\uparrow$
H	H	$\downarrow$	L	L	Q_0	$\bar{Q}_0$
H	H	$\downarrow$	H	L	H	L
H	H	$\downarrow$	L	H	L	H
H	H	$\downarrow$	H	H	翻　转	
H	H	H	$\times$	$\times$	Q_0	$\bar{Q}_0$

常用的 JK 触发器还有 74LS73、74LS113、74LS114 等,功能及使用方法略有不同,具体使用时请参考器件手册。

6)脉冲工作特性

触发器是由门电路构成的,由于门电路存在传输延迟,为使触发器能正确地变化到预定的状态,输入信号与时钟脉冲之间应满足一定的时间关系,这就是触发器的脉冲工作特性。

脉冲工作特性主要包括:

(1) 建立时间 t_{set}:CP 脉冲的有效边沿到来时,激励输入信号应该已经到来一段时间,这个时间称为建立时间。

(2) 保持时间 t_h:CP 脉冲的有效边沿到来后,激励输入信号还应该继续保持一段时间。这个时间称为保持时间。

(3) 延迟时间 t_{pd}:从 CP 脉冲的有效边沿到来到输出端得到稳定的状态所经历的时间称为触发器的延迟时间,$t_{pd}=(t_{pHL}+t_{pLH})/2$。

(4) 时钟高电平持续时间 t_{WH}。

(5) 低电平持续时间 t_{WL}。

(6) 最高工作频率 f_{max}。

由于以上因素的影响,时钟脉冲 CP 必须满足高电平持续时间、低电平持续时间及最高工作频率等指标要求。

表 5.6.4 给出了 74LS74A D 触发器的主要技术指标,各指标的含义如图 5.6.5 所示。这些指标为设计电路时把握各信号间的时间关系及确定时钟的主要参数提供了依据。

表 5.6.4　74LS74A D 触发器的主要技术指标

参数名称和符号			极限值			单位	测试条件
			最小	典型	最大		
建立时间	t_{set}	t_{sH}	20			ns	$V_{CC}=5.0\ V, C_L=15\ pF$
		t_{sL}	20			ns	
保持时间	t_h		5			ns	
低电平保持时间	t_{WL}		25			ns	
高电平保持时间	t_{WH}		25			ns	
最高工作频率	f_{max}		25	33		MHz	
平均传输延迟时间	t_{pd}	t_{pLH}		13	25	ns	$V_{CC}=5.0\ V$
		t_{pHL}		25	40		

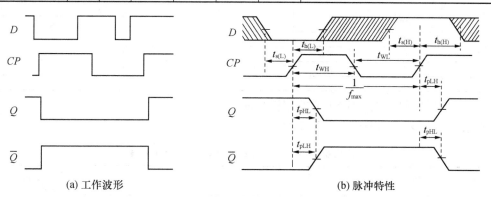

(a) 工作波形　　　　　　　　(b) 脉冲特性

图 5.6.5　74LS74A D 触发器的工作波形与脉冲特性

7) 集成触发器使用注意事项

(1) 必须满足脉冲工作特性。在同一同步时序电路中,各触发器的触发时钟脉冲是同一个时钟脉冲。因此,在同一电路中应尽可能选用同一类型的触发器或触发沿相同的触发器。

(2) 由于触发器状态端(Q 或 $\overline{Q}$)端的负载能力是有限的,所带负载不能超过扇出系数。

特别是 TTL 电路的触发器负载能力较弱,如果超负载将会造成输出电平忽高忽低、逻辑不清。解决方法是:插入驱动门增加 Q 端或 $\overline{Q}$ 端的负载能力,或根据需要在 Q 端通过一反相器帮助 $\overline{Q}$ 端带负载;反之亦然。

(3) 要保证电路具有自启动能力。检查方法是:利用 CLR 端和 PR 端使电路处于未使用状态,观察电路在时钟作用下是否会回到正常状态。如果不能,则应改进电路使其具有自启动能力。

(4) 一般情况下,测试电路的逻辑功能仅仅验证了它的状态转换真值表,更严格的测试还应包括测试电路的时序波形图,检查是否符合设计要求。

5.6.4 实验内容

(1) 测试基本 RS 触发器的逻辑功能

基本 RS 触发器是无时钟控制、由电平直接触发的触发器,具有置"0"、置"1"和"保持"三种功能。试用两个与非门(可选用 74LS00)组成基本 RS 触发器,按表 5.6.5 要求测试并加以记录。观察 $R=S=0$ 时触发器的不稳定态。

表 5.6.5 基本 RS 触发器功能测试结果

输 入		输 出	
S	R	Q_{n+1}	$\overline{Q}_{n+1}$
0	1		
1	1		
1	0		
0	1		
0	0		

(2) 测试 D 触发器 74LS74 的逻辑功能

按表 5.6.6 要求,观察并记录 Q 的状态。

表 5.6.6 74LS74 D 触发器功能测试结果

PR	CLR	D	CP	Q_{n+1}	
				$Q_n=0$	$Q_n=1$
0	1	×	×		
1	0	×	×		
1	1	0	↑		
1	1	1	↑		

(3) 测试 JK 触发器 74LS112 的逻辑功能

按表 5.6.7 要求,观察并记录 Q 的状态。

表 5.6.7 74LS112 JK 触发器功能测试结果

PR	CLR	J	K	CP	Q_{n+1}	
					$Q_n=0$	$Q_n=1$
0	1	×	×	×		
1	0	×	×	×		
1	1	0	0	↓		
1	1	0	1	↓		
1	1	1	0	↓		
1	1	1	1	↓		

（4）将 JK 触发器 74LS112 转换成 D 触发器

设计一个逻辑电路将 JK 触发器 74LS112 转换成 D 触发器。画出逻辑电路图并加以实现。

（5）用 D 触发器设计一个六进制异步加法计数器

① 用单脉冲作输入，观察输出的变化情况，并加以记录。

② 用 $f=1\ \text{kHz}$ 的连续脉冲作输入，用双踪示波器观察并画出 CP 端与 Q 端的脉冲波形图，标出其脉冲工作特性，主要包括建立时间 t_{set}、保持时间 t_{h}、时钟高电平持续时间 t_{WH}、时钟低电平持续时间 t_{WL}。

（6）用 74LS112 双 JK 触发器设计一个同步四进制加法计数器

① 触发器的时钟信号用单脉冲作输入，观察两个触发器输出的变化，并加以记录。

② 用 $f=1\ \text{kHz}$ 的连续脉冲作输入，用双踪示波器观察并比较其输入、输出信号的波形，画出 CP 与 Q 的脉冲波形图，标出其脉冲工作特性，主要包括建立时间 t_{set}、保持时间 t_{h}、时钟高电平持续时间 t_{WH}、时钟低电平持续时间 t_{WL}。

（7）用 74LS112 及门电路设计一个计数器

该计数器有两个控制端 C_1 和 C_2，C_1 用来控制计数器的模数，C_2 用来控制计数器的增减。

① $C_1=0$，则计数器为模 3 计数器；$C_1=1$，则计数器为模 4 计数器。

② $C_2=0$，则计数器为加法计数器；$C_2=1$，则计数器为减法计数器。

（8）设计一个简易两人智力竞赛抢答器

具体要求：

① 每个抢答人操纵一个微动开关，以控制自己的一个指示灯。

② 抢先按动开关者能使自己的指示灯亮起，并封锁对方的动作（即对方即使按动开关也不再起作用）。

③ 主持人可在最后按"主持人"微动开关使指示灯熄灭，并解除封锁。

④ 器件自定，根据设计的电路图搭接电路，并验证电路功能。

5.6.5　实验报告

（1）详细描述实验内容中每个题目的设计过程，整理并分析实验数据；

（2）分析实验过程中遇到的问题，总结实验的收获和体会。

5.6.6　思考题

（1）在设计时序逻辑电路时如何处理各触发器的清"0"端 CLR 和置"1"端 PR。

（2）请结合图 5.6.5 所示的 D 触发器的工作波形与脉冲特性，谈谈对时序概念的理解。为什么在设计实际电路时要关注数字集成电路的最高工作频率？

（3）比较一下小规模集成组合逻辑电路（见表 5.6.1）和集成时序逻辑电路的特性参数。它们之间有什么区别和联系？

（4）设计同步计数器时，选用哪种类型的触发器较方便？设计异步计数器时，选用哪种类型的触发器较方便？

（5）D 触发器可以锁存信号，请描述一下锁存器的工作过程。

（6）为什么说触发器可以存储二进制信息？

（7）边沿触发和电平触发的区别是什么？

5.7　集成计数器

5.7.1　实验目的

（1）掌握计数器的概念；

（2）理解常用中规模集成（MSI）计数器的工作机制及简单应用；

（3）学习中规模时序逻辑电路的设计方法。

5.7.2　实验设备

（1）万用表 1 块；

（2）直流稳压电源 1 台；

（3）低频信号发生器 1 台；

（4）示波器 1 台；

（5）实验箱 1 台；

（6）集成电路 74LS163、74LS192、74LS90 等各 1 片。

5.7.3　实验原理

1）计数器概述

计数器是一种十分重要的逻辑部件。如果输入的计数脉冲是秒信号，则可用模 60 计数器产生分信号，进而产生时、日、月和年信号；如果在一定的时间间隔（如 1 s）内对输入的周期性脉冲信号计数，就可以测出该信号的重复频率；计数器还是很多专用集成电路内部不可或缺的模块。

计数器种类很多。各种计数器间的不同之处主要表现在计数方式（同步计数或异步计数）、模、码制（自然二进制码或 BCD 码等）、计数规律（加法计数或加/减计数）、预置方式（同步预置或异步预置）以及复位方式（异步复位或同步复位）等六个方面。

计数器的功能表征方式有功能表和时序波形图两种。

计数器的型号有很多，既有 TTL 型器件，也有 CMOS 型器件。表 5.7.1 列出了部分常用的集成计数器。

表 5.7.1　常用集成计数器

型　号	计数方式	模及码制	计数规律	预　置	复　位	触发方式
74LS90	异步	2×5	加法	异步	异步	下降沿
74LS92	异步	2×6	加法	—	异步	下降沿
74LS160	同步	模 10,8421 码	加法	同步	异步	上升沿
74LS161	同步	模 16,二进制	加法	同步	异步	上升沿
74LS162	同步	模 10,8421 码	加法	同步	同步	上升沿
74LS163	同步	模 16,二进制	加法	同步	同步	上升沿
74LS190	同步	模 10,8421 码	单时钟,加/减	异步	—	上升沿
74LS191	同步	模 16,二进制	单时钟,加/减	异步	—	上升沿
74LS192	同步	模 10,8421 码	双时钟,加/减	异步	异步	上升沿
74LS193	同步	模 16,二进制	双时钟,加/减	异步	异步	上升沿
CD4020	异步	模 2^{14},二进制	加法	—	异步	下降沿

计数器的工作速度是一个很重要的电参数。由于同步计数器中的所有触发器共用一个时钟脉冲 CP，该脉冲直接或经一定的组合电路加至各触发器的 CP 端，使该翻转的触发器同时翻转计数，所以同步计数器的工作速度较快。而异步计数器中各触发器不共用一个时钟脉冲 CP，各级的翻转是异步的，所以工作速度较慢，而且，若由各级触发器直接译码，会出现竞争-冒险现象。但异步计数器的电路结构比同步计数器简单。

2）MSI 计数器 74LS163

74LS163 为 4 位二进制同步可预置加法计数器，其引脚图见附录，功能表见表 5.7.2。

表 5.7.2　74LS163 功能表

输入									输出				工作方式
CLR	LD	P	T	CP	D	C	B	A	Q_D	Q_C	Q_B	Q_A	
0	×	×	×	↑	×	×	×	×	0	0	0	0	同步清 0
1	0	×	×	↑	d	c	b	a	d	c	b	a	同步置数
1	1	×	0	×	×	×	×	×	Q_D^n	Q_C^n	Q_B^n	Q_A^n	保持
1	1	0	×	×	×	×	×	×	Q_D^n	Q_C^n	Q_B^n	Q_A^n	保持
1	1	1	1	↑	×	×	×	×	加法计数				加法计数

从 74LS163 的功能表可以看出，在清 0、置数、计数时都需要时钟上升沿的到来才能实现相应功能。

3）MSI 计数器 74LS192

74LS192 为同步十进制可逆计数器，其引脚图见附录，功能表见表 5.7.3。

表 5.7.3　74LS192 功能表

输入								输出				工作方式
CLR	LD	CP_U	CP_D	D	C	B	A	Q_D	Q_C	Q_B	Q_A	
1	×	×	×	×		×	×	0	0	0	0	异步清 0
0	0	×	×	d	c	b	a	d	c	b	a	异步置数
0	1	↑	1	×	×	×	×	加法计数				计数
0	1	1	↑	×	×	×	×	减法计数				

从 74LS192 的功能表可以看出，在清 0、置数时，不需要时钟进行同步执行，而计数则需要时钟上升沿到来时才能进行。

4）MSI 计数器的应用

（1）级联

将两个或两个以上的 MSI 计数器按一定方式串接起来是构成大规模集成计数器的方法。异步计数器一般没有专门的进位信号输出端可供电路级联时使用，而同步计数器往往设有进位（或借位）信号，供电路级联时使用。

（2）构成模 N 计数器

利用集成计数器的预置端和复位端，并合理使用其清 0、置数功能，可以方便地构成任意进制计数器。图 5.7.1(a)是利用 74LS163 的复位端构成的模 6 计数器，图 5.7.1(b)是利用 74LS192 的异步置数端构成的模 6 计数器。这两种方法的区别是：

　　① 利用复位端构成任意模计数器,计数器起点必须是 0,而利用预置端构成任意模计数器,计数的起点可为任意值;

　　② 74LS163 的复位端是同步复位端,74LS192 的置数端是异步置数端,而异步置数和异步复位一样会造成在波形上有毛刺输出。

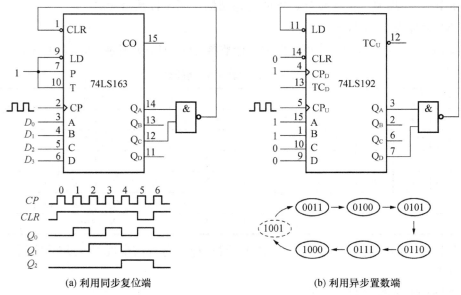

　　　　(a) 利用同步复位端　　　　　　　　　　(b) 利用异步置数端

图 5.7.1　模 6 计数器

（3）用做定时器

　　由于计数器具有对脉冲的计数作用,所以计数器可用做定时器。

（4）用做分频器

　　计数器可以对计数脉冲分频,改变计数器的模便可以改变分频比。如图 5.7.2 为由 74LS163 构成的分频器。分频比 $M=16-N=16-11=5$（11 即二进制 1011）,即 CO 输出脉冲的重复频率为 CP 的 1/5。改变 N 即可改变分频比。

（5）利用计数器和译码器构成脉冲分配器

　　脉冲分配器是一种能够在周期时钟脉冲作

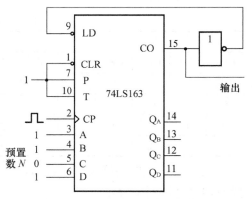

图 5.7.2　74LS163 构成分频器

用下输出各种节拍脉冲的数字电路。如图 5.7.3(a)所示为由 74LS163 计数器和 74LS138 译码器实现的脉冲分配器,其工作波形如图 5.7.3(b)所示。在时钟脉冲 CP 的作用下,计数器 74LS163 的 Q_2、Q_1、Q_0 输出端将周期性地产生 $000\sim111$ 输出,通过译码器 74LS138 译码后,依次在 $Y_0\sim Y_7$ 端输出 1 个时钟周期宽的负脉冲,从而实现 8 路脉冲分配。

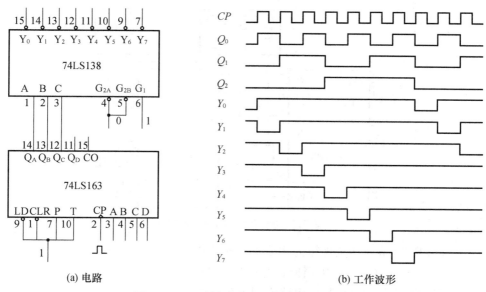

(a) 电路   (b) 工作波形

图 5.7.3   8 路脉冲分配器电路及工作波形

（6）计数器辅以数据选择器或适当的门电路构成计数型周期序列发生器

如图 5.7.4 所示为由 74LS163 计数器和 74LS151 八选一数据选择器构成的巴克码序列 1110010 产生器。计数器的模数 $M=7$ 即为序列的周期，计数器的状态输出作为数据选择器的地址变量，要产生的序列中的各位作为数据选择器的数据输入，数据选择器的输出即为所要的输出序列。

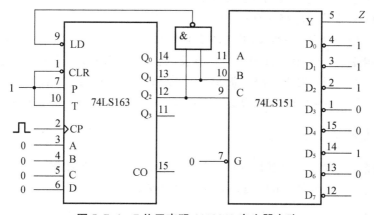

图 5.7.4   7 位巴克码 1110010 产生器电路

5.7.4   实验内容

（1）用同步计数器 74LS192 构成模 $N=24$ 的计数器，要求以 BCD 码显示。

提示：74LS192 的功能是十进制计数器，具有异步清 0、预置的功能，模 $N=24$ 时，需要两片 74LS192，有效状态为 $0\sim23$。因为 $(23)_{10}=(00100011)_{BCD}$，所以，很容易得到模为 24 的计数器电路，逻辑电路图如图 5.7.5 所示。

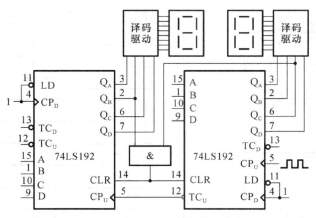

图 5.7.5 模 $N=24$ 的计数器电路

(2) 用 74LS192 构成计数规律为 2,3,4,5,6,7,6,5,4,3,2,3,…的计数器。

(3) 设计一个 16 路 1 个时钟周期宽的负脉冲分配器。

(4) 用 74LS163 并辅以少量门电路实现下列计数器：

① 计数规律为：0,1,2,3,4,9,10,11,12,13,14,15,0,1,…的计数器。

② 二进制模 60 计数器。

③ 8421 BCD 码模 60 计数器。

(5) 用集成计数器及组合电路构成 010011000111 序列信号发生器。

(6) 设计一个同步时序电路。给定 $f_0=1\,200\,Hz$ 的方波信号，要求得到 $f=200\,Hz$ 的三个相位彼此相差 120°的方波信号。要求：

① 用 JK 触发器及门电路实现；

② 用 D 触发器及门电路实现，并要求有自启动；

③ 查集成电路手册读懂 74LS90 的功能表，然后用 74LS90、74LS138 及门电路实现。

提示：$f_0=1\,200\,Hz$，要求三路方波输出信号都为 $f=200\,Hz$，由此可知电路是 6 分频计数器，电路中最少有一个状态 $Q_2Q_1Q_0$，且 $Q_2Q_1Q_0$ 的波形相位差为 120°。

5.7.5 实验报告

(1) 详细描述实验中每个题目的设计过程，整理并分析实验数据；

(2) 分析实验过程中遇到的问题，总结实验的收获和体会。

5.7.6 思考题

(1) 计数/定时器在通信系统中的作用是什么？

(2) 查集成电路手册读懂 74LS90 的功能表。图 5.7.6 是 74LS90 的级联连接图，请问该计数器的模数是多少？

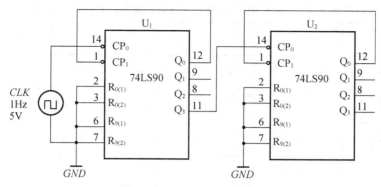

图 5.7.6 74LS90 级联电路

（3）查集成电路手册，了解 74LS90 各种电参数的意义。

（4）图 5.7.1(b)是利用 74192 异步置位端构成的模 6 计数器。现在，如果不断增高 CP 的频率，观察是否一直能正常计数？为什么？

（5）解释一下异步计数器中存在竞争－冒险现象的原因。

5.8 集成移位寄存器

5.8.1 实验目的

（1）掌握移位寄存器的概念；

（2）理解常用中规模集成(MSI)移位寄存器的工作原理及简单应用；

（3）学习数字电路小系统的设计方法。

5.8.2 实验设备

（1）万用表 1 块；

（2）直流稳压电源 1 台；

（3）低频信号发生器 1 台；

（4）示波器 1 台；

（5）实验箱 1 台；

（6）集成电路 74LS04、74LS161、74LS194、74LS198 等各 1 片。

5.8.3 实验原理

1）移位寄存器概述

移位寄存器是一种具有移位功能的寄存器，寄存器中所存储的代码能够在移位脉冲的作用下依次左移或右移。既能左移又能右移的移位寄存器称为双向移位寄存器，只需要改变左、右移的控制信号便可实现双向移位要求。

移位寄存器品种非常多。部分常用的 74 系列 MSI 移位寄存器及其基本特性如表 5.8.1 所示。

表 5.8.1 部分常用的 74 系列 MSI 移位寄存器及其基本特性

型 号	位 数	输入方式	输出方式	移位方式
74LS91	8	串	串	右移
74LS96	5	串、并	串、并	右移
74LS164	8	串	串、并	右移
74LS165	8	串、并	互补串行	右移
74LS166	8	串、并	串	右移
74LS179	4	串、并	串、并	右移
74LS194	4	串、并	串、并	双向移位
74LS195	4	串、并	串、并	右移
74LS198	8	串、并	串、并	双向移位
74LS323	8	串、并	串、并(三态)	双向移位

移位寄存器根据存取信息方式的不同可分为串入串出、串入并出、并入串出、并入并出四种形式。图 5.8.1(a)和(b)所示分别为 74LS198 构成的串入并出电路和并入串出电路。

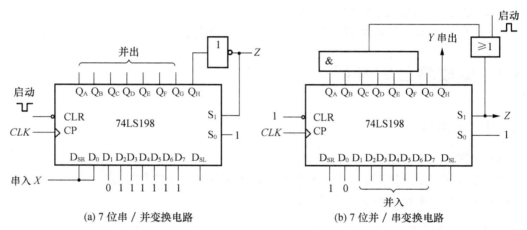

(a) 7 位串／并变换电路　　　　　(b) 7 位并／串变换电路

图 5.8.1　移位型寄存器实现串/并和并/串变换器

2) 4 位双向通用移位寄存器 74LS194

74LS194 是一种功能很强的 4 位移位寄存器,内部包含四个触发器,其引脚图见附录,功能表见表 5.8.2。

表 5.8.2　74LS194 的功能表

输 入										输 出				工作模式
CLR	S_1	S_0	CP	D_{SL}	D_{SR}	A	B	C	D	Q_A	Q_B	Q_C	Q_D	
0	×	×	×	×	×	×	×	×	×	0	0	0	0	异步清 0
1	0	0	×	×	×	×	×	×	×	Q_A^n	Q_B^n	Q_C^n	Q_D^n	数据保持
1	0	1	↑	×	1	×	×	×	×	1	Q_A^n	Q_B^n	Q_C^n	同步右移
1	0	1	↑	×	0	×	×	×	×	0	Q_A^n	Q_B^n	Q_C^n	
1	1	0	↑	1	×	×	×	×	×	Q_B^n	Q_C^n	Q_D^n	1	同步左移
1	1	0	↑	0	×	×	×	×	×	Q_B^n	Q_C^n	Q_D^n	0	
1	1	1	↑	×	×	A	B	C	D	A	B	C	D	同步置数

从 74LS194 的功能表可以看出,其中 D_{SL} 和 D_{SR} 分别是左移和右移串行输入端;A、B、C、D 为并行输入端;Q_A、Q_B、Q_C、Q_D 为并行输出端,Q_A、Q_D 分别兼做左移、右移时的串行输出端;S_1、S_0 为工作模式控制端,控制四种工作模式的切换;CLR 为异步清 0 端,低电平有效;CP 为时钟脉冲输入端,上升沿有效。

3）移位寄存器的主要用途

（1）用做临时数据存储

在串行数据通信中,发送端需要发送的信息总是先存放入移位寄存器中,然后由移位寄存器将其逐位送出;与此对应,接收端逐位从线路上接收信息并移入移位寄存器中,待接收完一个完整的数据组后才从移位寄存器中取走数据。移位寄存器在这里就是作为临时数据存储用的。

（2）构成移位型计数器

移位型计数器有环形计数器、扭环形计数器和变形扭环形计数器三种类型,基本结构分别如图 5.8.2(a)、(b)、(c)所示。

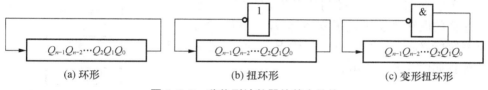

（a）环形　　　　　　　　（b）扭环形　　　　　　　（c）变形扭环形

图 5.8.2　移位型计数器的基本结构

（3）构成伪随机序列信号发生器和伪随机信号发生器

用移位寄存器构成序列信号发生器,其电路结构如图 5.8.3 所示。图中,S 为 n 位移位寄存器的串行输入。组合电路从移位寄存器取得信息,产生反馈信号加于 S 端,因此,该组合电路又称为反馈电路,相应的组合函数称为反馈函数。

图 5.8.3　线性移位寄存器结构

若反馈函数具有如下形式：

$$S = C_0 \oplus C_1 Q_1 \oplus C_2 Q_2 \oplus \cdots \oplus C_n Q_n$$

则该时序电路称为线性反馈移位寄存器。这里,$C_i (i=0,1,\cdots,n)$ 为逻辑常量 0 或 1。线性移位寄存器产生的序列信号在通信及数字电路故障检测中有着广泛的用途。

如果序列信号发生器产生的序列中 0 和 1 出现的概率接近相等,就称此序列为伪随机序列。n 位移位寄存器所能产生的伪随机序列的长度为 $P \leqslant 2^n - 1$,长度为 $2^n - 1$ 的随机序列又称为 M(最长)序列。

如从这种线性移位寄存器的一个输出端串行地输出信号,则构成了上文的 1 路伪随机序列发生器,如从线性移位寄存器的各输出端同时并行地取得伪随机信号,则构成伪随机信号发生器。伪随机信号发生器是一类很有用的信号发生器。

（4）构成序列检测器

序列检测器是一种能够从输入信号中检测特定输入序列的逻辑电路。利用移位寄存器的移位和寄存功能,可以非常方便地构成各种序列检测器。

一个用 4 位二进制双向移位寄存器 74LS194 构成的"1011"序列检测器如图 5.8.4 所示。从电路可见，当 X 端依次输入 1、0、1、1 时，输出 Z $=1$，否则 $Z=0$。因此，$Z=1$ 表示电路检测到了序列"1011"。注意，如果允许序列码重叠，"1011"的最后一个 1 可以作为下一组"1011"的第一个 1，如果不允许序列码重叠，则"1011"的最后一个 1 就不能作为下一组"1011"的第一个 1。

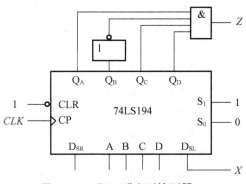

图 5.8.4 "1011"序列检测器

（5）实现串/并和并/串转换器

串/并转换器是把若干位串行二进制数码变成并行二进制数码的电路，并/串转换器的功能正好相反。

4）时序逻辑电路设计

时序逻辑电路由组合电路和存储电路两部分组成，可以说是一种能够完成一定的控制和存储功能的数字电路小系统。这样的电路系统不是很复杂，但却是设计或构成复杂数字系统所必不可少的。在一般情况下，时序逻辑电路的设计流程如图 5.8.5 所示。

5.8.4 实验内容

（1）用 74LS194 设计一个 4 位右移环形计数器，画出状态转换图和时序图，并把测试结果填入表 5.8.3。要求输出初始状态为 0100。

提示：参考图 5.8.6，首先开关 S 拨到 1，令 $CLR=1$、S_1 $=1$、$S_0=1$，$DCBA=0010$，在 CP 上升沿的作用下完成同步置数，即 $Q_D Q_C Q_B Q_A=0100$；接着开关 S 拨到 0，在 CP 上升沿作用下实现右移环行计数器。

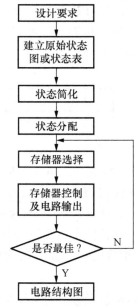

图 5.8.5 时序电路设计流程

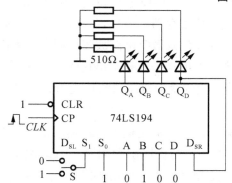

图 5.8.6 用 74LS194 设计 4 位右移环形计数器

表 5.8.3 测试结果

CP	Q_A	Q_B	Q_C	Q_D
↑	0	1	0	0
↑				
↑				
↑				
↑				

(2) 用 74LS194 设计一个 8 分频器。要求如下：

① 初始状态设为 0000。

② 用双踪示波器同时观察输入和输出波形，并记录实验结果。

③ 画出电路工作的全状态图。

(3) 用移位寄存器作为核心器件，设计一个彩灯循环控制器，并给出详细设计步骤。要求如下：

① 4 路彩灯循环控制，组成两种花型，每种花型循环一次，两种花型轮流交替。假设选择下列两种花型：花型 1 为从左到右顺序亮，全亮后再从左到右顺序灭；花型 2 为从右到左顺序亮，全亮后再从右到左顺序灭。

② 通过 $START=1$ 信号加以启动。

提示：① 根据选定的花型，可列出移位寄存器的输出状态编码（见表 5.8.4）。通过对表 5.8.4 的分析，可以得到以下结论：

0～3 节拍，工作模式为右移，$S_R=1$；

4～7 节拍，工作模式为右移，$S_R=0$；

8～11 节拍，工作模式为左移，$S_L=1$；

12～15 节拍，工作模式为左移，$S_L=0$。

表 5.8.4 输出状态编码

基本节拍	输出状态编码	花 型	基本节拍	输出状态编码	花 型
0	0000		8	0000	
1	1000		9	0001	
2	1100		10	0011	
3	1110	花型 1	11	0111	花型 2
4	1111		12	1111	
5	0111		13	1110	
6	0011		14	1100	
7	0001		15	1000	

② 完成 4 路彩灯控制器的电路框图，如图 5.8.7 所示。

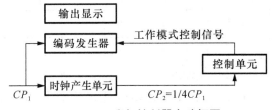

图 5.8.7 彩灯控制器电路框图

③ 74LS194 的控制激励情况可通过表 5.8.5 表示。

表 5.8.5　74LS194 控制激励表

时钟 CP_2	工作方式	激励			时钟 CP_2	工作方式	激励		
		S_1S_0	S_R	S_L			S_1S_0	S_R	S_L
1	右移	01	1	×	3	左移	10	×	1
2	右移	01	0	×	4	左移	10	×	0

④ 对电路工作情况进行分析可知,每隔 4 个基本时钟节拍 CP_1,74LS194 的工作模式改变一次,因此控制单元的时钟频率 CP_2 为 74LS194 工作时钟的 1/4,所以需要一个 4 分频器,为控制单元提供时钟 CP_2。4 分频器可用 74LS163 的低两位来实现,参考电路如图 5.8.8 所示。

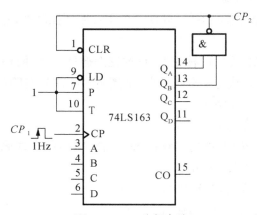

图 5.8.8　4 分频电路

⑤ 控制单元的电路的输入与输出可用表 5.8.6 表示。

表 5.8.6　控制单元的输入输出关系

74161 的低两位计数输出		74194 需要的相应激励			
Q_B	Q_A	S_1	S_0	S_R	S_L
0	0	0	1	1	×
0	1	0	1	0	×
1	0	1	0	×	1
1	1	1	0	×	0

列出 S_1、S_0、S_R、S_L 关于 Q_B、Q_A 的卡诺图如下:

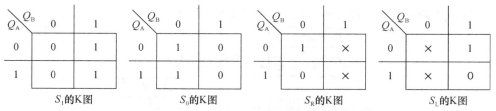

化简得 S_1、S_0、S_R、S_L 关于 Q_B、Q_A 的逻辑表达式分别为:$S_1 = Q_B$,$S_0 = \overline{Q_B}$,$S_R = S_L = \overline{Q_A}$。图 5.8.9 是 4 路彩灯控制器参考电路。

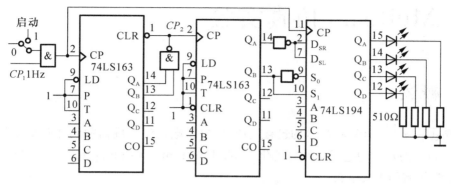

图 5.8.9　4 路彩灯控制器参考电路

（4）用计数器、移位寄存器和组合电路实现"1101"序列发生和序列检测器，允许输入序列码重叠。

（5）用 74LS194 和门电路设计一个带有标志位的 8 位串/并转换器。

（6）用 74LS194 和门电路设计一个带有标志位的 8 位并/串转换器。

5.8.5　实验报告

（1）详细描述实验内容中每个题目的设计过程，整理并分析实验数据；

（2）分析实验过程中遇到的问题，总结实验的收获和体会；

（3）总结基于时序电路的数字电路小系统的设计方法。

5.8.6　思考题

（1）寄存器在计算机系统中的作用是什么？

（2）如何用移位寄存器实现数据的串/并、并/串转换？在工程上有什么意义？

（3）用移位寄存器实现数据的串/并、并/串转换与用数据选择器、分配器实现数据的串/并、并/串转换有什么区别？

（4）实验内容（4）中如果不允许输入序列码重叠，应该如何设计？

（5）用移位寄存器、计数器和数据选择器或者单独用组合逻辑电路都可以实现序列信号发生器。试问这三种方式之间有什么区别？

（6）时序电路中也存在竞争-冒险现象，但一般认为同步时序电路中不存在竞争-冒险现象。为什么？

6 Multisim 仿真实验

6.1 概述

随着电子技术和计算机技术的迅猛发展,以电子电路计算机辅助设计 CAD(Computer Aided Design)为基础的电子设计自动化 EDA(Electronic Design Automation)技术已成为当今电子学领域的重要学科。

电子工作平台 EWB(Electronics Workbench,现称为 Multisim)是一款基于 PC 平台的电子设计软件,由加拿大 Interactive Image Technologies 公司于 20 世纪 80 年代末、90 年代初推出,它通过在计算机上运行电路仿真软件来进行模拟硬件实验。由于仿真软件可以形象逼真地模拟许多电子元器件和仪器、仪表,因此不需要任何真实的元器件和仪器、仪表,就可以完成模拟电路和数字电路课程中的大多数实验,具有成本低、效率高、易学易用等优点,因此可以作为传统实验教学的有益补充。

Multisim 以著名的 SPICE(Simulation Program with Intergrated Circuit Emphasis)为基础设计,包含电路图编辑器(Schematic)、SPICE3F5 仿真器(Simulator)、波形产生与分析器(Wave Generator & Analyzer)三个部分。

Multisim 具有以下特点:

(1) 采用直观的图形界面创建电路。在计算机屏幕上模仿真实实验室工作台,绘制电路图需要的元器件、电路仿真需要的仪器和仪表均可直接从屏幕上选取。Multisim 提供了简洁的操作界面,绝大部分操作通过鼠标的拖放即可完成,连接导线的走向及其排列由系统自动完成。

(2) 提供了丰富的元器件库,共计 4 000 多种,元器件模型超过 10 000 个。大多数元器件模型参数可设置为理想值。此外,元件库属于开放型结构,用户可根据需要进行新建或扩建工作。

(3) 所提供的测试仪器、仪表,其外观、面板布局以及操作方法与实际的该类仪器、仪表非常接近,便于操作。

(4) 提供了强大的电路分析功能,包括交流分析、瞬态分析、温度扫描分析、传递函数分析以及蒙特卡洛分析等 14 种。此外,可在电路中人为设置故障,如开路、短路以及不同程度的漏电,均可观察到对应电路状况。

(5) 作为设计工具,它可以与其他流行的电路分析、设计和制板软件交换数据。例如可将在 Multisim 中设计好的电路图送到 Protel、OrCAD、PADS 等印制电路板(PCB)绘图软件中绘制 PCB 图。

本教材选用的 Multisim 仿真软件版本为 Multisim 10.0。它可以在电路和元器件的 SPICE 参数的基础上,仿真出电路的各种指标,如直流工作点,输入输出波形,晶体管特性曲线和电路通频带、总谐波失真、温度影响、误差影响等。在本章的仿真实验中用到了其中大部分指标测试功能。

在 Multisim 10.0 中,有大量的元器件库可以调用、有很多测试仪器、仪表可以使用,这是实际实验无法做到的,因此,Multisim 10.0 仿真实验可以帮助我们对电路进行更加全面的仿真测试和更加深入的仿真分析。

Multisim 仿真实验是理论与实际实验之间的一个桥梁,通过 Multisim 仿真实验,可以消化和巩固理论知识,还可以预测实际实验的结果。Multisim 仿真实验一般用于预习,也可用于对实际实验中进行辅助分析,用好 Multisim 实验仿真,可以达到事半功倍的效果。在设计型实验中,用 Multisim 进行仿真实验还可以及时验证电路的设计结果。

6.2　基本操作

1) 编辑原理图

编辑原理图包括建立电路文件、设计电路界面、放置元器件、连接电路、编辑处理及保存文件等步骤。

(1) 建立电路文件

若从启动 Multisim 10.0 系统开始,则在 Multisim 10.0 基本界面上会自动打开一个空白的电路文件;在 Multisim 10.0 正常运行时,也只需点击系统工具栏中的新建(New)按钮,同样将出现一个空白的电路文件,系统自动将其命名为 Circuit 1,可在保存文件时重新命名。

(2) 设置电路界面

在进行具体的原理图编辑前,可通过菜单 View 中的各个命令和 Options/Prefrences 对话框中的若干选项来实现。

(3) 放置元器件

编辑电路原理图所需电路元器件一般可通过元件工具栏中的元件库直接选择拖放。例如:要放置一个确定阻值的固定电阻,先点击元件工具栏中的 Place Basic 图标,即出现一个 Select a Component 对话框,进而点击 Family:RESISTOR,即可进一步选择点击具体阻值和偏差,最后点击 OK 按钮,选定的电阻即紧随鼠标指针,在电路窗口内可被任意拖动,确定好合适位置后,点击鼠标即可将其放置在当前位置。同理,可放置其他电路元器件和电源、信号源、虚拟仪器仪表等。

(4) 连接电路

将所有的元器件放置完毕后,需要对其进行电路连接。操作步骤如下:

① 将鼠标指向所要连接的元器件引脚上,鼠标指针会变成黑圆点状。

② 点击并移动鼠标,即可拉出一条虚线,如需从某点转弯,则先点击,固定该点,然后移动鼠标。

③ 到达终点后点击,即可完成两点之间的电气连接。

(5) 对电路原理图进一步编辑处理

所做的工作如下:

① 修改元器件的参考序号。只需双击该元器件符号,在弹出的属性对话框中就可修改其参考序号。

② 调整元器件和文字标注的位置。可对某些元器件的放置位置进行调整,具体方法

为:单击选中该元器件,拖动鼠标到新的合适的放置位置,然后点击即可。

③ 显示电路节点号。

④ 修改元器件或连线的颜色。

⑤ 删除元器件或连线。

(6) 命名和保存文件

最后对文件命名并保存。

2) 电路分析和仿真

根据对电路性能的测试要求,从仪器库中选取满足要求的测试仪器、仪表,拖至电路工作区的合适位置,并与设计电路进行正确的电路连接,然后单击"Run/Simulation"按钮,即可实现对电路的仿真调试。

3) 分析和扫描功能

(1) 基本分析功能

Multisim 10.0 系统具有六种基本分析功能,可以测量电路的响应,以便了解电路的基本工作状态,这些分析结果与设计者用示波器、万用表等仪器、仪表对实际连线构成的电路所测试的结果相同。但在进行电路参数的选择时,用该分析功能则要比使用实际电路方便很多。例如:双击鼠标左键就可选用不同型号的集成运放或其他电路的参数,来测试其对电路的影响,而对于一个实物电路而言,要做到这一点则需花费大量的时间去替换电路中的元器件。

六种基本分析功能是:直流工作点分析、交流频率特性分析、瞬态分析、傅里叶变换、噪声分析、失真分析。

(2) 高级分析功能

高级分析功能有零-极点分析和传递函数分析两种。

(3) 统计分析功能

统计功能分析有最差情况分析和蒙特卡洛分析两种,是利用统计方法分析元器件参数不可避免的分散性对电路的影响,从而使所设计的电路成为最终产品,为有关电路的生产制造提供信息。

(4) 扫描功能

Multisim 10.0 系统中的扫描分析功能是在各种条件和参数随机变化时观察电路的变化,从而评价电路的性能。扫描功能有参数扫描分析、温度扫描分析、交流灵敏度分析、直流灵敏度分析四种。

6.3 单级阻容耦合放大器

6.3.1 组建单级阻容耦合放大器仿真电路

1) 打开 Multisim 10.0

出现如图 6.3.1 所示的界面。

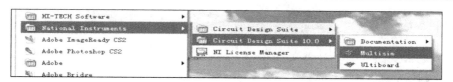

图 6.3.1 打开 Multisim 10.0

2）打开空白原理图，并保存文件

出现如图 6.3.2 所示的界面。

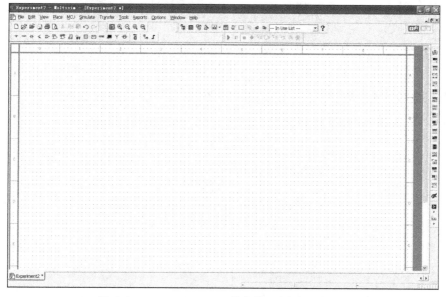

图 6.3.2 Multisim 10.0 基本界面(空白原理图)

该基本界面为 Multisim 10.0 提供的主操作窗口(基本界面)，主要由菜单栏、工具栏、元件库栏、电路工作区、状态栏、启动/停止开关、暂停/恢复开关等部分组成。菜单栏用于选择电路连接、实验所需的各种命令；工具栏包含了常用的操作命令按钮；元件库栏包含了电路实验所需的各种元器件和测试仪器、仪表；电路工作区用于电路连接、测试和分析；启动/停止开关用来运行或关闭运行的模拟实验。

3）添加三极管到原理图中

用鼠标点击图 6.3.3 所示的元件工具栏中的三极管图标，进入三极管选择界面，如图 6.3.4所示。

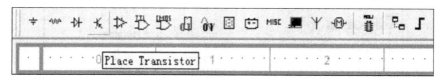

图 6.3.3 元件工具栏(元件选择图标)

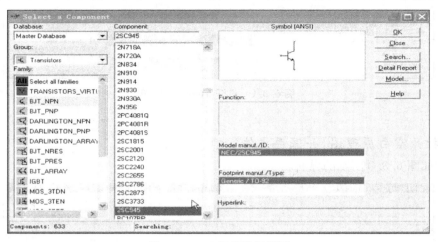

图 6.3.4　三极管选择界面

　　选中三极管 2SC945，这是小信号放大常用的三极管，同类型的还有 DG6、3DG100、S9013 和 2N3904 等。在原理图中放上选中的三极管，如图 6.3.5 所示。

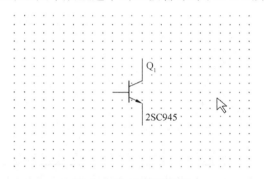

图 6.3.5　放置三极管

4) 添加电阻到原理图中

　　同三极管选择一样，用鼠标点击电阻图标，进入电阻选择界面，如图 6.3.6 所示。在原理图中放上选中的电阻，如图 6.3.7 所示。

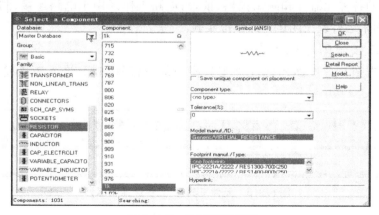

图 6.3.6　电阻选择界面

图 6.3.7 放置电阻

5）添加电容到原理图中

用鼠标点击电阻图标，进入电容选择界面，如图 6.3.8 所示。在原理图中放上选中的电容，如图 6.3.9 所示。

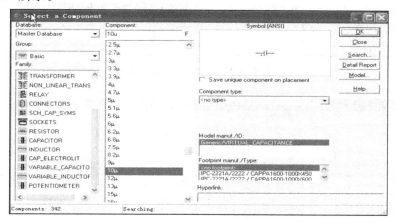

图 6.3.8 有极性电容选择界面

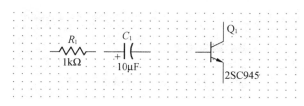

图 6.3.9 放置电容

6）连线

当鼠标靠近元器件的端点时，会出现连线的提示，根据提示连接电路，如图 6.3.10 所示。如果希望与实物实验中的图 4.3.1 看上去一样，可以双击原理图中的元器件，选择更改元器件的参数、位号和显示内容；用鼠标右键单击元器件可实现元器件的翻转。

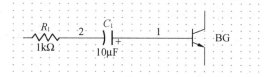

图 6.3.10 连线

7）连接完整的原理图

图 6.3.11 和图 6.3.12 分别给出了电位器和无极性电容器的选择界面。图 6.3.13 为

仿真电路图。

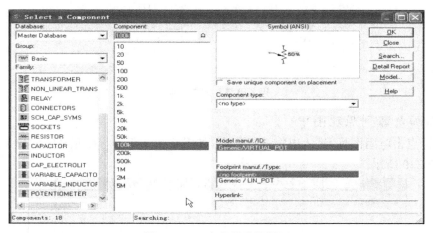

图 6.3.11　电位器选择界面

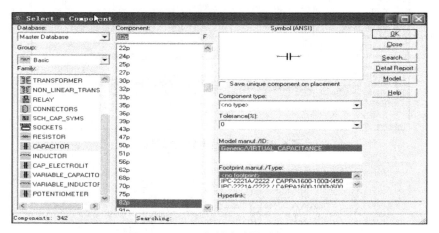

图 6.3.12　无极性电容器选择界面

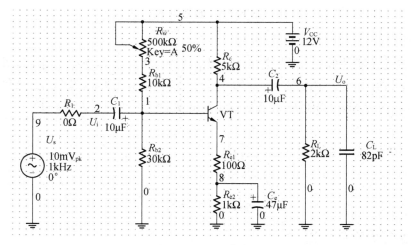

图 6.3.13　仿真电路

8）添加测试仪器、仪表

图 6.3.14 给出了可以在 Multisim 10.0 中添加的各种仿真仪器、仪表，这里用到了万用表、示波器和扫频仪。图 6.3.15 为输入信号源的添加图，图 6.3.16 为添加了万用表和示波器后完整的仿真电路图。

注：图 6.3.14 仿真仪器、仪表图标就是图 6.3.2 右侧纵向所显示的图标。

图 6.3.14　仿真仪器、仪表

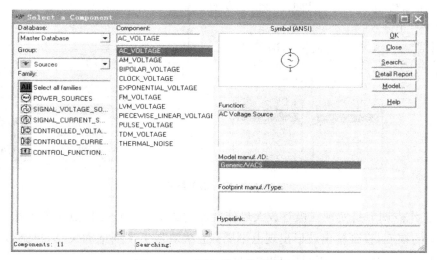

图 6.3.15　添加输入信号电压源

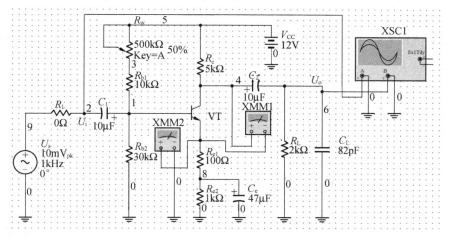

图 6.3.16　完整的仿真电路

6.3.2 单级阻容耦合放大器电路仿真

1）仿真原理

用鼠标点击仿真开关图标，进行电路仿真，双击仿真电路中的万用表和示波器，得到图 6.3.17。

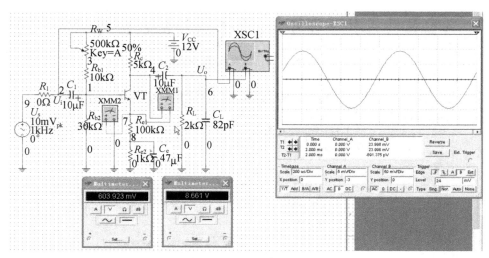

图 6.3.17 仿真结果

最佳工作点调节是实现三极管放大最佳性能的关键。最佳工作点调节方法如下：增大信号源 U_s 的幅度，直到输出波形出现上半周截止失真或下半周饱和失真，再调节 R_w，使失真消失或使上、下半周均有相同程度的失真。

图 6.3.18 中，当 $R_w = 100$ kΩ 即 20% 时，输出波形的失真最小，这时三极管的静态工作点就是最佳的。

后面的仿真实验最好是基于最佳工作点的条件下进行，否则不能测量出电路的最佳交流性能。

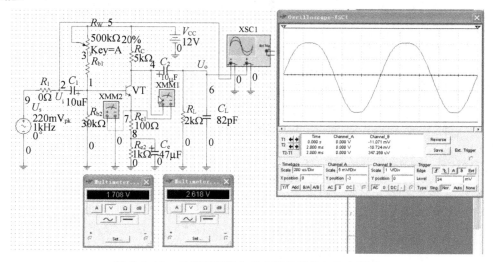

图 6.3.18 单极阻容耦合放大器的最佳工作点调节

2) **仿真实验**

(1) 静态工作点测量

三极管最佳静态工作点的测量不能在输出波形出现失真时测量,因为失真波形的平均电压不是 0 V,会影响工作点的测量。因此,最好是关闭输入信号源 U_s,再测量电路中三极管的静态工作点,如图 6.3.19 所示。

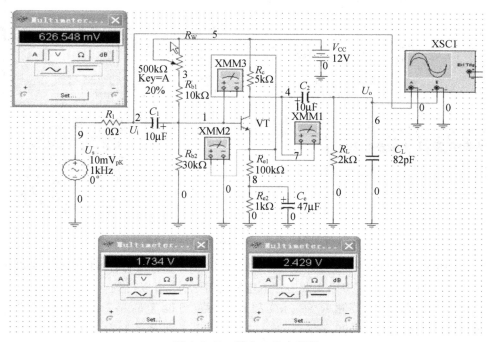

图 6.3.19 静态工作点测量

测量结果为:

$$U_\mathrm{BEQ}=0.627\ \mathrm{V}$$
$$U_\mathrm{CEQ}=2.429\ \mathrm{V}$$
$$U_\mathrm{EQ}=1.734\ \mathrm{V}$$

其他静态工作点的值可以通过计算得到:

$$U_\mathrm{BQ}=U_\mathrm{EQ}+U_\mathrm{BEQ}=2.361\ \mathrm{V}$$
$$U_\mathrm{CQ}=U_\mathrm{EQ}+U_\mathrm{CEQ}=4.163\ \mathrm{V}$$
$$I_\mathrm{CQ}\approx\frac{U_\mathrm{EQ}}{R_\mathrm{E1}+R_\mathrm{E2}}=1.576\ \mathrm{mA}$$

(2) 放大器主要技术指标(A_u、R_i、R_o)的测量

为测量交流放大倍数 A_u,加入了扫频仪(Bode Plotter),可以同时测量放大倍数和通频带,如图 6.3.20 所示。可以看出,电路的放大倍数 A_u 为 11.688。

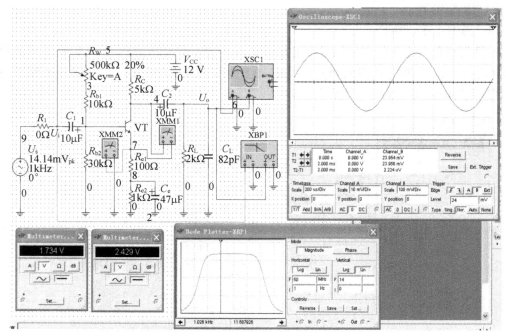

图 6.3.20　交流放大倍数和通频带仿真

输入电阻的测量只需分别测量取样电阻 $R_1 = 10$ kΩ 两端对地信号的幅度,例如分别为 28.262 mV 和 14.116 mV,按第 4.3 节输入电阻计算公式,可以得到 $R_i = 9.98$ kΩ。

输出电阻的测量只需要测 $R_L = 2$ kΩ 和 R_L 开路(可设置 $R_L = 2\,000$ MΩ)时的输出幅度,分别为 266.732 mV 和 898.808 mV,通过计算可以得到 $R_o = 4.74$ kΩ。

负载 R_L 开路时测量仿真见图 6.3.21,输出幅度的峰-峰值在仿真中可以直接采用测量线 T_1 和 T_2 的差值表示。

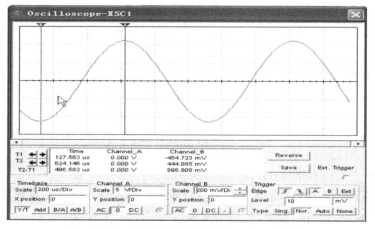

图 6.3.21　输出电阻测量仿真(负载 R_L 开路)

(3) 观察静态工作点电流大小对电压放大倍数的影响

图 6.3.20 中,调节 R_W 使 I_{CQ} 分别为 0.3 mA、0.6 mA、0.9 mA 和 1.2 mA,即 U_{EQ} 分别

为 330 mV、660 mV、990 mV 和 1 320 mV,经仿真,R_W 分别调到 70%、47%、35% 和 29%,测得电路的放大倍数分别为 6.51、9.73、10.72 和 11.16。

（4）输出电压波形失真的观察

图 6.3.18 中,调节 R_W 为 80% 时可看到明显的截止失真,R_W 为 10% 时可以看到明显的饱和失真。观察失真时的输入信号最大幅度为 220 mV。

（5）放大器幅频特性曲线的测量

放大器幅频特性曲线的测量,从图 6.3.20 中可知,测量得到电路的通频带的下限截止频率 f_L＝31 Hz,上限截止频率 f_H＝1.3 MHz。

6.4 集成运算放大器的线性应用

6.4.1 组建集成运算放大器仿真电路

按照单极阻容耦合放大器的步骤,搭建集成运放线性应用电路,包括同相放大器、反相放大器和加减法器,如图 6.4.1 所示。

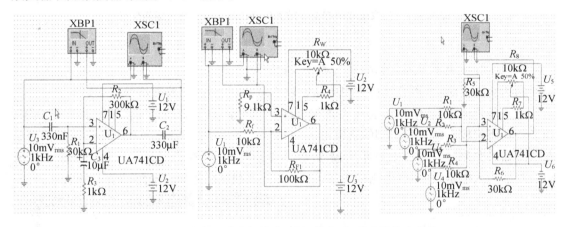

图 6.4.1 集成运放同相放大、反相放大、加减法器仿真电路

6.4.2 集成运算放大器电路仿真

1）同相交流放大器的放大倍数和通频带仿真

如图 6.4.2 所示,可直接仿真出电路的输入/输出波形以及放大倍数和通频带。如果要观察集成电路各个引脚的直流电压,只需在每个引脚上接一个万用表进行分析测量即可。如果要测量同相放大电路的输入/输出电阻,方法是在信号源接入处串一个采样电阻来测量输入电阻;在集成电路的输出端(引脚 6)接负载电阻来测量电路的输出电阻。

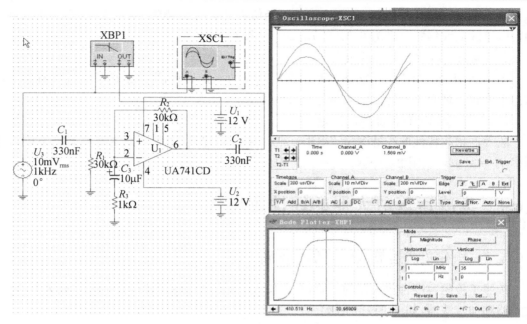

图 6.4.2　集成运放同相交流放大电路的放大倍数和通频带仿真

2）反相直流放大器的放大倍数和通频带仿真

如图 6.4.3 所示，可直接仿真出电路的输入/输出波形以及放大倍数和通频带。

由于是直流放大，电路中接入了调零电路，可采用静态或动态调零法对输出电压调零。如果要观察集成电路各个引脚的直流电压，只需在每个引脚上接一个万用表进行分析测量即可。如果要测量同相放大电路的输入/输出电阻，方法是在信号源接入处串一个采样电阻来测量输入电阻；在集成电路输出端（引脚 6）接负载电阻来测量电路的输出电阻。

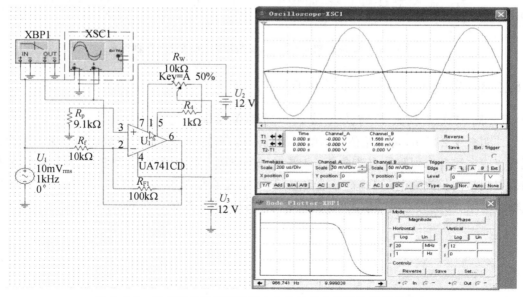

图 6.4.3　集成运放反相直流放大电路的放大倍数和通频带仿真

3）加减法器仿真

如图 6.4.4 所示，根据要求改变加和减输入的信号，观察输出波形是否与理论值一致。由于是直流放大，电路中接入了调零电路，可采用静态或动态调零法对输出电压调零。

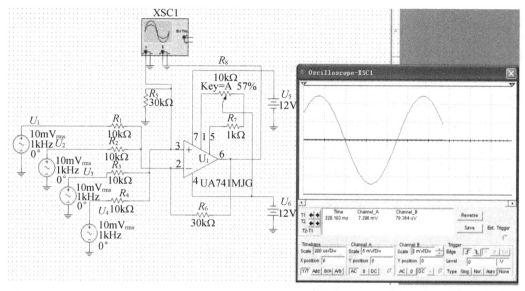

图 6.4.4 集成运放加减法器电路的仿真

6.5 集成运算放大器在信号处理中的应用

6.5.1 比较器

1）过零（无滞后）电压比较器

如图 6.5.1 所示，先在 Multisim 中搭建好电路，再设置输入信号的幅度，然后进行仿真。

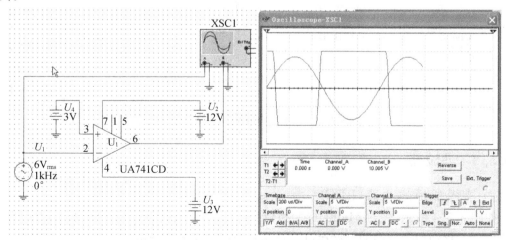

图 6.5.1 集成运放过零（无滞后）电压比较器仿真

2）迟滞电压比较器

如图 6.5.2 所示，先在 Multisim 中搭建好电路，再设置输入信号的幅度，最后进行仿真。仿真中用了 2 个稳压管 BZX84-B6V2 来代替 2DW7，作用是相同的。

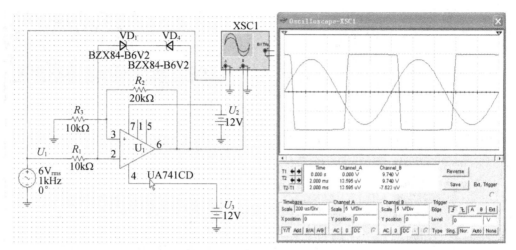

图 6.5.2　集成运放迟滞比较器仿真

6.5.2　双向限幅器

如图 6.5.3 所示，先在 Multisim 中搭建好电路，再设置输入信号的幅度，最后进行仿真。仿真中用了 2 个稳压管 BZX84-B6V2 来代替 2DW7，作用是相同的。

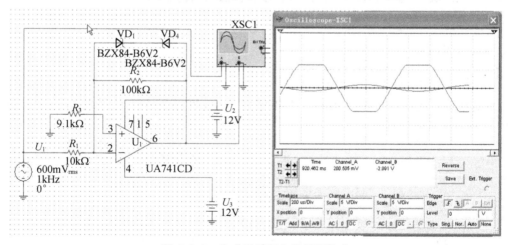

图 6.5.3　集成运放双向限幅器仿真

6.5.3　滤波器

1）有源低通滤波器（LPF）

如图 6.5.4 所示，先在 Multisim 中搭建好电路，再进行仿真，调节电位器可观察到通带内的变化。移动扫频仪中的测试线可以直接测量通带的各项指标。

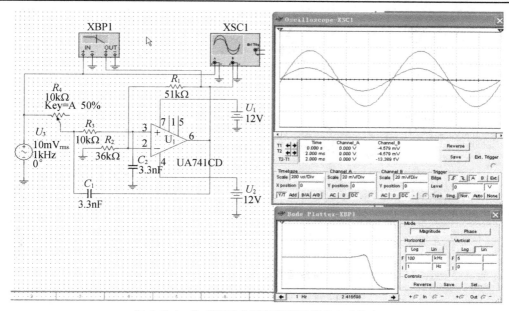

图 6.5.4　集成运放有源低通滤波器(LPF)仿真

2) 有源高通滤波器(HPF)

如图 6.5.5 所示,先在 Multisim 中搭建好电路,再进行仿真,调节电位器可观察到通带内的变化。移动扫频仪中的测试线可以直接测量通带的各项指标。为了消除自激,仿真中在反馈支路上并联了 1 μF 的电容。在频率很高时,电路的增益会下降,这是由集成运放有限的截止频率所造成,更换理想运放或更高速的运放会消除或缓解这种高频增益下降的现象。

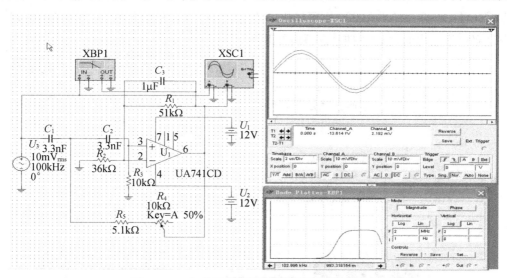

图 6.5.5　集成运放有源高通滤波器(HPF)仿真

3) 有源带通滤波器(BPF)

如图 6.5.6 所示,先在 Multisim 中搭建好电路,再进行仿真,调节电位器可观察到通带内的变化。移动扫频仪中的测试线可以直接测量通带的各项指标。

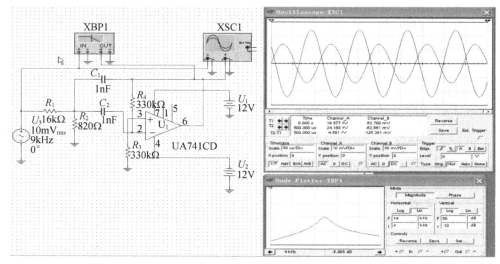

图 6.5.6　集成运放有源带通滤波器(BPF)仿真

6.6　集成功率放大电路

6.6.1　TDA2030 单电源 OTL 功放电路仿真(输出功率 6 W)

如图 6.6.1 所示,调用 Multisim 10.0 中的 TDA2030 功放仿真模型,代替 TDA2822,由于 TDA2030 最大可输出 20 W 的功率,比 TDA2822 的 2 W 大很多,采用单电源无输出变压器(OTL)电路的 TDA2030 也可输出 6 W 以上的功率,因此仿真中采用了这样的电路。当需要双声道输出时,只要增加另一路相同的功放电路即可。

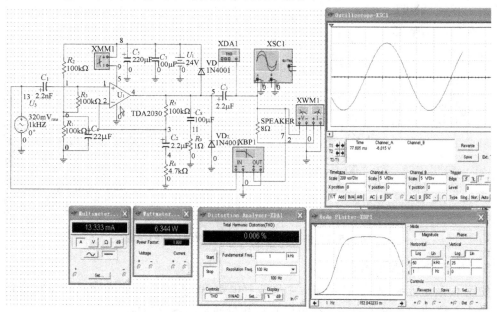

图 6.6.1　TDA2030 单电源 BTL 功放电路仿真(输出功率 6 W)

先在 Multisim 中搭建好电路,再进行仿真。注意仿真电路中调用了较多的测试仪器、仪表:用万用表测试功放电路的静态工作电流,实验测得 13.3 mA;用示波器观察输出波形是否有明显失真;用功率计测得输出功率为 6.3 W;用总谐波失真仪测得在 6 W 输出功率时音频谐波功率总和仅为有用功率的 0.006%;用扫频仪测得电路的通频带为 19 Hz～26.8 kHz。

6.6.2 TDA2030 双电源 BTL 功放电路仿真(输出功率 34 W)

如图 6.6.2 所示,调用 Multisim 10.0 中的 TDA2030 功放仿真模型,代替 TDA2822,由于单个 TDA2030 最大可输出 20 W 的功率,采用双电源平衡式无输出变压器(BTL)电路的 TDA2030 可输出 34 W 以上的功率,电路形式与实验电路相同,但输出功率大了很多。

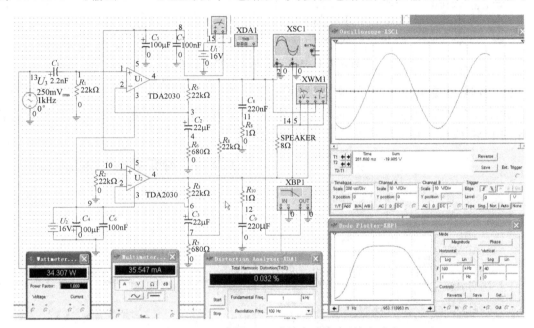

图 6.6.2 TDA2030 双电源 BTL 功放电路仿真(输出功率 34 W)

先在 Multisim 中搭建好电路,再进行仿真。注意仿真电路中调用了较多的测试仪器、仪表:用万用表测试功放电路的静态工作电流,实验测得 35.5 mA;用示波器观察输出波形是否有明显失真;用功率计测得输出功率为 34.3 W;用总谐波失真仪测得在 34 W 输出功率时音频谐波功率总和仅为有用功率的 0.032%;用扫频仪测得电路的通频带为 11.7 Hz～11.6 kHz。

6.7 555 定时器及其应用

6.7.1 多谐振荡器

1) 多谐振荡器之一

如图 6.7.1 所示,先在 Multisim 中搭建好电路,再进行仿真。注意阻容值对输出频率和占空比的影响。

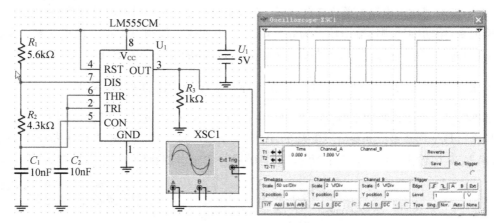

图6.7.1　555型多谐波振荡器仿真

2）多谐振荡器之二——彩灯控制电路

如图6.7.2所示，先在 Multisim 中搭建好电路，再进行仿真。电路中的继电器换成了反相器电路，实现了相同的功能。

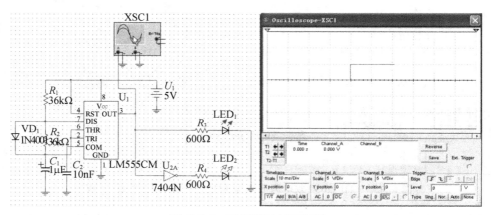

图6.7.2　彩灯控制电路仿真

3）多谐振荡器之三——救护车警报器电路

如图6.7.3所示，先在 Multisim 中搭建好电路，再进行仿真。图中用了一个8Ω电阻代替扬声器进行仿真。

6.7.2　单稳态触发器

1）单稳态触发器之一

如图6.7.4所示，先在 Multisim 中搭建好电路，再进行仿真。注意加入电阻R_3保证信号电压的大小。

2）单稳态触发器之二

如图6.7.5所示，先在 Multisim 中搭建好电路，再进行仿真。图中在U_1的输出脚增加了一个电阻R_6。

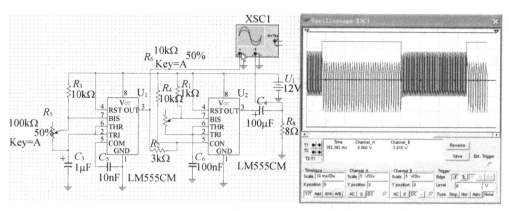

图 6.7.3 救护车警报器电路仿真

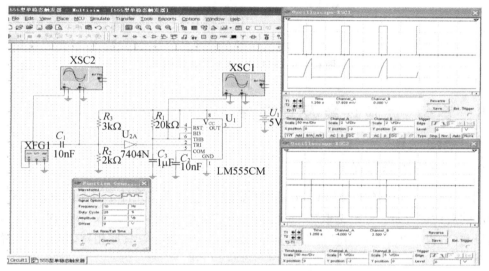

图 6.7.4 555 型单稳态触发器仿真

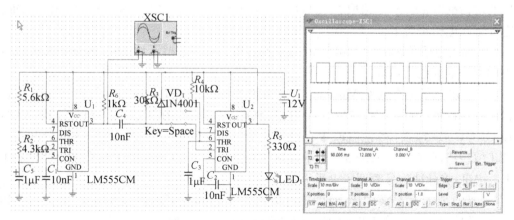

图 6.7.5 单稳态触发器电路仿真

6.7.3　施密特触发器

如图 6.7.6 所示，先在 Multisim 中搭建好电路，再进行仿真。

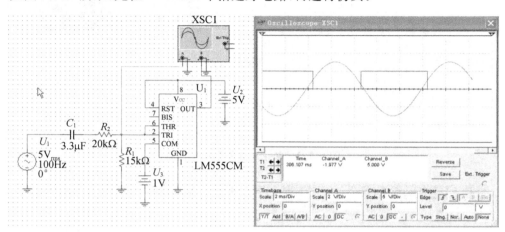

图 6.7.6　555 型施密特触发器仿真

6.8　竞争-冒险现象及其消除

6.8.1　组建仿真电路

（1）单击电子仿真软件 Multisim 基本界面左侧左列真实元件工具条的"CMOS"按钮，从弹出的对话框"Family"栏选取"CMOS_5V"，在"Component"栏选取"4081BD_5V"，共调出两只与门；再在"Component"栏选取"4069BCL_5V"，调出一只反相器，将它们放置在电子平台上。

（2）单击电子仿真软件 Multisim 基本界面左侧左列真实元件工具条的"TTL"按钮，从弹出的对话框"Family"栏选取"74STD"，在"Component"栏选取"7432N"，调出一只或门，将它放置在电子平台上。

（3）单击电子仿真软件 Multisim 基本界面左侧右列虚拟元件工具条，从虚拟元件列表框中调出一盏红色指示灯。

（4）单击电子仿真软件 Multisim 基本界面左侧左列真实元件工具条的"Source"按钮，从弹出的对话框"Family"栏选取"POWER_SOURCES"，再在"Component"栏选取 VDD 电源和 GROUND 地线，将它们放置在电子平台上；然后在"Family"栏中选取"SIGNAL_VOLTAG…"，再在"Component"栏中选取"CLOCK_VOLTAGE"，最后点击对话框右上角"OK"按钮，将脉冲信号源调入电子平台。

（5）双击脉冲信号源图标，将弹出对话框中"Frequency"右侧输入"100"并点击右边下拉箭头，选取"Hz"，最后点击对话框下方"确定"按钮退出，如图 6.8.1 所示。

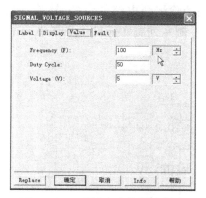

图 6.8.1　设置脉冲信号源频率

（6）将所有调出元件整理并连成仿真电路。从基本界面右侧虚拟仪器工具条中调出双踪示波器，并将它的 A 通道接到电路的输入端，将 B 通道接到电路的输出端，如图 6.8.2 所示。

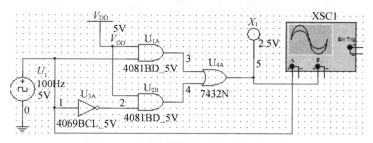

图 6.8.2　测试竞争–冒险现象仿真电路

6.8.2　竞争冒险现象仿真

（1）打开仿真开关，双击虚拟示波器图标，将从弹出的放大面板上看到由于电路存在竞争–冒险现象，B 通道的输出波形存在尖峰脉冲，如图 6.8.3 所示。放大面板各栏数据可参照图中设置。

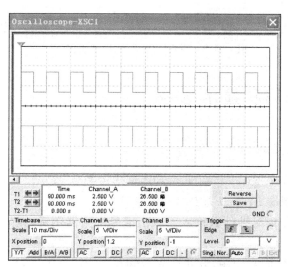

图 6.8.3　测试竞争–冒险现象波形

（2）采用修改设计的方法消除组合电路的竞争-冒险现象,先关闭仿真开关,再从电子仿真软件 Multisim 基本界面左侧左列真实元件工具条中调出与门和或门各 1 只,将电路改成如图 6.8.4 所示。

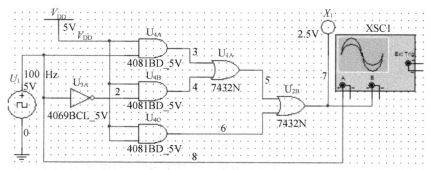

图 6.8.4　消除竞争-冒险现象仿真电路

（3）重新打开仿真开关,并双击虚拟示波器图标,从放大面板的屏幕上看到输出波形已经消除了尖峰脉冲,如图 6.8.5 所示,请分析和解释原因。

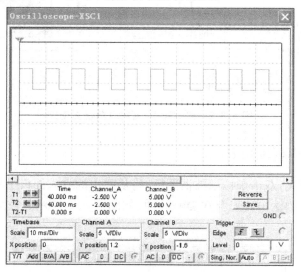

图 6.8.5　消除竞争-冒险现象测试波形

6.9　计数、译码和显示电路

6.9.1　用 74163N 构成十进制计数器

（1）在元(器)件库中选中 74163N,再利用同步置数的 $LOAD$ 构成十进制计数器,故取清零端 CLR、计数控制端 ENP、ENT 接高电平"1"(V_{CC})。

（2）取方波信号作为时钟计数输入。双击信号发生器图标,设置电压 U_1 为 5 V,频率为 0.1 kHz。

（3）送数端 $LOAD$ 同步作用,设并行数据输入 $DCBA=0000$,$LOAD$ 取 $Q_D Q_A$ 的与非,

当 $Q_D Q_C Q_B Q_A = 1001$ 时，$LOAD=0$，等待下一个时钟脉冲上升沿到来，将并行数据 $DCBA$ $=0000$ 置入计数器。

（4）在元(器)件库中单击显示器件选中带译码的七段 LED 数码管 U_3。连接电路如图 6.9.1所示。

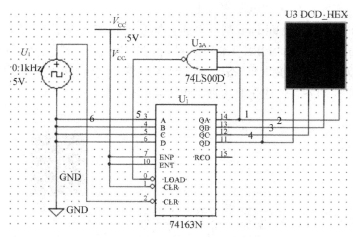

图 6.9.1 74163N 构成的十进制计数器

（5）启动仿真开关，LED 数码管循环显示 0、1、2、3、4、5、6、7、8、9。

仿真输出也可以用逻辑分析仪观察、查看一个计数周期的计数情况，从逻辑分析仪中可以看出计数过程。双击信号发生器图标，频率改为 1 kHz。将 74163N 时钟输入 CLK、输出 $Q_A Q_B Q_C Q_D$ 及 RCO 进位从上到下依次接逻辑分析仪，双击逻辑分析仪图标，电路输出波形如图 6.9.2 所示。显然，输出 $Q_D Q_C Q_B Q_A$ 按 0000、0001、0010、0011、0100、0101、0110、0111、1000、1001 循环，且 $Q_D Q_C Q_B Q_A = 1001$ 时，RCO 无进位输出。

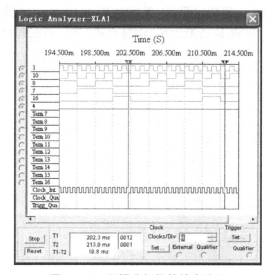

图 6.9.2 逻辑分析仪的输出波形

6.9.2 1位计数、译码和显示电路

（1）单击电子仿真软件 Multisim 基本界面左侧左列真实元件工具条"CMOS"按钮，从弹出的对话框"Family"栏中选"CMOS_5V"，再在"Component"栏中选取"4510BD"和"4511BD"各1只，将它们放置在电子平台上。

（2）点击电子仿真软件 Multisim 基本界面左侧左列真实元件工具条"Indicator"按钮，从弹出的对话框"Family"栏中选"HEX_DISPLAY"，再在"Component"栏中选取"SEVEN_SEG_COM_K"，再点击对话框右上角"OK"按钮，将共阴数码管调出放置在电子平台上。

（3）将所有元件调齐并连成仿真电路，如图6.9.3所示。

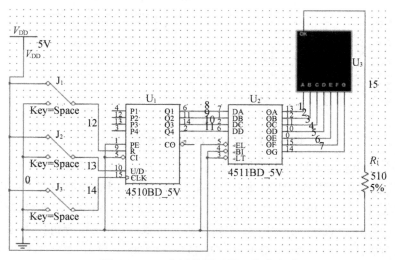

图 6.9.3 1位计数译码显示仿真电路

（4）打开仿真开关，将 J_1 置低电平，J_2 置高电平，每次将 J_3 从低电平改变成高电平，观察 LED 数码管变化情况；再将 J_2 置低电平，重复上述实验，并能解释之。

7 实体电路设计实验

7.1 简易温度监控系统的设计

7.1.1 设计目的

掌握运用温度传感器、集成运放和集成比较器设计简易温度监控系统的方法。

7.1.2 设计任务

1）设计课题

设计一个简易的温度监控系统。

2）功能要求

（1）当水温小于 50 ℃时，两个加热器 H_1、H_2 同时打开，将容器内的水加热；

（2）当水温大于 50 ℃，但小于 60 ℃时，加热器 H_1 打开，加热器 H_2 关闭；

（3）当水温大于 60 ℃，加热器 H_1、H_2 同时关闭；

（4）当水温小于 40 ℃，或者大于 70 ℃，用红色发光二极管发出报警信号；

（5）当水温在 40 ℃～70 ℃之间时，用绿色发光二极管指示水温正常。

3）设计步骤与要求

（1）拟定简易温控系统的组成框图；

（2）设计简易温控系统的整机电路；

（3）安装各单元电路，要求布线整齐、美观，便于级联与调试；

（4）调试各单元电路，接着进行联调联试，测试简易温控系统的功能；

（5）撰写设计报告。

4）给定的主要元器件

铂电阻 Pt100、集成运放 OP07、集成电压比较器 LM339、二极管 1N4001、二极管 1N4148、三极管 2SC1815、10 kΩ 精密可调电阻、电阻器、3 A/5 V 直流继电器、加热器等。

7.1.3 设计举例

1）温度的采集

温度采集电路的主要器件是铂热电阻 Pt100 和高精度集成运放 OP07。

铂热电阻 Pt100 是一种以白金（Pt）制作成的电阻式温度传感器，属于正温度系数电阻，它的阻值会随着温度的上升近似匀速地增长，但它们之间的关系并不是简单的正比关系。

OP07 是一种低噪声、非斩波稳零的双极性集成运算放大器，其引脚图见附录。OP07 具有非常低的输入失调电压，所以在很多场合不需要额外的调零措施；OP07 还具有输入偏置电流低和开环增益高的特点,这种低失调、高开环增益的特性使得 OP07 特别适用于高增益的测量设备和放大传感器的微弱信号等方面。

温度采集电路的原理如图 7.1.1 所示。铂热电阻 Pt100 和 2 个精密电阻器、1 个精密可调电阻一起构成温度检测电路,并将温度信息转化为电压信息。A_1 和 A_2 分别构成电压跟随器,用于隔离温度检测电路和后级的运算放大电路,A_3 构成加减法运算放大电路,用于放大温度检测电路输出的微弱电压信号,A_1、A_2 和 A_3 均为 OP07。

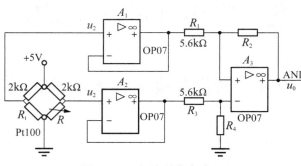

图 7.1.1　温度采集电路

2)比较/显示电路

比较/显示电路的主要器件是集成比较器 LM339。

LM339 内部集成有 4 个独立的电压比较器,其引脚图见附录。LM339 具有失调电压小、电源电压范围宽、共模范围大、差动输入电压范围大、输出电位可灵活变化等特点,比较器两个输入端的电压差别大于 10 mV 就能确保输出从一种状态可靠地转换到另一种状态,因此较适合用于弱信号检测的场合。LM339 的输出端相当于一只集电极开路的晶体三极管,在使用时输出端必须上拉一只电阻(3~15 kΩ),上拉电阻的阻值不同驱动能力不同,上拉的电位不同,输出电位也不同。另外,LM339 中各比较器的输出端允许连接在一起使用。

比较/显示电路用于显示温度状况,其原理如图 7.1.2 所示。A_4 和 A_5 构成窗口比较器,假设 U_{RP1} 和 U_{RP2} 分别对应于 40 ℃和 70 ℃水温,U_{RP1} 和 U_{RP2} 可分别通过调节电位器 R_{P1} 和 R_{P2} 设定,U_{RP1} 和 U_{RP2} 的实际大小可通过实验测得。在图 7.1.1 电路中,若水温在 100 ℃时 A_3 的输出电压(即 u_o)为 5 V,水温为 40 ℃时 A_3 的输出电压 u_o 即为 U_{RP1},而水温为 70 ℃时 A_3 的输出电压即为 U_{RP2}。当 $U_{RP1} < u_o < U_{RP2}$ 时,即水温在 40 ℃~70 ℃之间时,窗口比较器输出为高电平,绿色发光二极管 VD_3 点亮,红色发光二极管 VD_4 熄灭,指示水温正常,否则,绿色发光二极管 VD_3 熄灭,红色发光二极管 VD_4 点亮,电路处于报警状态。

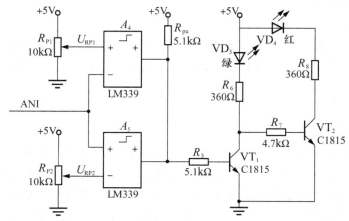

图 7.1.2　比较/显示电路

3) 控制电路

控制电路可以采用图 7.1.3 所示电路。假设 U_{RP3} 和 U_{RP4} 分别对应于 50 ℃和 60 ℃水温,则 U_{RP3} 和 U_{RP4} 可通过调节电位器 R_{P3} 和 R_{P4} 设定,U_{RP3} 和 U_{RP4} 的具实际大小可通过实验测得。同样,在图 7.1.1 电路中,若水温在 100 ℃时 A_3 的输出电压(即 u_o)为 5 V,水温为 50 ℃时 A_3 的输出电压即为 U_{RP3},水温为 60 ℃时 A_3 的输出电压即为 U_{RP4}。在图 7.1.3 中,当 $u_o < U_{RP3}$ 时,继电器 K_1 和 K_2 的常开触点闭合,加热器 H_1 和 H_2 同时工作;当 $U_{RP3} < u_o < U_{RP4}$ 时,继电器 K_1 的常开触点断开,继电器 K_2 的常开触点闭合,加热器 H_1 关闭,H_2 工作;当 $u_o > U_{RP4}$ 时,继电器 K_1、K_2 的常开触点都断开,加热器 H_1 和 H_2 都不工作,停止加热。

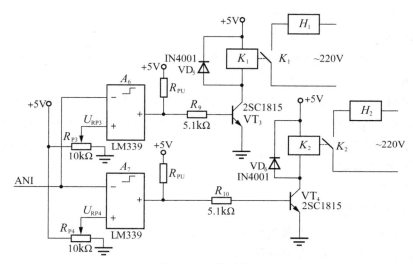

图 7.1.3 控制电路

在图 7.1.2 和图 7.1.3 两个电路中,采用晶体三极管驱动发光二极管和继电器,实际上如果选用集成电路驱动器(如 ULN2003)将会使电路更为简单,有兴趣的读者请自行设计。

7.1.4 实验与思考题

(1) 请参考 7.1.3 的设计举例,设计并测试简易温度监控系统的整机电路。

(2) 用集成运放构成的比较器和专用集成比较器有什么区别?

(3) 图 7.1.3 中 VD_5 和 VD_6 的作用是什么?

(4) 实际使用 LM339 时,为什么比较器的输出端必须要接上拉电阻?

(5) 在图 7.1.2 和 7.1.3 中,试使用集成电路驱动器 ULN2003 设计电路,代替晶体三极管驱动发光二极管和继电器。

7.2　篮球竞赛 24 s 定时器的设计

7.2.1　设计目的

掌握定时器的工作原理及设计方法。

7.2.2　设计任务

1）设计课题

设计一个篮球竞赛 24 s 定时器。

2）功能要求

（1）设计一个定时器,定时时间为 24 s,按递减方式计时,每隔 1 s 定时器减 1,能以数字形式显示时间;

（2）设置两个外部控制开关,控制定时器的启动/复位计时、暂停/连续计时;

（3）当定时器递减计时到 0（即定时时间到）时,定时器保持 0 不变,同时发出声光报警信号;

提示:用较高频率的矩形波信号（例如 1 kHz）驱动扬声器时,扬声器才会发声。

3）设计步骤与要求

（1）拟定定时器的组成框图;

（2）设计定时器整机电路;

（3）安装各单元电路,要求布线整齐、美观,便于级联与调试;

（4）调试各单元电路,接着进行联调、联试;

（5）撰写设计报告。

4）给定的主要元器件

74LS00、74LS90、74LS191、CD4511BC 各两片,74LS192、NE555 各一片,共阴极显示器、发光二极管各两只,电阻、电容、扬声器等。

7.2.3　设计举例

下面以篮球竞赛 30 s 定时器的设计为例,说明定时器的设计方法与过程。

1）定时器的功能要求

（1）具有显示 30 s 计时功能;

（2）设置外部操作开关,控制计时器的直接清零、启动和暂停/连续功能;

（3）计时器为 30 s 递减计时器,其时间间隔为 1 s;

（4）计时器递减计时到 0 时,数码显示器不能灭灯,同时发出光电报警信号。

2）定时器的组成框图

根据设计要求,用计数器对 1 Hz 时钟信号进行计数,其计数值即为定时时间,计数器初值为 30,按递减方式计数,递减到 0 时,输出报警信号,并能控制计数器暂停/连续计数,所以需设计一个可预置初值的带使能控制端的递减计数器,于是绘制原理框图如图 7.2.1

所示。

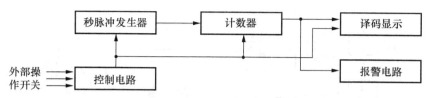

图 7.2.1　30 s 定时器的总体参考方案框图

该定时器包括秒脉冲发生器、计数器、译码显示电路、辅助时序控制电路(简称控制电路)和报警电路等五个部分。其中,计数器和控制电路是系统的主要部分。计数器完成 30 s计时功能,而控制电路具有直接控制计数器的直接清零、启动计数、暂停/连续计数、定时时间到报警等功能。报警电路在实验中可用发声二极管代替。

3) 定时器的电路设计

(1) 8421 BCD 码三十进制递减计数器的设计

8421 BCD 码三十进制递减计数器由 74LS192 构成,如图 7.2.2 所示。三十进制递减计数器的预置数为 $N=(0011\ 0000)_{8421BCD}=(30)_D$,电路采用串行进位级联。其计数原理是,每当低位计数器的 BO_1 端发出负跳变借位脉冲时,高位计数器减 1 计数。当高、低位计数器处于全 0,同时在 $CP_D=0$ 期间,高位计数器 $BO_2=LD_2=0$,计数器完成异步置数,之后 $BO_2=LD_2=1$,计数器在 CP_D 时钟脉冲作用下,进入下一轮减计数。

(2) 时序控制电路的设计

为了满足系统的设计要求,在设计控制电路时,应正确处理各个信号之间的时序关系,时序控制电路要完成以下功能:在操作直接清零开关时,要求计数器清零,数码显示器灭灯;当启动开关闭合时,控制电路应封锁时钟信号 CP(秒脉冲信号),同时,计数器完成置数功能,译码显示电路显示 30 s 字样;当启动开关断开时,计数器开始计数;当暂停/连续开关拨至暂停位置上时,计数器停止计数,处于保持状态;当暂停/连续开关拨至连续时,计数器继续累计计数;另外,外部操作开关都应采取去抖动措施,以防止机械抖动造成电路工作不稳定。

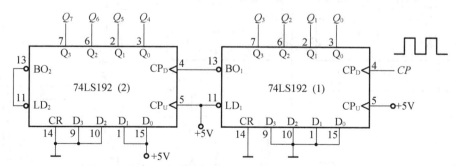

图 7.2.2　8421 BCD 码三十进制递减计数器

根据上述要求,设计的时序控制电路如图 7.2.3 所示。图中,与非门 G_2、G_4 的作用是控制时钟信号 CP 的放行与禁止,当 G_4 输出为 1 时,G_2 关闭,封锁 CP 信号;当 G_4 输出为 0时,G_2 打开,放行 CP 信号,而 G_4 的输出状态又受外部操作开关 S_1、S_2(即启动、暂停/连续开关)的控制。

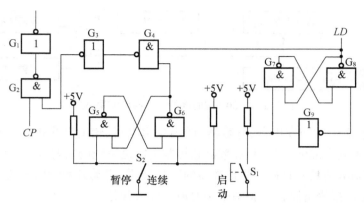

图 7.2.3　时序控制电路

秒脉冲发生器电路的时钟脉冲和定时标准,但本设计对此信号要求并不太高,可采用
555 集成电路或由 TTL 与非门组成的多谐振荡器构成。译码显示电路用 74LS48 和共阴极
七段 LED 显示器组成。

(3)整机电路设计

在完成各个单元电路设计后,可以得到篮球竞赛 30 s 定时器的完整逻辑电路图,如
图 7.2.4所示。

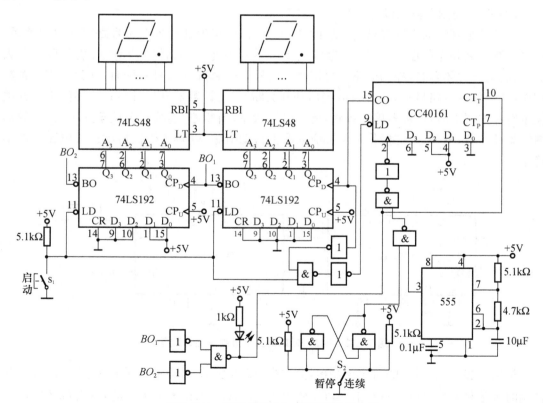

图 7.2.4　篮球竞赛 30 s 定时器逻辑电路

7.2.4　实验与思考题

（1）说明图 7.2.4 中 CC40161 所起的作用。

（2）试将图 7.2.2 所示的三十进制递减计数器改为三十进制递增计数器，并进行实验验证。

（3）图 7.2.5 是某学生设计的声光控制电路，即报警时 LED 发光，同时扬声器发出 1 kHz 的声响。

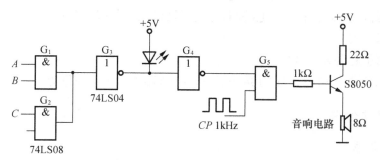

图 7.2.5　声光控制电路

① 试改正图中存在的错误，并说明错误的原因。

② 原理图改正以后，请判断当 A、B、C 这三个信号满足什么条件时，电路才能实现声光同时报警的功能？

7.3　汽车尾灯控制电路的设计

7.3.1　设计目的

掌握汽车尾灯控制电路的设计方法、安装与调试技术。

7.3.2　设计任务

1）设计课题

设计一个汽车尾灯控制电路。

2）功能要求

汽车驾驶室一般有刹车开关、左转弯开关和右转弯开关，司机通过操作这三个开关控制汽车尾灯的显示状态，以表明汽车当前的行驶状态。假设汽车尾部左、右两侧各有三个指示灯（用发光二极管（LED）模拟），要求设计一个电路能实现以下功能：

（1）汽车正常行驶时，尾部两侧的六个指示灯全灭；

（2）汽车刹车时，尾部两侧的指示灯全亮；

（3）右转弯时，右侧三个指示灯为右顺序循环点亮，频率为 1 Hz，左侧灯全灭；

（4）左转弯时，左侧三个指示灯为左顺序循环点亮，频率为 1 Hz，右侧灯全灭；

（5）右转弯刹车时，右侧三个尾部灯顺序循环点亮，左侧灯全亮；左转弯刹车时左侧三

个尾部灯顺序循环点亮,右侧灯全亮;

(6) 倒车时,尾部两侧的六个指示灯随 CP 时钟脉冲同步闪烁;

(7) 用七段数码显示器分别显示汽车的七种工作状态,即正常行驶、刹车、右转弯、左转弯、右转弯刹车、左转弯刹车和倒车。

3) 设计步骤与要求

(1) 拟定设计方案,画出逻辑电路图;

(2) 电路安装与调试,检验、修正电路的设计方案,记录实验现象;

(3) 画出经实验验证的逻辑电路图,标明元器件型号与引脚名称;

(4) 撰写设计报告。

4) 给定的主要元器件

74LS00 2 片,74LS161、74LS138、NE555、74LS76 各 1 片,LED 等。

7.3.3 设计举例

1) 设计要求

设计一个汽车尾灯控制电路,实现对汽车尾灯显示状态的控制。假设汽车尾部左右两侧各有三个指示灯(用 LED 模拟),根据汽车运行情况,指示灯有四种不同的状态:

(1) 汽车正常运行时,左右两侧的指示灯全部处于熄灭状态;

(2) 汽车右转弯时,右侧三个指示灯按右循环顺序点亮,左侧的指示灯熄灭;

(3) 汽车左转弯时,左侧三个指示灯按左循环顺序点亮,右侧的指示灯熄灭;

(4) 汽车临时刹车时,所有指示灯同时闪烁。

2) 总体组成框图

由于汽车尾灯有四种不同的状态,故可以用两个开关变量进行控制。假定用开关 S_1 和 S_0 进行控制,由此可以列出汽车尾灯与汽车运行状态表,如表 7.3.1 所示。

表 7.3.1 尾灯和汽车运行状态关系表

开关控制		运行状态	左尾灯	右尾灯
S_1	S_0		$D_4 D_5 D_6$	$D_1 D_2 D_3$
0	0	正常运行	灯 灭	灯 灭
0	1	右转弯	灯 灭	按 $D_1 D_2 D_3$ 顺序循环点亮
1	0	左转弯	按 $D_4 D_5 D_6$ 顺序循环点亮	灯 灭
1	1	临时刹车	所有的尾灯随时钟 CP 同时闪烁	

由于汽车左右转弯时三个指示灯循环点亮,所以用一个三进制计数器的输出去控制译码电路顺序输出低电平,从而控制尾灯按要求点亮。假定三进制计数器的状态用 Q_1、Q_0 表示,由此得出在每种运行状态下,各指示灯与给定条件(S_1、S_0、CP、Q_1、Q_0)的关系即逻辑功能如表 7.3.2 所示(表中 0 表示灯灭状态,1 表示灯亮状态)。由表 7.3.2 得出总体框图,如图 7.3.1 所示。

表 7.3.2 汽车尾灯控制逻辑功能表

开关控制		三进制计数器		6个指示灯					
S_1	S_0	Q_1	Q_0	D_6	D_5	D_4	D_1	D_2	D_3
0	0	×	×	0	0	0	0	0	0
0	1	0	0	0	0	0	1	0	0
		0	1	0	0	0	0	1	0
		1	0	0	0	0	0	0	1
1	0	0	0	0	0	1	0	0	0
		0	1	0	1	0	0	0	0
		1	0	1	0	0	0	0	0
1	1	×	×	CP	CP	CP	CP	CP	CP

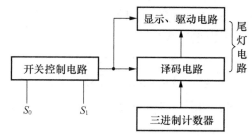

图 7.3.1 汽车尾灯控制电路原理框图

3) 电路设计

(1) 汽车尾灯电路设计

三进制计数器电路可由双 JK 触发器 74LS76 构成,读者可根据表 7.3.2 自行设计。

汽车尾灯电路如图 7.3.2 所示,其中显示驱动电路由 6 个 LED 和 6 个反相器构成,译码电路由 3—8 线译码器 74LS138 和 6 个与非门构成。74LS138 的 3 个输入端 A_2、A_1、A_0 分别接 S_1、Q_1、Q_0,而 Q_1、Q_0 是三进制计数器的输出端。

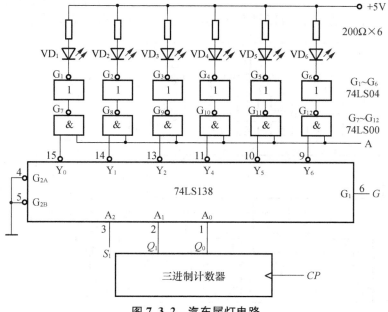

图 7.3.2 汽车尾灯电路

当 $S_1=0$、使能信号 $A=G=1$，三进制计数器的状态为 00、01、10 时，74LS138 对应的输出端 Y_0、Y_1、Y_2 依次为 0 有效（Y_4、Y_5、Y_6 信号为"1"无效），即反相器 G_1～G_3 的输出端也依次为 0，故指示灯 $VD_1 \rightarrow VD_2 \rightarrow VD_3$ 按顺序点亮，示意汽车右转弯。若上述条件不变，而 $S_1=1$，则 74LS138 对应的输出端 Y_4、Y_5、Y_6 依次为 0 有效，即反相器 G_4～G_6 的输出端依次为 0，故指示灯 $VD_4 \rightarrow VD_5 \rightarrow VD_6$ 按顺序点亮，示意汽车左转弯。当 $G=0$，$A=1$ 时，74LS138 的输出端全为 1，G_6～G_1 的输出端也全为 1，指示灯全灭；当 $G=0$，$A=CP$ 时，指示灯随 CP 的频率变化而闪烁。

（2）开关控制电路设计

设 74LS138 和显示驱动电路的使能端信号分别为 G 和 A，根据总体逻辑功能表分析及组合得 G、A 与给定条件（S_1、S_0、CP）的真值表如表 7.3.3 所示。

由表 7.3.3 经过整理得逻辑表达式为：

$$G=S_1 \oplus S_0$$

$$A=\overline{S_1 S_0}+S_1 S_0 CP=\overline{\overline{S_1 S_0} \cdot \overline{S_1 S_0 CP}}$$

由上式得到开关控制电路，如图 7.3.3 所示。

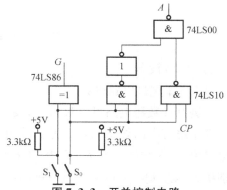

图 7.3.3 开关控制电路

表 7.3.3 S_1、S_0、CP 与 G、A 逻辑功能表

开关控制		CP	使能信号	
S_1	S_0		G	A
0	0	$\times$	0	1
0	1	$\times$	1	1
1	0	$\times$	1	1
1	1	CP	0	CP

总结以上各单元的设计，可以得到汽车尾灯控制总体逻辑电路图，如图 7.3.4 所示。

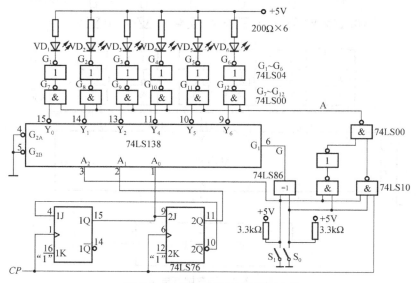

图 7.3.4 汽车尾灯总体逻辑电路

7.3.4 实验与思考题

（1）在汽车尾灯控制电路的调试过程中遇到了哪些电路故障？是如何排除的？

（2）在图 7.3.4 中，如果用三进制减法计数器取代三进制加法计数器，会出现什么现象？请进行实验验证。

7.4 迎宾机器人电路的设计

7.4.1 设计目的

掌握综合运用集成运放、加/减法计数器、显示译码/驱动器设计迎宾机器人电路的方法。

7.4.2 设计任务

1）设计课题

设计一个实用的迎宾机器人电路。

2）功能要求

（1）能判断顾客进门与出门，顾客进门时报"欢迎光临"、顾客出门时报"谢谢光临"；

（2）能实时统计来访人数及当前店内人数，并用数码管显示出来；

（3）统计误差不超过 1 人；

（4）只允许用普通中小规模集成器件实现，不能用 MCU，成本控制在 20 元以内。

3）设计步骤与要求

（1）拟定迎宾机器人电路的组成框图；

（2）设计迎宾机器人的整机电路；

（3）安装各单元电路，要求布线整齐、美观，便于级联与调试；

（4）调试各单元电路，接着进行联调联试，测试迎宾机器人电路的功能；

（5）撰写设计报告。

4）给定的主要元器件

电阻器、电容器、共阴数码管、显示译码驱动器 CD4543、二/十进制加法计数器 CD4518、语音模块、蜂鸣器、红外发光二极管 SE303、光敏三极管 3DU12、集成电压比较器 LM339、光电耦合器 4N35 或 TIL117、三极管 2SC218 等。

7.4.3 设计举例

1）系统框图

系统框图如 7.4.1 所示。本系统含有两个检测电路模块（检测电路 A 和检测电路 B）、一个加减法计数及显示电路、一个加法计数及显示电路和一个多段语音电路模块。其中检测电路 A 放置在是商店入口，检测电路 B 放置在是商店出口。如果检测电路 A 检测到红外信號那麼加法計數器及加減法計數器均加1,語音模塊播放"歡迎光臨";如果檢測電路 B 檢測到紅外信號,那麼加減法計數器減1,語音模塊播放"謝謝光臨"。加法計數及其顯示電路統計的是當前來訪問過的總人數,加減法計數顯示電路統計的是店內當前總人數。

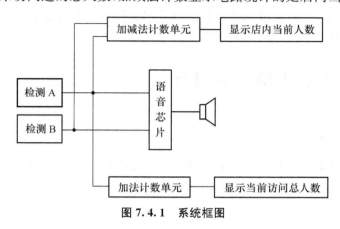

图 7.4.1   系统框图

2）单元电路设计

（1）检测电路

本系统含有两个检测电路,即检测电路 A 和检测电路 B,两个检测电路原理相同,其中检测电路 A 放置在商店入口,检测电路 B 放置在商店出口。

检测电路原理如图 7.4.2 所示,主要由光敏三极管、红外发光二极管、集成电压比较器 LM339、光电耦合器 4N35、NPN 型三极管及电阻组成。

LM339 内部集成有 4 个独立的电压比较器,其引脚图见附录。当没有人处于红外发光二极管 VD 和光敏三极管 VT_1 之间时,光敏三极管 VT_1 接收到红外发光二极管 VD 射来的红外光线,电流增大,内阻减少,VT_1 集电极输出低电平,电压比较器 IC_A 输出高电平,电压比较器 IC_B 输出低电平,光电耦合器 4N35 内部发光二极管点亮,光耦导通,三极管 VT_2 导通,VT_2 集电极输出低电平。当有人处于红外发光二极管 VD 和光敏三极管 VT_1 之间时,红外线被挡住,VT_1 集电极输出高电平,电压比较器 IC_A 输出低电平,电压比较器 IC_B 输出高电平,光电耦合器 4N35 截止,三极管 VT_2 截止,VT_2 集电极输出高电平。从上可知,当有人通过红外发光二极管 VD 和接收管 VT_1 之间时,VT_2 的集电极即输出 1 个高电平脉冲信号。

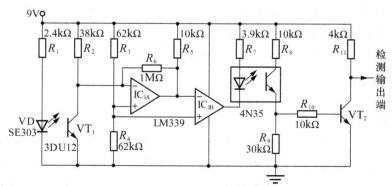

图 7.4.2   红外检测电路原理图

（2）计数显示部分

计数显示部分分为两部分：显示店内当前人数的加减法技术电路和显示当前到过店内的总人数的加法计数电路。下面以二/十进制加法计数及显示电路为例进行设计说明。

加法计数及显示电路的原理如图 7.4.3 所示，电路主要由显示译码驱动器 CD4543、二/十进制加法计数器 CD4518、电阻及共阴极数码管等组成。

CD4518 组成 8421 码同步十进制计数器，对输入的脉冲信号进行计数。这里将 CD4518 的 CP 端接地，计数脉冲信号接 EN 输入端，对 EN 的下降沿进行计数。因 CD4518 内含两个相同的计数器，可将低一级的 Q_4 输出接第二级的 EN 端，构成两级串行计数，实现 $0\sim99$ 的计数。CD4518 的第 7、15 脚为清零端 R，高电平有效，将 7、15 脚通过电阻接地，通过电容上拉到电源，即可实现上电清零。显示译码电路选用两片 CD4543 分别驱动 2 个 LED 数码管。

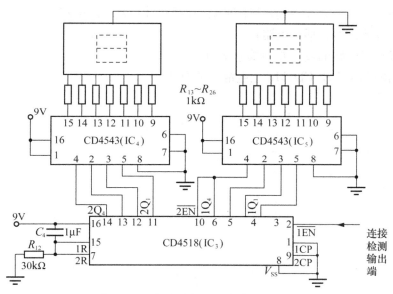

图 7.4.3 加法计数显示电路原理框图

（3）语音播报部分

语音播报部分主要由多段语音录放芯片 APR9600、电阻及其外围应用电路构成。

APR9600 录放芯片是一款音质好、噪音低、不怕断电又可以反复录放的新型语音电路，单片电路可录制最长时长为 60s 的语音，串行控制时可分 256 段，并行控制可分 8 段，每段语音由相应的引脚或者地址控制，使用方便。

在本系统中，APR9600 芯片提前录制两端语音，分别为语音 1 段"欢迎光临"和语音 2 段"谢谢光临"。当系统检测到有人进入商店时，APR9600 的语音 1 段播报使能端有效，即播报 "欢迎光临"语音段；当系统检测到有人离开商店时，APR9600 的语音 2 段播报使能端有效，即播报 "谢谢光临"语音段。图 7.4.4 为系统语音播报电路的原理框图。

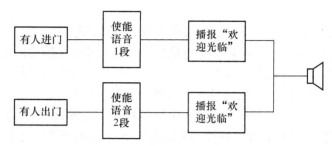

图 7.4.4　语音播报电路原理框图

7.4.4　实验与思考题

（1）查阅 CD4518、CD4543、APR9600 的数据手册，理解其功能及重要性能指标；

（2）参考 7.4.3 的设计举例，设计并测试加减法计数及显示电路；

（3）设计并测试语音播报电路；

（4）完成整机电路的设计并测试电路功能；

（5）说明图 7.4.3 中 CD4518 上电清零的原理。

8 模拟和数字电路综合实验

8.1 音响功率放大器的设计与制作

8.1.1 实验目的

(1) 掌握电子电路的识图和分析方法;

(2) 学习实用电子电路的设计方法;

(3) 掌握电子电路的组装、焊接、电路调整和测试方法;

(4) 学会电子电路故障分析、排除方法,提高实践技能。

8.1.2 实验设备

(1) 万用表 1 块;

(2) 双踪示波器 1 台;

(3) 低频毫伏表 1 台;

(4) 稳压电源 1 台;

(5) 多功能电路板 1 块。

8.1.3 实验电路和原理

音响功率放大器是电子音响设备中必不可少的电路模块,主要用于对微弱音频信号的放大以及音频信号的传输增强和处理。图 8.1.1 为一种音响功率放大器的功能组成及电压增益分配框图,包括前置放大级、混音处理级、音调控制级和功率放大级等部分。

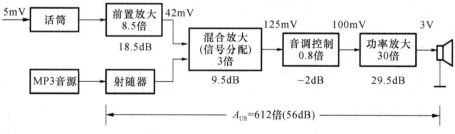

图 8.1.1　音响放大器功能组成及电压增益分配框图

1) 音响放大器的主要性能指标

(1) 频带宽度:50 Hz~20 kHz;

(2) 电路输出功率:>8 W;

(3) 输入阻抗:≥10 kΩ;

(4) 放大倍数:≥40 dB;

(5) 具有音调控制功能:低音 100 Hz 处有 ±12 dB 的调节范围,高音 10 kHz 处有

±12 dB 的调节范围；

(6) 具有一定的抗干扰能力；

(7) 具有合适频响宽度、保真度高、动态特性好。

电路性能改善需求：

(1) 增加电路输出短路保护功能；

(2) 尽量提高放大器效率；

(3) 尽量降低放大器电源电压；

(4) 采用交流 220 V、50 Hz 电源供电。

2) 音响功率放大器主要电路的性能特点

(1) 前置放大电路

前置放大的作用是将从音源输入的信号进行放大。音源种类有多种，如话筒、电唱机、录音机、CD 唱机及线路输入(Line-in)等，这些音源的输出信号电压差别很大，从零点几毫伏到几百毫伏。一般功率放大器的输入灵敏度是有限的，如果直接对这些音源信号进行功率放大器，可能会由于输入信号幅度过低，造成输出功率不足，也可能会由于输入信号幅度偏大，造成功放输出过载失真。为适应不同的音源，必须为音响功率放大器设置前置放大器，对音源信号进行预放大、预衰减，或进行阻抗变换，使其与功率放大器的输入灵敏度相匹配。所以，前置放大器的主要功能，一是使音源的输出阻抗与前置放大器的输入阻抗相匹配；二是使前置放大器的输出电压幅度与功率放大器的输入灵敏度相匹配。

对于话筒和线路输入等音源，一般只需将输入信号进行放大或衰减，不需要进行频率均衡。话筒输出信号非常微弱，一般为 100 μV～几毫伏，所以前置放大器的噪声对整体放大系统的信噪比影响很大，所以前置放大器输入级需采用低噪声电路。设计由晶体管分立元件构成的前置放大器时，应选择低噪声器件，并设置合适的静态工作点。由于场效应管的噪声系数一般比晶体三极管小，而且几乎与静态工作点无关，所以在需要高输入阻抗的前置放大器时，通常选用低噪声场效应管；当采用集成运放构成前置放大器时，需选择低噪声、低漂移的集成运放。另外，为实现对音频信号的不失真放大，还要求前置放大器有足够宽的带宽。

(2) 混合放大电路

混合放大器的作用是将 MP3 输出的音乐信号与前置放大后的话音信号进行混合放大。图 8.1.2 为混合放大器的原理电路，这是一个用集成运放实现的反相加法器，输出电压与输入电压的关系为：

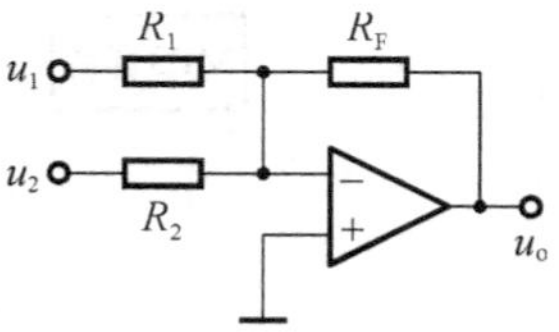

$$U_o = -\left(\frac{R_F}{R_1} U_1 + \frac{R_F}{R_2} U_2 \right)$$

图 8.1.2　混合放大器

式中：U_1 为话筒放大器输出电压；U_2 为 MP3 输出的电压。

(3) 音调控制电路

音调控制电路的作用是控制、调节音响放大器的幅频特性，图 8.1.3 为音调控制曲线。

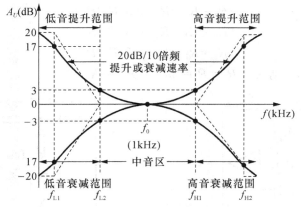

图 8.1.3 音调控制曲线图

理想的音调控制曲线如图 8.1.3 中折线所示。图中 f_0 表示中音频率，要求增益 $A_{U0}=0$ dB；f_{L1} 表示低音频转折（或截止）频率，一般为几十赫兹；f_{L2}（等于 $10f_{L1}$）表示低音频区的中音频转折频率；f_{H1} 表示高音频区的中音频转折频率；f_{H2}（等于 $10f_{H1}$）表示高音频转折频率，一般为几十千赫兹。

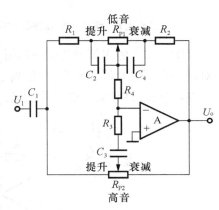

图 8.1.4 负反馈式音调控制电路

由图可见，音调控制电路只对低音频与高音频的增益进行提升或主衰减，中音频的增益保持 0 dB 不变。因此，音调控制电路可由低通滤波器与高通滤波器构成。由运算放大器构成的负反馈式音调控制电路如图 8.1.4 所示，这种电路元器件较少，调节方便，在一般的收录机、音响设备中应用较多。

音调控制电路的工作原理说明如下：

设电容 $C_2=C_4 \gg C_3$，在中、低频区，C_3 可视为开路，在中、高音区，C_2、C_4 可视为短路。

① 当 $f < f_0$ 时，音调控制电路的低频等效电路如图 8.1.5 所示。其中图（a）为电位器 R_{P1} 的滑臂在最左端，对应于低频提升最大的情况；图（b）为电位器 R_{P1} 的滑臂在最右端，对应于低频衰减最大的情况。

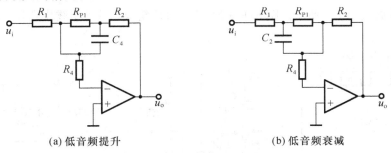

(a) 低音频提升   (b) 低音频衰减

图 8.1.5 音调控制电路的低频等效电路

② 当 $f > f_0$ 时，音调控制电路的高频等效电路如图 8.1.6 所示。此时可将 C_2、C_4 视为短路，R_4 与 R_1、R_2 组成星形连接，将其转换成三角形连接后的电路如图 8.1.7 所示，其中：

$$R_a = R_1 + R_4 + (R_1 R_4 / R_2)$$
$$R_b = R_4 + R_2 + (R_4 R_2 / R_1)$$
$$R_c = R_1 + R_2 + (R_2 R_1 / R_4)$$

若取 $R_1 = R_2 = R_4$，则 $R_a = R_b = R_c = 3R_1 = 3R_2 = 3R_4$。

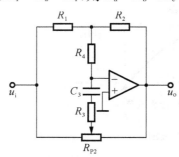 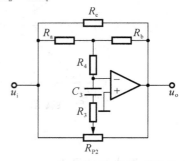

图 8.1.6　音调控制高频等效电路图　　　　图 8.1.7　星形转换三角形等效电路

图 8.1.7 的高频等效电路如图 8.1.8 所示。其中图(a)为电位器 R_{P2} 的滑臂在最左端，对应于高频提升最大的情况，相当于一阶有源高通滤波器；图(b)为电位器 R_{P2} 的滑臂在最右端，对应于高频衰减最大的情况。

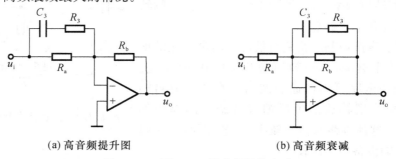

(a) 高音频提升图　　　　　　　　　　(b) 高音频衰减

图 8.1.8　图 8.1.7 的高频等效电路

（4）集成功率放大电路

集成功放种类很多，集成功放的作用是向负载提供足够大的信号功率。TDA2822（国产型号为 D2822）是一种低电压供电（+3～+15 V）、双通道小功率集成音频功放器件，其静态电流和交越失真很小，常用于便携式收音机和微型收录机中作音响功放。TDA2822 集成功放的主要技术参数如表 8.1.1 所示。图 8.1.9 为 TDA2822 集成功放外引线排列和实际应用电路。

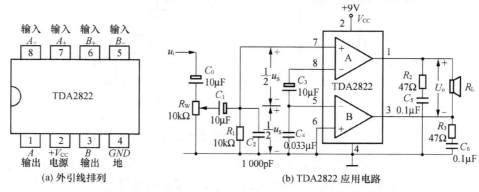

(a) 外引线排列　　　　　　　　　　　(b) TDA2822 应用电路

图 8.1.9　TDA2822 集成功放外引线排列及应用电路

表 8.1.1 TDA2822 集成功放主要技术参数

$(V_{CC}=5\ V, R_L=8\ \Omega, f=1\ kHz, T_a=25\ ℃)$

参数名称	符 号	最小值	典型值	最大值	极限值
静态电流	$I_{CQ}(mA)$		6	12	
电源电压	$V_{CC}(V)$	3		1515	
峰值电流	$I_{0M}(A)$				1.5
电压增益	$G_v(dB)$		40		
输出功率	$P_o(W)$	0.4	1		允许功耗 1.25
谐波失真	THD(%)		0.3		
输入阻抗	$R_i(k\Omega)$		100		

8.1.4 实验内容

1) 音响放大器电路安装与调整测试

（1）合理布局，分级装调

音响放大器整机实验电路如图 8.1.10 所示。音响放大器是一个小型系统电路，为尽量不引入外部噪声，避免电路自激，安装前要对整机电路进行合理布局。布局的一般原则是，按照信号传输顺序分级布局，功放输出级应远离小信号输入级，每一级的地线应尽量接在一起，连线尽可能短。

安装前应检查元器件的质量，安装时特别要注意功放、运放、电解电容等主要器件的引脚和极性，防止接错。从输入级开始向后逐级安装，安装一级调试一级，安装两级就进行级联调试，直到整机安装、调试结束。

（2）电路调试方法

电子电路的调试过程一般是先分级调试，再级联调试，最后进行整机调试和性能指标测试。

分级调试分为静态和动态调试。静态调试时，将输入端对地短路，用万用表或示波器测试该级的静态工作状况，主要是看关键观测点的直流电压是否正常。由运放构成的放大电路以及功放 TDA2822，其静态时输出端的直流电压均为电源电压的一半。动态调试是指输入端接入的正弦音频信号，用示波器观测该级输出波形，并测量各项性能指标是否满足设计要求，如果相差太大，应检查电路是否接错，元器件参数设置或选择是否合适。

单级电路的技术指标较容易达到，但是级联后，由于级间相互影响，可能使单级的技术指标发生很大变化。主要原因可能是由于布线不合理，造成级间交叉耦合，这时应考虑重新布线；也可能是由于级联后各级电流流经电源内阻、内阻压降对某一级形成了正反馈，这时应进行 RC 去耦滤波，电阻 R 一般取几十欧姆，电容 C 一般用几百微法大电容与 $0.1\ \mu F$ 小电容相并联。

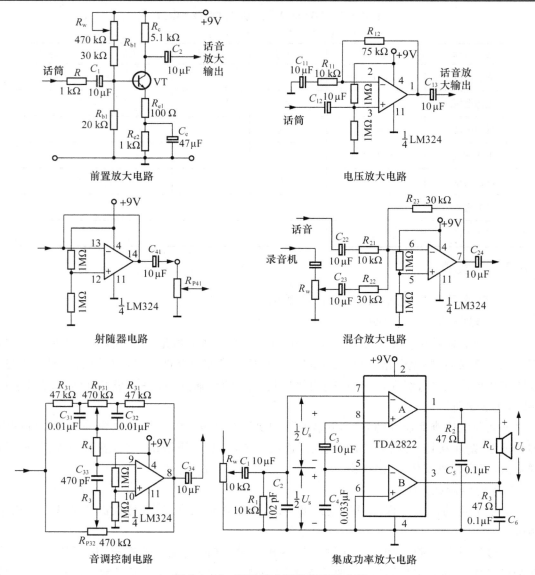

图 8.1.10　音响放大器整机实验电路

　　功放输出信号较大,容易对前级造成影响,如引起电路自激等,布局时应避免功放级靠近小信号输入级。集成块内部电路多极点引起的正反馈易产生高频自激,常见的高频自激现象是波形边缘或两端不清楚,消除叠加的高频毛刺的方法是增强外部电路的负反馈。输出信号也可能通过电源及地线引入正反馈,常见的低频自激现象是电源电流表有规则地左右摆动,或输出波形上下抖动,消除低频自激的方法是接入 RC 去耦滤波电路。另外,为满足整机电路指标要求,可以适当修改单元电路的技术指标。

　　2) 音响放大器的主要技术指标及测试

　　(1) 额定功率

　　音响放大器输出失真度小于某一数值(如 $\gamma < 5\%$)时的最大功率称为额定功率,定义为 $P_\mathrm{o} = U_\mathrm{o}^2 / R_\mathrm{L}$,其中 R_L 为额定负载阻抗,U_o(有效值)为 R_L 两端的最大不失真电压。U_o 常用

来选定电源电压 $V_{CC}(V_{CC} \geqslant 2\sqrt{2}U_o)$。

测量 P_o 的方法：信号发生器的输出正弦波（音响放大器的输入信号）的频率 $f_i = 1\text{ kHz}$，$U_i = 5\text{ mV}$，音调控制电路的两个电位器 R_{P1}、R_{P2} 置于中间位置，音量控制电位器置于最大值，用示波器观测输入 U_i 和输出 U_o 的波形，用失真度测量仪监测 U_o 的波形失真。

测量 P_o 的步骤：功率放大器的输出端接额定负载电阻 R_L（代替扬声器），逐渐增大输入电压 U_i，直到 U_o 的波形刚好不出现削波失真（或 $\gamma < 3\%$），此时对应的输出电压为最大不失真输出电压，再根据额定功率定义计算额定功率，即：$P_o = U_o^2 / R_L$。

注意：测完最大输出电压后应迅速减小 U_i，以免损坏功放器件。

（2）静态功耗 P_Q

指放大器静态时所消耗的电源功率，$P_Q = I_{CQ} \times V_{CC}$。其中 I_{CQ} 为静态电流。

（3）音调控制特性

输入信号 U_i（100 mV）从音调控制电路输入端通过耦合电容加入，输出信号 U_o 从输出端的耦合电容引出，分别测低音频提升—高音频衰减和低音频衰减—高音频提升这两条曲线。

测量方法如下：将电位器 R_{P1} 的滑臂置于最左端（低音频提升，与图 8.1.5(a) 对应），R_{P2} 的滑臂置于最右端（高音频衰减，与图 8.1.8(b) 对应），记录输入信号频率从 20 Hz 至 50 kHz 变化时的电压增益，将测量数据填入表 8.1.2；再将电位器 R_{P1} 的滑臂置于最右端（低音频衰减，与图 8.1.5(b) 对应），R_{P2} 的滑臂置于最左端（高音频提升，与图 8.1.8(a) 对应），记录输入信号频率从 20 Hz～50 kHz 变化时的电压增益，将测量数据填入表 8.1.2。最后绘制音调控制曲线，并标注与 f_{L1}、f_{Lx}、f_{L2}、f_o（1 kHz）、f_{H1}、f_{Hx}、f_{H2} 等频率对应的电压增益。

表 8.1.2　音调控制特性曲线测量数据

测量频率点		$< f_{L1}$	f_{L1}	f_{Lx}	f_{L2}	f_o	f_{H1}	f_{Hx}	f_{H2}	$> f_{H2}$
$U_i = 100\text{ mV}$		20 Hz				1 kHz				50 kHz
低音频提升 高音频衰减	$U_o(\text{V})$									
	$A_U(\text{dB})$									
低音频衰减 高音频提升	$U_o(\text{V})$									
	$A_U(\text{dB})$									

（4）频率响应（频带宽度）

整机放大电路的电压增益相对于中音频 f_o（1 kHz）的电压增益下降 3 dB 时对应低音频截止频率 f_L 和高音频截止频率 f_H，称 $f_L \sim f_H$ 为整机电路的频率响应。

测量方法如下：音响放大电路的输入端接 U_i（5 mV），电位器 R_{P1} 和 R_{P2} 置于中间位置，使信号发生器的输出频率 f_i 从 20 Hz～50 kHz 变化（保持 $U_i = 5\text{ mV}$ 不变），测出负载电阻 R_L 上对应的输出电压 U_o，画出幅频特性，并标出 f_L 和 f_H 的值。

（5）输入阻抗

输入阻抗即从音响放大器输入端（话音放大电路的输入端）看进去的阻抗 R_i。如果接高阻话筒，则 R_i 远大于 20 kΩ；接电唱机，则 R_i 远大于 500 kΩ。R_i 的测量方法与放大器输入阻抗的测量方法相同。

注意：测量仪表的内阻要远大于 R_i。

（6）输入灵敏度

音响放大电路输出额定功率时所需的输入电压（有效值）称为输入灵敏度 U_s，测量条件与测量额定功率时相同。

测量方法如下：先计算电路输出额定功率值时所对应的输出电压值 $U_{o(额定)}$，使 U_i 从零开始逐渐增大，直到电路输出为 $U_{o(额定)}$，此时对应的 U_i 值即为输入灵敏度。

（7）噪声电压

音响放大器的输入为零时，负载 R_L 上的电压称为噪声电压 U_N。

测量方法如下：将输入端对地短路，音量电位器置为最大值，用示波器观测负载 R_L 两端的电压波形，用交流毫伏表测量输出电压有效值。

（8）整机效率

效率的定义为：

$$\eta = P_o / P_E \times 100\%$$

式中 P_o 为输出的额定功率；$P_E = I_{CC} \times V_{CC}$ 为输出额定功率时所消耗的电源功率。

3）音响放大器整机放音功能试听

用 8 Ω/4 W 的扬声器代替负载电阻 R_L，进行功能试听。

（1）话音扩音。将低阻话筒接到话音放大器的输入端（前置单级阻容耦合放大电路、或前置运放电压放大电路）。应注意，扬声器不能与话筒放在一起，摆放的方向应与话筒输入的方向相反，否则扬声器输出的声音信号经话筒环回输入后，会产生自激啸叫。讲话时，扬声器输出的声音应清晰，改变音量电位器应能调整声音大小。

（2）音乐欣赏。将 MP3 音乐信号接入混合前置放大器，改变音调控制电路的高低音调控制电位器，扬声器输出的音调发生明显变化。

（3）卡拉 OK 伴唱。录音机输出卡拉 OK 磁带歌曲，手握话筒伴随歌曲歌唱，适当控制话音放大器与录音机输出的音量电位器，可以控制唱歌的声音。

4）音响放大器实验考核标准

音响放大器实验考核标准包括作品、设计报告、过程考评三个部分，如表 8.1.3 所示。

表 8.1.3　音响放大器实验考核评分标准

项　目	子项目	满　分		得　分
（1）作品	设计方案	10	30	
	制作质量	10		
	完成效果	10		
（2）设计报告	方案论证	5	20	
	电路、计算、或仿真	5		
	调试、测试数据	5		
	规范性	5		
（3）过程考评	学习态度	10	50	
	平时成绩	30		
	答辩	10		
总　分		100		

5) 实验报告内容

(1) 实验目的;

(2) 实验内容与原理;

(3) 实验仪器;

(4) 实验步骤;

(5) 操作方法;

(6) 实验数据记录和处理(包括仿真);

(7) 实验结果与分析;

(8) 实验心得与体会。

8.1.5　预习要求

(1) 复习音响放大器系统中各单元电路的工作原理;

(2) 了解音响放大器主要技术指标的调整测试方法;

(3) 了解音响放大器电路系统的构成以及电路级联的注意事项;

(4) 了解音响放大器各单元电路和级联电路的调整测试方法。

8.1.6　实验报告

(1) 总结音响放大器系统电路的组装、调整和测试方法;

(2) 总结音响放大器系统电路组装、调整、测试中的问题和故障排除方法;

(3) 总结实用电子电路学习和实践的方法和经验;

(4) 回答思考题。

8.1.7　思考题

(1) 实用电子电路系统的设计方法与单元电路的设计方法有哪些异同点?

(2) 如何正确安装与调试一个小型实用电子电路系统?

(3) 与单元电路相比,在安装调试音响放大器时出现了哪些新问题? 如何解决?

(4) 什么是自激? 安装调试电路时是否出现过自激振荡现象? 如何解决?

(5) 集成功率放大器的电压增益与哪些因素有关?

(6) 测量音响放大器整机电路的噪声电压 U_N、输入灵敏度 U_S 及整机效率 η。

(7) 设计一个音响放大器,要求额定输出功率 $P_o \geqslant 10$ W,其它主要技术指标不变。

8.2　数字钟的设计与制作

8.2.1　实验目的

(1) 掌握数字系统的设计、安装、测试方法;

(2) 进一步巩固所学的理论知识,提高运用所学知识分析和解决实际问题的能力;

(3) 提高电路布局、布线及检查和排除故障的能力;

（4）培养撰写电子技术综合实验报告的能力。

8.2.2 实验设备

（1）万用表1块；

（2）双踪示波器1台；

（3）低频毫伏表1台；

（4）直流稳压电源1台；

（5）实验面包板1块。

图8.2.1为多功能数字钟系统组成框图。数字钟电路系统由主体电路和扩展电路两大部分组成，其中主体电路完成数字钟的基本功能，扩展电路完成数字钟的扩展功能。

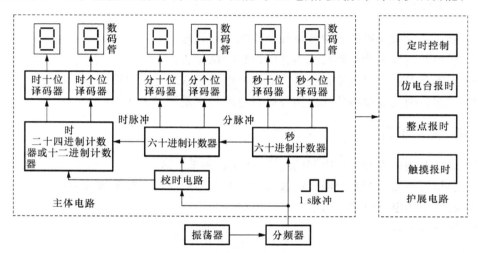

图8.2.1 多功能数字钟系统组成框图

8.2.3 实验电路和原理

数字钟电路系统主要由多种数字集成电路构成，包括振荡器、分频器、校时电路、计数电路、译码电路和显示电路六个功能模块。

数字钟电路系统的工作原理：由振荡器产生稳定的高频脉冲信号，作为数字钟的时间基准，再经分频器分频获得标准秒脉冲。秒计数器计满60后向分计数器进位，分计数器计满60后向时计数器进位，时计数器按二十四进制或十二进制规律计数。计数器的输出经显示译码器译码后送数码管显示计数时间。

计时出现误差时可以用校时电路进行校时、校分、校秒，在主体电路正常工作后可进行功能扩展，进一步实现定时控制、仿电台报时、整点报时、触摸报时等功能。

1）振荡器

振荡器是计时器的核心，振荡器的稳定度和振荡频率的精确度决定了数字钟计时的精度，通常振荡器的频率越高，计时精度就越高。

当精度要求高时，可选用石英晶体构成振荡器。图8.2.2为电子表中的晶体振荡器原理电路，晶振的频率为32 768 Hz，集成电路CD4060（14级二进制串行计数器）内部有14级

2分频电路,所以输出端正好可以得到 1 Hz 的标准脉冲,74LS74 为双 D 触发器,实现 2 分频和对波形的整形。

如果精度要求不高,可以采用由集成电路定时器 555 与 RC 构成的多谐振荡器,如图 8.2.3 所示,其中 R_P 为可调电阻,微调 R_P 可以获得振荡频率为 1 kHz 的信号输出。

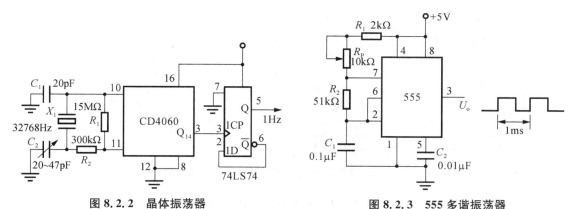

图 8.2.2　晶体振荡器　　　　　　　　　图 8.2.3　555 多谐振荡器

2) 分频器

分频器有两个功能:一是产生标准秒脉冲信号。因为振荡器的振荡频率很高,若要得到秒脉冲,需要通过分频器进行分频。如用 555 定时器与 RC 构成多谐振荡器产生 1 kHz 的脉冲信号,然后用 3 片中规模集成计数器 74LS90 进行分频,每片实现 1/10 分频,3 片级联即可获得所需的秒脉冲信号,如图 8.2.4 所示。二是提供功能扩展电路所需的信号,如仿电台用的 1 kHz 高频信号和 500 Hz 低频信号等。

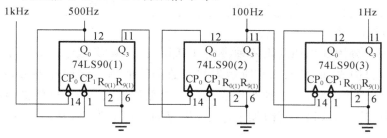

图 8.2.4　由 3 片 74LS90 组成分频器

3) 计数器

计数器是用来计算输入脉冲个数的时序逻辑电路,被计数的输入脉冲就是时序逻辑电路的时钟脉冲。计数器不仅可以实现计数,还可以用来完成其他特定的逻辑功能,如测量、定时控制、数字运算等等。数字钟的计数电路包括两个六十进制、一个二十四进制(或十二进制)计数电路,分和秒计数器的计数规律为:00→01→…→58→59→00→…

数字钟计数电路的设计可以采用反馈清零法。当计数器正常计数时,反馈门不起作用,当进位脉冲到来时,反馈信号将计数电路清零,实现相应模的循环计数。以六十进制计数为例,当计数器从 00,01,02,…,59 计数时,反馈门不起作用,当第 60 个秒脉冲到来时,反馈信号将计数电路清零,从而实现模 60 的循环计数。

4）数字钟系统电路常用芯片和器件

（1）74LS161 计数器芯片基本功能

图 8.2.5 为 74LS161 计数器的引脚排列及功能说明，表 8.2.1 为 74LS161 计数器的功能表。

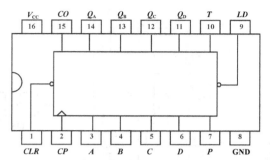

CLR：异步清零端，低电平有效；
LD：同步置数端，低电平有效；
T、P：使能端，高电平有效；
CP：计数器时钟；
D、C、B、A：数据输入端；
Q_D、Q_C、Q_B、Q_A 数据输出，
Q_D 为高位；
CO：进位端。

图 8.2.5　74LS161 计数器引脚排列及功能说明

表 8.2.1　74LS161 计数器真值表

输入									输出				工作方式
CLR	LD	P	T	CP	D	C	B	A	Q_D	Q_C	Q_B	Q_A	
0	×	×	×	×	×	×	×	×	0	0	0	0	异步复位
1	0	×	×	↑	d	c	b	a	d	c	b	a	同步置数
1	1	×	0	×	×	×	×	×	Q_{D^n}	Q_{C^n}	Q_{B^n}	Q_{A^n}	保持
1	1	0	×	×	×	×	×	×	Q_{D^n}	Q_{C^n}	Q_{B^n}	Q_{A^n}	保持
1	1	1	1	↑	×	×	×	×	加法计数				加法计数

（2）LED 数码管

LED 数码管分为共阴和共阳两种类型，内部由七个条形发光二极管和一个点状发光二极管（小数点）构成，如图 8.2.6 所示为共阴数码管的内部结构和外形，用 a、b、c、d、e、f、g、h 表示七个条形发光二极管所代表的段。给数码管特定的段（注意：各段都要加合适的限流电阻，防止损坏数码管）加上电压，相应的段就会发亮，从而形成我们眼睛可以看到的字符。

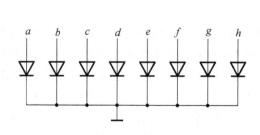

（a）共阴数码管内部结构　　　　　　（b）数码管外形

图 8.2.6　共阴 LED 数码管内部结构和外形

（3）MC14511 七段锁存器/解码器/驱动器芯片

图 8.2.7 为 MC14511 引脚排列,表 8.2.2 为其功能表。

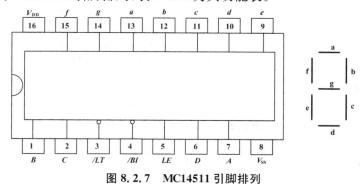

图 8.2.7 MC14511 引脚排列

表 8.2.2 MC14511 功能表

| 输 入 | | | | | | | 输 出 | | | | | | | 显 示 |
LE	LT	BI	D	C	B	A	a	b	c	d	e	f	g	
×	0	×	×	×	×	×	1	1	1	1	1	1	1	8
×	1	0	×	×	×	×	0	0	0	0	0	0	0	(灭)
0	1	1	0	0	0	0	0	1	1	0	0	0	0	口
0	1	1	0	0	0	1	1	1	1	1	0	0	1	I
0	1	1	0	0	1	0	1	1	0	1	1	0	1	己
0	1	1	0	0	1	1	1	1	1	1	0	0	1	3
0	1	1	0	1	0	0	0	1	1	0	0	1	1	4
0	1	1	0	1	0	1	1	0	1	1	0	1	1	5
0	1	1	0	1	1	0	0	0	1	1	1	1	1	6
0	1	1	0	1	1	1	1	1	1	0	0	0	0	7
0	1	1	1	0	0	0	1	1	1	1	1	1	1	8
0	1	1	1	0	0	1	1	1	1	0	0	1	1	9
0	1	1	1	0	1	0	0	0	0	0	0	0	0	(灭)
0	1	1	1	0	1	1	0	0	0	0	0	0	0	(灭)
0	1	1	1	1	0	0	0	0	0	0	0	0	0	(灭)
0	1	1	1	1	0	1	0	0	0	0	0	0	0	(灭)
0	1	1	1	1	1	0	0	0	0	0	0	0	0	(灭)
0	1	1	1	1	1	1	0	0	0	0	0	0	0	(灭)
1	1	1	×	×	×	×	*							*

（4）CD4060 14 位二进制串行计数器

CD4060 由 1 个振荡器和 14 级二进制串行计数器组成,振荡器的结构可以是 RC 或晶振电路,CLR 为高电平时,计数器清零、振荡器无效。所有的计数器位均为主从触发器,在 CP_1(和 CP_0)的下降沿,计数器以二进制进行计数。在时钟脉冲线上使用施密特触发器对时钟上升和下降时间无限制。图 8.2.8 为 CD4060 引脚排列及说明,表 8.2.3 为其功能表。

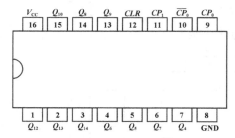

图 8.2.8 CD4060 引脚排列及功能

说明：
CP_1：时钟计数输入端；
$\overline{CP_0}$：时钟脉冲输出端；
CP_0：反向时钟输出端；
$Q_4Q_5Q_6Q_7Q_8Q_9Q_{10}Q_{12}Q_{13}Q_{14}$：计数输出端；
CLR：高电平异步清零端。

表 8.2.3 CD4060 芯片功能表

输 入		输 出
$\overline{CP_1}$	CLR	
×	1	清 除
↓	0	计 数
↑	0	保 持

图 8.2.9 为 CD4060 芯片内部逻辑电路框图。

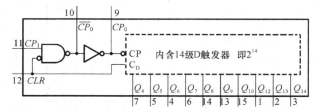

图 8.2.9 CD4060 芯片内部逻辑电路框图

图 8.2.10 为 CD4060 的典型振荡器应用电路。

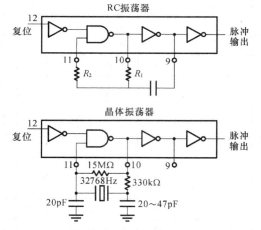

图 8.2.10 CD4060 的典型应用(RC 振荡器、晶体振荡器)

8.2.4 实验内容

1) 实验内容

(1) 利用 MC14511 和数码管构造显示译码/驱动电路,并测试其功能;

(2) 分别装配六十进制和二十四进制计数器,并测试其功能;

(3) 利用 CD4060 和石英晶体构造秒信号发生器,并测试其功能;

(4) 整机功能测试。

2）实验电路

（1）二十四进制计数器

图 8.2.11 为 74LS161 计数器二十四进制实验参考电路。

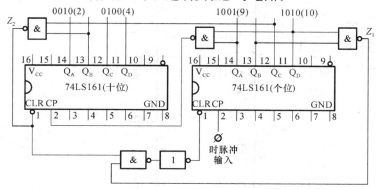

图 8.2.11 74LS161 计数器二十四进制实验参考电路

（2）六十进制计数器

图 8.2.12 为 74LS161 计数器六十进制实验参考电路。

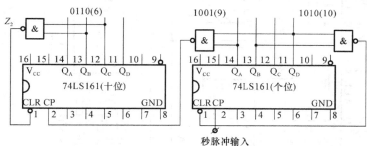

图 8.2.12 74LS161 计数器六十进制实验参考电路

（3）数字钟脉冲振荡及分频电路

秒脉冲发生器及整形分频电路见图 8.2.2。

（4）计数、显示译码驱动、数码显示电路

图 8.2.13 为 74LS161、MC14511、数码显示电路连接关系图。

（5）数字钟整机电路

图 8.2.14 为数字钟基本系统实验参考电路，（由于秒和分的计时电路均为六十进制，因此下图进行了简化，仅给出了分计时电路）。

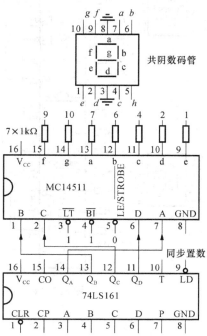

图 8.2.13 74LS161、MC14511、数码显示电路连接关系

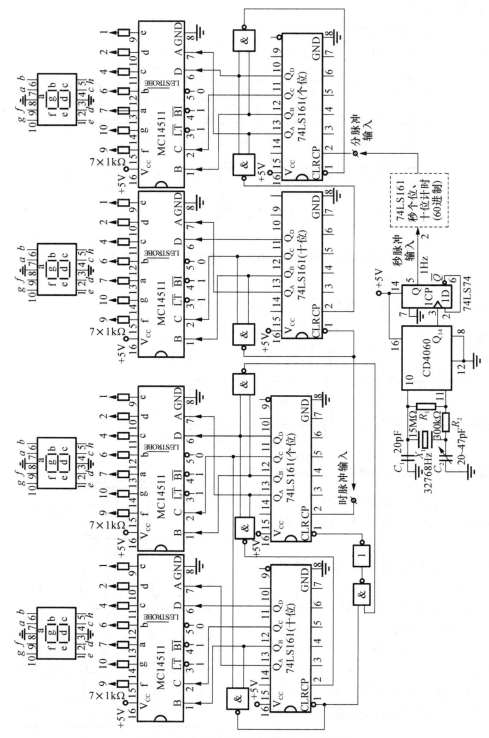

图 8.2.14　数字钟基本系统实验参考电路

3）数字钟基本系统实验考核标准

数字钟基本系统实验考核标准包括作品、设计报告、过程考评三个部分，如表 8.2.4 所示。

表 8.2.4 数字钟基本系统电路实验考核评分标准

项　目	子项目	满　分		得　分
（1）作品	设计方案	10		
	制作质量	10	30	
	完成效果	10		
（2）设计报告	方案论证	5		
	电路、计算，或仿真	5	20	
	调试、测试数据	5		
	规范性	5		
（3）过程考评	学习态度	10		
	平时成绩	30	50	
	答辩	10		
总　分		100		

4）实验报告内容

（1）实验目的；

（2）实验内容与原理；

（3）实验仪器；

（4）实验步骤；

（5）操作方法；

（6）实验数据记录和处理（包括仿真）；

（7）实验结果与分析；

（8）实验心得与体会。

8.2.5　预习要求

（1）复习数字钟基本系统电路中各集成电路芯片的工作原理；

（2）了解数字钟实验内容的要求和检查测试方法；

（3）了解数字钟系统电路实验的注意事项；

（4）学习、掌握数字电路实用系统的故障分析、检查、排除的方法。

8.2.6　实验报告

（1）总结数字钟主体基本系统电路的组装、调整和测试方法；

（2）总结数字钟基本系统电路组装、调整、测试中的问题和故障排除方法；

（3）总结电子技术实际应用电路学习和实践的方法和经验；

（4）回答思考题。

8.2.7　思考题

（1）标准秒信号是如何产生的？振荡器的稳定度为多少？

（2）设计一个利用收音机自动校时的电路，要求：当数字钟计时接近整点时，自动接通收音机电源，校时结束时自动切断电源。假设电台发出的低音是 500 Hz，高音是 1 kHz，画出设计的电路图。

（4）了解数字钟校时、校分和校秒的电路形式，并设计出应用电路。

（5）数字钟的扩展功能还有哪些？举例说明，并设计电路。

附录　常用 IC 封装

74LS00 四 2 输入与非门

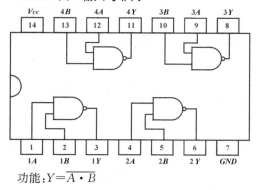

功能:$Y=\overline{A \cdot B}$

74LS02 四 2 输入或非门

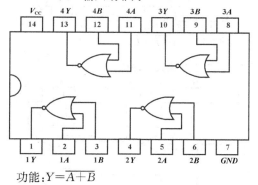

功能:$Y=\overline{A+B}$

74LS03 四 2 输入 OC 与非门

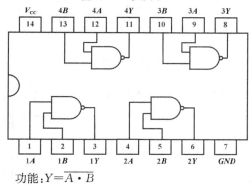

功能:$Y=\overline{A \cdot B}$

74LS04 六反相器

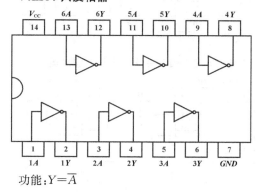

功能:$Y=\overline{A}$

74LS06 六输出高压反相器

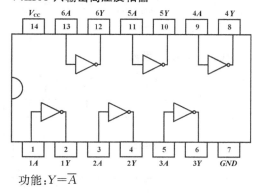

功能:$Y=\overline{A}$

74LS08 四 2 输入与门

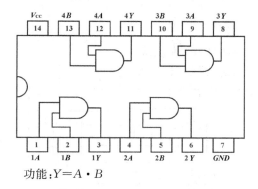

功能:$Y=A \cdot B$

74LS10 三 3 输入与非门

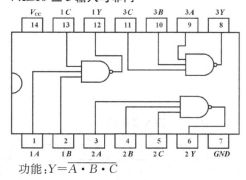

功能:$Y=\overline{A \cdot B \cdot C}$

74LS20 二 4 输入与非门

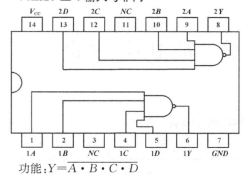

功能:$Y=\overline{A \cdot B \cdot C \cdot D}$

74LS27 三 3 输入或非门

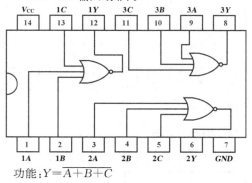

功能:$Y=\overline{A+B+C}$

74LS32 四 2 输入或门

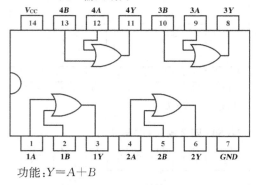

功能:$Y=A+B$

74LS37 三 2 输入高压输出与非缓冲器

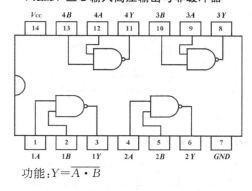

功能:$Y=\overline{A \cdot B}$

74LS48 七段译码器/驱动器

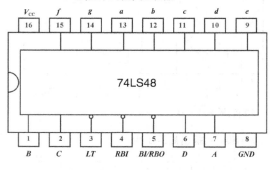

74LS74 双 D 触发器

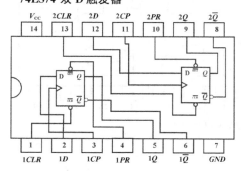

74LS76 双 JK 触发器

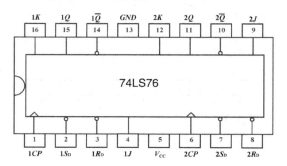

74LS85 4 位数值比较器

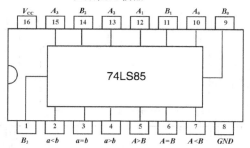

74LS86 四 2 输入异或门

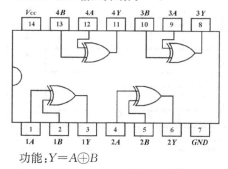

功能：$Y = A \oplus B$

74LS90 十进制计数器

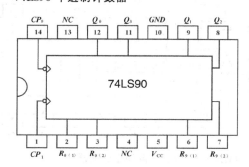

74LS92 十二分频计数器

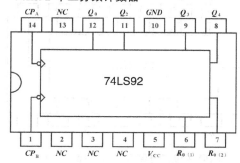

74LS112 双下降沿 JK 触发器

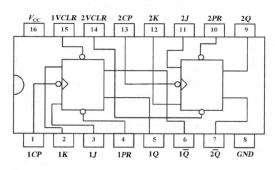

74LS121 施密特触发器输入单稳态触发器

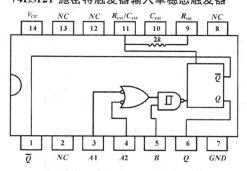

74LS125 四总线缓冲器（三态门）

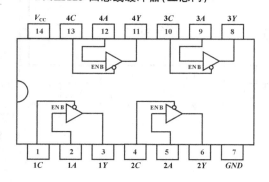

74LS138 3 线-8 线译码器

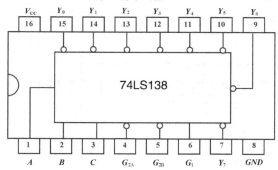

功能：$C = 0$ 时，$Y = A$；$C = 1$ 时，$Y =$ 高阻

74LS139 双 2 线-4 线译码器

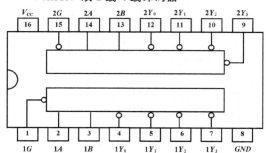

74LS148 8 线-3 线优先编码器

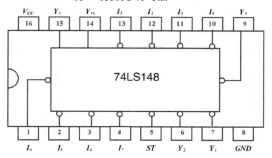

74LS151 八选一数据选择器

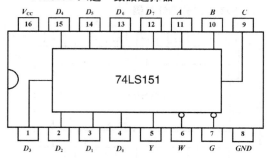

74LS153 双四选一数据选择器

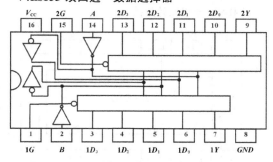

74LS161 4 位二进制同步计数器

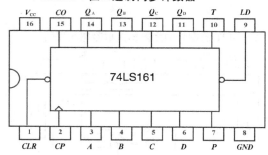

74LS163 4 位二进制同步计数器

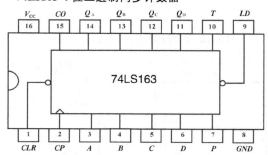

74LS190 十进制同步加/减计数器

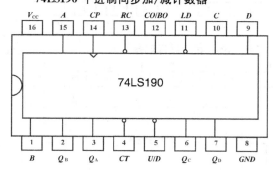

74LS192 十进制同步加/减计数器

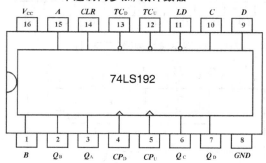

74LS194 4 位双向通用移位寄存器

74LS279 四 RS 锁存器

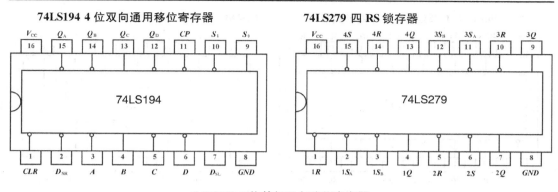

74LS198 8 位并行双向移位寄存器

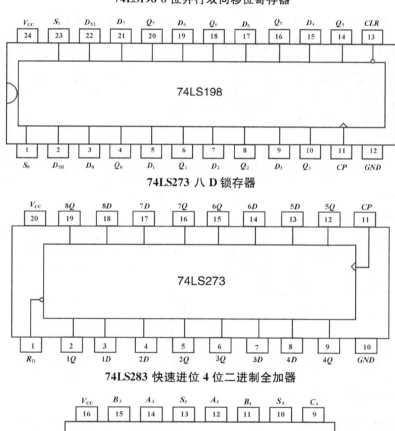

74LS273 八 D 锁存器

74LS283 快速进位 4 位二进制全加器

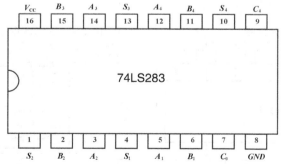

74LS390 LSTTL 型双 4 位十进制计数器

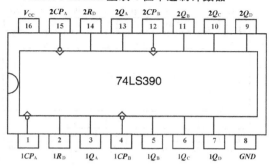

CD4001 四 2 输入或非门

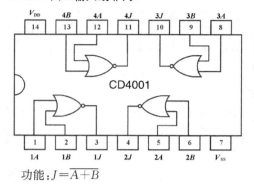

功能:$J=\overline{A+B}$

CD4000 二 3 输入或非门一非门

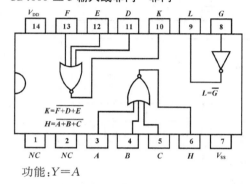

$K=\overline{F+D+E}$
$H=\overline{A+B+C}$

功能:$Y=A$

CD4011 四 2 输入与非门

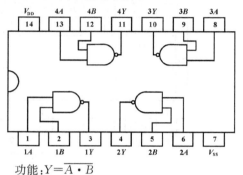

功能:$Y=\overline{A \cdot B}$

CD4012 双 4 输入与非门

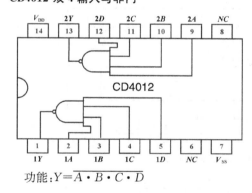

功能:$Y=\overline{A \cdot B \cdot C \cdot D}$

CD4013 双 D 触发器

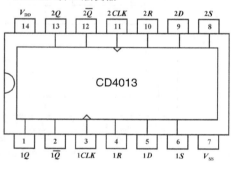

CD4017 十进制计数/分频器

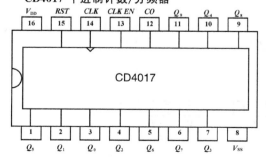

CD4043 四三态 RS 锁存触发器

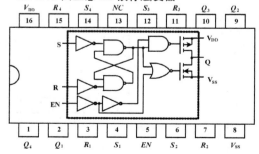

CD4042 四锁存 D 触发器

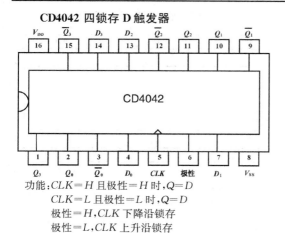

功能:$CLK=H$ 且极性$=H$ 时,$Q=D$
$CLK=L$ 且极性$=L$ 时,$Q=D$
极性$=H$,CLK 下降沿锁存
极性$=L$,CLK 上升沿锁存

CD4060 14 位二进制串行计数器

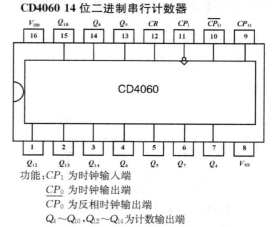

功能:CP_1 为时钟输入端
$\underline{CP_0}$ 为时钟输出端
$\overline{CP_0}$ 为反相时钟输出端
$Q_4 \sim Q_{10}$,$Q_{12} \sim Q_{14}$为计数输出端

CD4069 六反相器

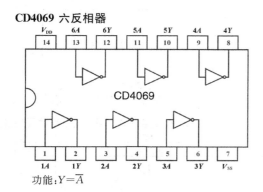

功能:$Y=\overline{A}$

CD4071 四 2 输入或门

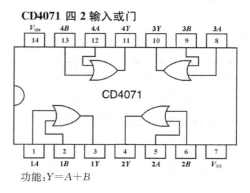

功能:$Y=A+B$

CD4081 四 2 输入与门

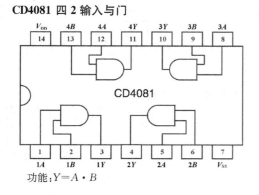

功能:$Y=A \cdot B$

CD4093 四 2 输入与非门施密特触发器

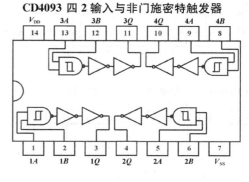

CD40110 十进制可逆计数器/锁存器/译码器/驱动器

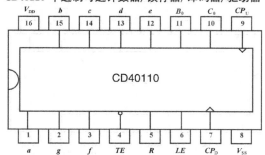

功能:$LE=H$ 时锁存显示,显示不随计数变化
　　　　$LE=L$ 时不锁存,显示随计数变化

CD40192 十进制同步加/减计数器

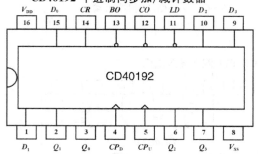

CD4511 BCD 锁存/七段译码器/驱动器

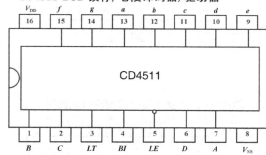

CD4049 六反相缓冲器/电平转换器

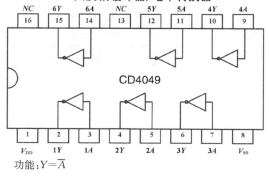

功能:$Y=\overline{A}$

CD4510 可预置 BCD 码加/减计数器

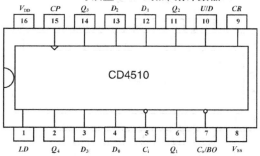

注:$C_i C_0$ 都为低电平有效
　　$U/D=H$ 加计数,$U/D=L$ 减计数

555 定时器

CD40107 双 2 输入与非缓冲器/驱动器(三态)

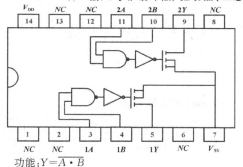

功能:$Y=\overline{A \cdot B}$

CD4050 六缓冲器/电平转换器

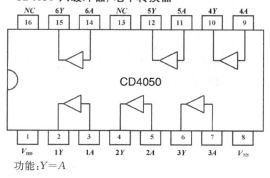

功能:$Y=A$

CD4066 四双向开关

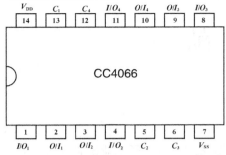

功能:$C=H$ 则 $I/O \leftrightarrow O/I$
$\quad\quad\,\,C=L$ 则 I/O 或 O/I 间高阻

CD14543 4 线-七段译码器

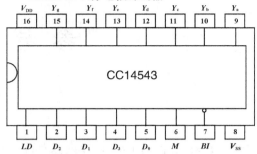

注:接共阴极发光二极管 $M=L$
$\quad\quad$接共阳极发光二极管 $M=H$
$\quad\quad$接液晶显示器,从 M 端输入

LM339 集成比较器

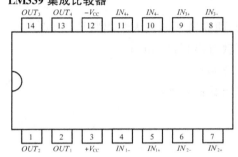

OP07 集成运算放大器

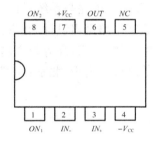

参 考 文 献

[1] 罗杰,谢自美主编. 电子线路设计. 实验. 测试. 北京:电子工业出版社,2008
[2] 童诗白,华成英主编. 模拟电子技术基础. 第三版. 北京:高等教育出版社,2000
[3] 谢嘉奎主编. 电子线路(线性部分). 第四版. 北京:高等教育出版社,1999
[4] 陈大钦主编. 模拟电子技术基础学习与解题指南. 武汉:华中科技大学出版社,2001
[5] 邓元庆,等. 数字电路与系统设计. 西安:西安电子科技大学出版社,2003
[6] 王毓银. 数字电路逻辑设计. 北京:高等教育出版社,2005
[7] 秦曾煌. 电工学. 北京:高等教育出版社,2004
[8] 沈嗣昌. 数字设计引论. 北京:高等教育出版社,2000